Wolfgang Stegmüller

Probleme und Resultate der Wissenschaftstheorie
und Analytischen Philosophie, Band II
Theorie und Erfahrung

Studienausgabe, Teil E

Theoriendynamik

Normale Wissenschaft
und wissenschaftliche Revolutionen

Methodologie der Forschungsprogramme
oder epistemologische Anarchie?

Springer-Verlag Berlin · Heidelberg · New York 1973

Professor Dr. WOLFGANG STEGMÜLLER
Philosophisches Seminar II
der Universität München

Dieser Band enthält Kapitel IX, Bibliographie, Autorenregister und Sachverzeichnis der unter dem Titel „Probleme und Resultate der Wissenschaftstheorie und Analytischen Philosophie, Band II, Theorie und Erfahrung, Zweiter Halbband: Theorienstrukturen und Theoriendynamik" erschienenen gebundenen Gesamtausgabe

ISBN 3-540-06396-X broschierte Studienausgabe Teil E
Springer-Verlag Berlin Heidelberg New York

ISBN 0-387-06396-X soft cover (Student edition) Part E
Springer-Verlag New York Heidelberg Berlin

ISBN 3-540-06394-3 gebundene Gesamtausgabe
Springer-Verlag Berlin Heidelberg New York
ISBN 0-387-06394-3 hard cover
Springer-Verlag New York Heidelberg Berlin

Das Werk ist urheberrechtlich geschützt. Die dadurch begründeten Rechte, insbesondere die der Übersetzung, des Nachdruckes, der Entnahme von Abbildungen, der Funksendung, der Wiedergabe auf photomechanischem oder ähnlichem Wege und der Speicherung in Datenverarbeitungsanlagen bleiben, auch bei nur auszugsweiser Verwertung, vorbehalten. Bei Vervielfältigungen für gewerbliche Zwecke ist gemäß § 54 UrhG eine Vergütung an den Verlag zu zahlen, deren Höhe mit dem Verlag zu vereinbaren ist. © by Springer-Verlag Berlin Heidelberg 1973. Library of Congress Catalog Card Number 73-9203. Printed in Germany. Herstellung: Brühlsche Universitätsdruckerei Gießen

Inhaltsverzeichnis

Kapitel IX. Theoriendynamik: Der Verlauf der ‚normalen Wissenschaft' und die Theorienverdrängung bei ‚wissenschaftlichen Revolutionen' . 153

1. Das Wissenschaftskonzept von T. S. Kuhn. Intuitive Skizze seiner Ideen 153
2. Eine Auswahl aus Kritiken an Kuhn 169
   2.a Vorbemerkungen 169
   2.b Immanente Kritiken: Shapere und Scheffler 171
   2.c Erkenntnistheoretische Kritiken: Shapere, Scheffler, Popper . 174
   2.d Kritik der Analyse der normalen Wissenschaft und der wissenschaftlichen Revolutionen: Watkins, Popper, Lakatos. 177
   2.e Zusammenfassung und vorläufiger Kommentar 179
      (I)   Normale Wissenschaft und Paradigma. 180
      (II) Wissenschaftliche Revolutionen. 182
      (III) Prüfung, Bestätigung, Bewährung 183
3. Ein inhaltlich verschärfter Begriff der physikalischen Theorie. Das Verfügen über eine Theorie im Sinne von Sneed 184
   3.a Der Sneedsche Begriff der physikalischen Theorie 184
   3.b Was heißt: „eine Person verfügt über eine physikalische Theorie" im Rahmen des ‚non-statement view' von Theorien? 189
4. Was ist ein Paradigma? 195
   4.a Der Wittgensteinsche Begriff des Paradigmas. Wittgensteins Beispiel vom Spiel. 195
   4.b Übertragung des Wittgensteinschen Paradigmenbegriffs auf den Anwendungsbereich einer physikalischen Theorie: die paradigmatisch festgelegte Grundmenge I_0 der intendierten Anwendungen . 198
   4.c Der Begriff des Paradigmas bei Kuhn 203
5. Systematischer Überblick über die möglichen Beschreibungen der intendierten Anwendungen einer Theorie. Die Immunität einer Theorie gegen potentielle Falsifikation. 207
   5.a Extensionale und intensionale Beschreibungen der Menge I . . 207
   5.b Bemerkungen zu einem imaginären Beispiel von I. Lakatos . . 215
6. Ein pragmatisch verschärfter, inhaltlicher Begriff der Theorie. Das Verfügen über eine Theorie im Sinn von Kuhn. 218
   6.a Die pragmatischen Elemente des Kuhnschen Theorienbegriffs . 218
   6.b Theorie und Verfügen über eine Theorie im Sinn von Kuhn . . 221
7. Normale Wissenschaft und wissenschaftliche Revolutionen 224

7.a Der Verlauf der normalen Wissenschaft im Sinn von Kuhn. Die Regel der Autodetermination des Anwendungsbereiches einer Theorie 224
7.b Eine erste Art von wissenschaftlichen Revolutionen: Der Übergang von einer Prätheorie zu einer Theorie. Unterscheidung zwischen drei Begriffen von „theoretisch". 231
7.c Eine zweite Art wissenschaftlicher Revolutionen: Theorienverdrängung durch eine Ersatztheorie. 244
Bildliche Zusammenfassung. 252
7.d ‚Forschungsprogramme' und ‚geläuterter Falsifikationismus' nach I. Lakatos. Zwei Alternativen zur Schließung der Rationalitätslücke in Kuhns Darstellung der Theorienverdrängung 254
7.e Theoriendynamik und Wissenschaftsdynamik 265
8. Erste Schritte zu einer Entmythologisierung des Holismus 266
8.a Die ‚Duhem-Quine-These'. Ihre Verschärfung durch Kuhn und Feyerabend 266
  (I) Eine Theorie wird als Ganze akzeptiert oder als Ganze verworfen 271
  (II) So etwas wie eine Verwerfung einer Theorie auf Grund eines experimentum crucis gibt es nicht. 271
  (III) Man kann nicht scharf unterscheiden zwischen dem empirischen Gehalt einer Theorie und den Daten, welche die empirischen Behauptungen der Theorie stützen 272
  (IV) Mit einer Änderung des Bereiches einer Theorie ändert sich die Bedeutung der theoretischen Terme dieser Theorie. . . 277
8.b Diskussion und kritische Rekonstruktion des strengen Holismus 272
9. Der ‚Kuhnianismus': ein Pseudo-Irrationalismus und Pseudo-Relativismus? 278
10. Methodologie der Forschungsprogramme oder epistemologische Anarchie? Zur Lakatos-Feyerabend-Kontroverse 287
10.a Der normative Aspekt methodologischer Regeln nach Lakatos . 287
10.b Einige nicht zu ernst zu nehmende Betrachtungen zu Feyerabends ‚Gegen'-Reformation 300

Schlußwort 311

Bibliographie 314

Autorenregister 319

Sachverzeichnis 321

Verzeichnis der numerierten Definitionen 325

Verzeichnis der Symbole 326

Von den gebundenen Ausgaben des Bandes „Probleme und Resultate der Wissenschaftstheorie und Analytischen Philosophie, Band II, Theorie und Erfahrung" sind folgende weitere Teilbände erschienen:

Studienausgabe Teil A: Erfahrung, Festsetzung, Hypothese und Einfachheit in der wissenschaftlichen Begriffs- und Theorienbildung.

Studienausgabe Teil B: Wissenschaftssprache, Signifikanz und theoretische Begriffe.

Studienausgabe Teil C: Beobachtungssprache, theoretische Sprache und die partielle Deutung von Theorien.

Studienausgabe Teil D: Logische Analyse der Struktur ausgereifter physikalischer Theorien. 'Non-statement view' von Theorien.

Kapitel IX
Theoriendynamik: Der Verlauf der ‚normalen Wissenschaft' und die Theorienverdrängung bei ‚wissenschaftlichen Revolutionen'

1. Das Wissenschaftskonzept von T. S. Kuhn. Intuitive Skizze seiner Ideen

Nichts ist leichter, als ein Zerrbild einer philosophischen Einstellung oder einer philosophischen Theorie zu konstruieren. Nicht selten ereignet es sich, daß auch größte Bemühungen nicht mehr als ein solches Zerrbild zustande bringen. Dann ist es das Neuartige, was sich einer adäquaten Darstellung widersetzt: eine neuartige Betrachtungsweise, verbunden mit ungewohnten Begriffsbildungen, die zu einer vom Herkömmlichen vollkommen abweichenden, aber vorläufig nur in Umrissen erkennbaren Theorie führen.

Die von T. S. KUHN in seinem Buch "The Structure of Scientific Revolutions" entwickelte Denkweise ist ein Fall dieser Art. Es soll zunächst ein skizzenhaftes Bild der Grundgedanken KUHNs gegeben werden, aber ein weder vollständiges noch vollkommen klares noch objektives und angemessenes Bild, sondern ein Bild, welches, ohne direkt KUHNs Thesen zu verletzen, in einem gewissen Sinn bereits *der Spiegelung seiner Theorie im Geiste seiner Kritiker* abgelesen worden ist. Es darf angenommen werden, daß dieses Bild demjenigen sehr ähnlich sein dürfte, welches sich vielen unbefangenen kritischen Lesern des Kuhnschen Werkes aufdrängt. Im darauf folgenden Abschnitt sollen einige scharfe kritische Reaktionen auf die Gedanken KUHNs geschildert werden, kritische Reaktionen, die *prima facie* alle zutreffend zu sein scheinen.

In den späteren Abschnitten wird dieses Bild modifiziert werden. Die Grundlage wird dabei der non-statement view von Theorien in der Rekonstruktion von SNEED bilden. Diese Modifikation des Bildes von der Kuhnschen Auffassung wird nicht geringfügig sein, sondern *so radikal, daß sie fast einer vollkommenen Umdeutung des hier entworfenen ‚Primärbildes' von der Kuhnschen Konzeption gleichkommt*. Diese Umdeutung wird auch nicht schlagartig erfolgen. Vielmehr werden im Lichte einer neuen Betrachtungsweise allmählich gewisse Teile des ursprünglichen Bildes zerbröckeln und damit *auch* die entsprechenden Teile der dagegen gerichteten Kritik. Am Ende wird *ein völlig neues Bild* dastehen. Auch dieses Bild kann *keine Vollständigkeit* beanspruchen; denn der psychologisch-soziologische Aspekt wird nur teilweise zur Geltung gelangen. Doch ist zu hoffen, daß alle für ein zutreffendes Verständnis der Theorie von KUHN wichtigen Schlüsselbegriffe soweit expliziert sein werden, daß der Leser diese anderen Details bei der Lektüre des Kuhnschen Buches ohne Mühe einfügen kann. Worauf es ankommen wird, ist *eine solche Rekonstruktion dieser Schlüsselbegriffe, daß der Anschein des Irrationalen, Absurden und Verstiegenen, welches man so leicht im Werk KUHNS zu erblicken geneigt ist, vollkommen verschwindet.*

Das Buch von KUHN ist die vermutlich bedeutendste Dokumentation dessen, was man je nach philosophischem Standort entweder als *Rebellion gegen die Wissenschaftstheorie* oder als *Revolution der Wissenschaftstheorie selbst* empfunden hat. Eine gute Vorbereitung für die Denkweise, welche einen hier zu erwarten scheint, bildet die schlagwortartige Gegenüberstellung der Positionen verschiedener Philosophen zum Thema „Entwicklung der Wissenschaften" durch WATKINS, die dann bezüglich KUHN durch LAKATOS ergänzt worden ist.

Nach D. HUME stützen sich alle nicht-mathematischen Wissenschaften auf *induktive Verallgemeinerungen*. Das induktive Verfahren aber ist nach HUMES Überzeugung in dem Sinn *kein rationales Verfahren*, als sich das induktive Schließen nicht rational rechtfertigen läßt. Spätere ‚induktivistische Philosophen', darunter vor allem CARNAP, haben diese angebliche Rationalitätslücke zu schließen versucht: Auch das induktive Räsonieren vollzieht sich demnach gemäß logischen Regeln, den Regeln der *Induktiven Logik*. Nach dieser Auffassung kann man, im Widerspruch zu HUME, induktives Räsonieren als *rationales Räsonieren* bezeichnen. Ganz anders POPPER. Nach ihm gibt es überhaupt keine induktiven Verfahren, weder induktive ‚Entdeckungsmethoden' noch induktive ‚Rechtfertigungsmethoden'. Trotzdem ist das wissenschaftliche Prüfungsverfahren in dem Sinn rational, daß man es in der Sprache der deduktiven Logik allein rational nachkonstruieren kann: als *deduktive Methode der strengen Prüfung*.

Wie steht es diesbezüglich mit KUHN? Die Ablehnung des Induktivismus verbindet ihn mit POPPER, ebenso die starke Beachtung wissenschaftsgeschichtlicher Vorgänge. Aber in der Art und Weise der historischen Betrachtung weicht er in entscheidenden Punkten von POPPER ab: In KUHNS Bild von der Wissenschaft gibt es nichts, was der Methode der strengen Prüfung, der Falsifikation und der Bewährung entsprechen würde.

Auf die Frage: „Wie verläuft die Geschichte der exakten Wissenschaften?" erhalten wir somit vier Typen von schematischen Antworten:

(1) HUME sagt: Sie verläuft *induktiv* und *nicht rational*.

(2) CARNAPS Idee dagegen ist die: Sie verläuft *induktiv* und *rational*.

(3) POPPERS Antwort ist das duale Gegenstück zur Antwort HUMES: Sie verläuft *nichtinduktiv* und *rational*.

(4) KUHNs Auffassung weicht von all diesen Auffassungen ab. Ein Vergleich seines Konzeptes mit den drei bislang genannten scheint zu ergeben, daß nach ihm der Verlauf der Wissenschaft *nichtinduktiv* und *nichtrational* ist.

Das *eine* scheint alle Vertreter eines ‚rationalen' Philosophierens untereinander zu verbinden, nämlich zu glauben, gegen eine Antwort von der Art (4) sofort energisch protestieren zu müssen: „Aber das *kann* doch nicht richtig sein! Die Geschichte der Wissenschaft *kann* doch nicht so verlaufen wie z.B. die Geschichte der Religionen oder die Geschichte der politischen Weltanschauungen. Wissenschaft *ist* doch dadurch ausgezeichnet, daß *Begründungen* geliefert werden, daß man Andersdenkende durch *Argumente* zu überzeugen und nicht durch Propaganda zu überreden versucht; daß man seine Überzeugungen aufgrund von *Einsicht* und nicht aufgrund von Bekehrungserlebnissen ändert usw."

Man *könnte* sich denken, daß KUHN auf derartige Vorhaltungen ähnlich antworten würde, wie es WITTGENSTEIN bei einer anderen Gelegenheit getan hat, nämlich: „Denk nicht, sondern schau!", nämlich: „Sieh zu, wie es in der Wissenschaft wirklich zugegangen ist!", wobei diese Erwiderung mit dem Hintergedanken verbunden wäre: „Vielleicht wirst du dann bereit sein, dich von deinem *rationalistischen Klischee* zu befreien".

Am Ende allerdings scheint eine Konsequenz zu lauern, die man aus den Kuhnschen Betrachtungen zu ziehen hat und die vom Standpunkt des Wissenschaftsphilosophen an Radikalität nicht zu überbieten ist, eine Antwort, die durch KUHNs Untersuchungen zwar nahegelegt, aber erst von P. FEYERABEND explizit ausgesprochen worden ist, nämlich: „Man soll keine Wissenschaftsphilosophie oder Wissenschaftstheorie betreiben". Dies ist eine einfache Konsequenz der These, die keinen Vorläufer zu haben scheint, die aber doch viele aus den Darlegungen KUHNs herauslesen zu müssen glauben. Die These wird bisweilen als KUHNs *Irrationalismus* bezeichnet. Doch ist dies eine ganz irreführende Namengebung, da man dabei an eine irrationale philosophische Position KUHNs denkt. Irrationale Philosophien aber hat es immer wieder gegeben. Und vermutlich noch häufiger ist gegen Philosophien der *Vorwurf* des Irrationalismus erbracht worden. Das Neuartige, Radikale und Beispiellose an KUHNs Position scheint vielmehr darin zu bestehen, daß er darauf zu insistieren scheint, *daß man die Entwicklung der Einzelwissenschaften, und zwar gerade der sogenannten exakten Naturwissenschaften, als einen vollkommen ‚irrationalen' Prozeß nicht etwa deuten kann, sondern deuten muß*.

Aber soweit sind wir noch nicht. Daher möge vorläufig die Feststellung genügen, daß KUHN selbst den Ausdruck „irrational" überhaupt nicht gebraucht und gemäß seiner Ankündigung nur ein sehr viel bescheideneres Ziel zu erreichen sucht, nämlich einen Nachweis dafür zu erbringen, daß der wissenschaftliche Fortschritt nicht in einer sukzessiven ‚Anhäufung von Wissen' besteht. Damit sind wir an dem Punkt angelangt, wo der ‚Rationalist' vielleicht ungeduldig fragen wird: „Also wie verläuft denn nun die Entwicklung der Naturwissenschaften?" KUHN wird antworten: „*Welcher* Wissenschaften?" Mit dieser Antwort würde er nicht auf den Unterschied zwischen verschiedenen Disziplinen abzielen, sondern auf den Unterschied zwischen *verschiedenen Formen, Wissenschaft zu betreiben*. Es gibt nach ihm zwei solche Formen: die *normale Wissenschaft* und die *außerordentliche* oder *revolutionäre Wissenschaft*. Um für diesen Unterschied überhaupt ein Verständnis zu gewinnen, muß man sich von der Annahme befreien, die der ‚Rationalist' sowie der ‚Empirist' mit seiner eben formulierten Frage mehr oder weniger selbstverständlich voraussetzt.

Man könnte diese Annahme die Vorstellung von der *linearen Akkumulation des Wissens* nennen. Diese Vorstellung wird auch von den Vertretern der naturwissenschaftlichen Disziplinen selbst als korrekte Deutung der geschichtlichen Entwicklung ihres Faches angesehen, wie zahllose Hinweise in den Vorworten und Einleitungen von Lehrbüchern zeigen. Danach besteht die wissenschaftliche Entwicklung in einem allmählichen Zuwachs an Erkenntnissen, der begleitet wird von einer sukzessiven Ausmerzung unwissenschaftlichen Ballastes. Der Erkenntniszuwachs dringt in die Breite wie in die Tiefe. Einmal werden immer neue Fakten entdeckt und bessere und präzisere Instrumente zu ihrer Beschreibung und Messung gefunden. Zum anderen werden entdeckte Gesetzmäßigkeiten in logischen Zusammenhang gebracht und schließlich in umfassende Theorien eingebettet. Daß dieser Prozeß nicht rascher abgelaufen ist, wird nur zum Teil der menschlichen Beschränktheit in bezug auf Erfindungs- und Beobachtungsgabe zugeschrieben. Zu einem nicht unerheblichen Teil werden dafür Vorurteile und unwissenschaftliche Bestandteile in der Arbeit des wissenschaftlichen Frühstadiums verantwortlich gemacht. Erst allmählich vermochte sich danach die Wissenschaft von dem ‚Gemisch von Irrtum, Aberglauben und Mythos' zu befreien, das einen rascheren Fortschritt verhindert hat. Zwar wird nicht geleugnet, daß gelegentlich als überholt anzusehende Theorien durch neue ersetzt werden. Aber ein derartiger Vorgang darf insofern niemals als echte Revolution gedeutet werden, als die alte Theorie nicht als gänzlich falsch anzusehen ist, sondern als Grenzfall der neuen Theorie. Die Verdrängung einer Theorie durch eine andere entspricht somit ganz dem Bild von der allmählichen ‚Annäherung der Wissenschaft an die wahre Verfassung der Natur': diejenige Theorie, welche eine andere ablöst, ist der Wahrheit näher gekommen als die alte, die relativ auf die sie ablösende Theorie noch immer ‚annähernd richtig' ist.

KUHN setzt dem ein völlig anderes Bild entgegen, welches er durch eine Fülle von historischen Beispielen zu stützen versucht. Er unterscheidet zwischen der *normalen Wissenschaft* (normal science), die sich stets im Rahmen eines bestimmten, der Tradition verpflichteten ‚Paradigmas' vollzieht, und sich mit dem ‚Lösen von Rätseln' (*'puzzle solving'*) beschäftigt, und der *außerordentlichen Wissenschaft* (extraordinary science), welche sich in ‚traditionszerstörenden Ergänzungen zur traditionsgebundenen Tätigkeit der normalen Wissenschaften' manifestiert. Zur außerordentlichen Wissenschaft kommt es immer erst dann, wenn der normale Wissenschaftsbetrieb durch gehäuftes Auftreten von Anomalien, die sich mit den herkömmlichen Methoden nicht bewältigen lassen, in eine Krise hineingerät. Es kommt dann zu einer *wissenschaftlichen Revolution*, in deren Verlauf sich das Paradigma und damit auch die Probleme und Maßstäbe für die Fachwissenschaft ändern.

Es wäre nach KUHN falsch, nur eine Art von Wissenschaftsbetrieb von der Art der *heutigen* Wissenschaft als normale Wissenschaft zu bezeichnen, veraltete Anschauungen aber einfach als Mythen abzutun. Wenn man so vorgeht, dann muß man zugeben, daß Mythen ‚durch gleiche Methoden erzeugt und aufgrund gleicher Vernunftgründe geglaubt werden', die heute zu wissenschaftlicher Erkenntnis führen. Die zweite Möglichkeit ist die, derartige ‚veraltete Anschauungen' ebenfalls als Wissenschaft zu bezeichnen. Dann aber kommt man nicht umhin zuzugeben, daß es Wissenschaften gibt, die Glaubensbestandteile enthalten, welche mit den heutigen völlig unverträglich sind.

Vor diese Alternative gestellt, muß sich der Historiker für die zweite entscheiden; denn außer dem eben genannten Grund hat die heutige Wissenschaft in bezug auf die Gefahr, auch einmal in Zukunft als ausrangiert zu gelten, vor diesen anderen Wissenschaften nichts voraus. Wie wir noch sehen werden, zieht diese Wahl einschneidende Konsequenzen nach sich. Vor allem wird die Überzeugung von der wissenschaftlichen Entwicklung als eines Wachstumsprozesses fallengelassen werden müssen.

Beispiele für Wissenschaften, die sich, abgesehen von der zuletzt genannten, von der heutigen unterscheiden, sind: die aristotelische Physik; die ptolemäische Astronomie; die Physik in NEWTONs Principia; die Optik von NEWTON; die Elektrizitätslehre Franklins; die Phlogiston-Chemie; die Kopenhagener Deutung der Quantenphysik.

Allen diesen Fällen von normaler Wissenschaft ging ein Zustand voraus, in dem keine einheitliche Deutung bekannter Phänomene existierte, sondern in dem sich verschiedene Leute zwar dem gleichen *Bereich* von Phänomenen, aber nicht den gleichen *Phänomenen*, gegenübersahen und diese auf verschiedene Weise beschrieben und deuteten. Diese anfänglichen Abweichungen verschwanden weitgehend, sobald sich eine Theorie nebst einem damit verbundenen *Paradigma* durchgesetzt hatte. Die obigen Beispiele sind zugleich Beispiele verschiedener Paradigmata. Die letzteren enthalten mehr als bloße Theorien. Es handelt sich dabei um allgemein anerkannte wissenschaftliche Leistungen, die für eine gewisse Zeit einer Gemeinschaft von Fachleuten Modelle und Lösungen liefern. Das Paradigma bestimmt nicht nur, welche Gesetze und Theorien gelten, sondern auch, welche Probleme und Lösungsmethoden als wissenschaftlich anerkannt werden. Sogar die Art und Weise, wie ein in einer bestimmten Tradition steckender Forscher ein bestimmtes Phänomen sieht, ist durch das Paradigma bestimmt: „Als Aristoteles und Galilei schwingende Steine betrachteten, sah der erste einen gehemmten Fall, der zweite eine Pendelbewegung"[1].

Durch das Paradigma wird ein Weg vorgezeichnet. Ihn auszufüllen, ist Aufgabe der *normalen Wissenschaft*. Der Erfolg eines Paradigmas äußert sich zunächst nur in einzelnen und unvollkommenen Beispielen. Doch ist dieser Erfolg groß genug, um sich gegenüber konkurrierenden Paradigmen durchzusetzen. Im übrigen ist mit dem Paradigma nur ein Erfolgsversprechen gegeben, dessen Realisierung in der normalen Wissenschaft vollzogen wird[2].

Die Arbeit der normalen Wissenschaft zerfällt in eine nicht-theoretische und in eine theoretische. Zu den nicht-theoretischen Tätigkeiten gehören *Sammlungen von experimentellen Fakten*, und zwar erstens von solchen, die vom Standpunkt des gewählten Paradigmas als für die Natur der Dinge wichtig und aufschlußreich angesehen werden; zweitens von solchen, die mit Voraussagen der Paradigmentheorie vergleichbar sind; und drittens von solchen, die der Präzisierung der Theorie sowie der Behebung von Unklarheiten dienen, die zu Beginn noch in der Theorie stecken[3]. Diese experimentellen Arbeiten werden in der normalen Wissenschaft von analogen Arbeiten auf der theoretischen Ebene begleitet: ergänzende Manipulationen an Theorien, um sie für die Gewinnung von Voraussagen geeignet zu machen; wechselseitige Anpassungen von Theorien und Fakten durch Vornahme von Idealisierungen und Entwicklungen von physikalischen Näherungsverfahren; numerische Präzisierungen von Begriffen und Sätzen der Theorie.

Als Sammelnamen für die Tätigkeiten, die im Rahmen der normalen Wissenschaft verrichtet werden, verwendet KUHN den Ausdruck „*Rätsellösen*" ("*puzzle solving*"). Der erfolgreiche Wissenschaftler einer solchen Zeit ist der, welcher sich zu einem Experten bei der Lösung experimenteller, begrifflicher oder mathematischer Rätsel entwickelt.

Daß KUHN immer wieder fast nur vom Paradigma, dagegen selten von Theorien oder Gesetzen spricht, ist kein Zufall. Man ist beinahe geneigt, einen Ausdruck von K. JASPERS zu gebrauchen und zu sagen: Paradigma im Sinn von KUHN ist etwas *Umgreifendes*, nämlich relativ auf alle Gesetze, Theorien und Regeln, die man anzugeben vermag. Nur zu einem kleinen Teil ist das, was er Paradigma nennt, durch formulierbare Regel erfaßbar: „Normale Wissenschaft ist eine in hohem Maße determinierte Tätigkeit, aber sie braucht nicht restlos durch Regeln determiniert zu sein"[4]. Wenn

---

[1] Vgl. [Revolutions], S. 121.
[2] Vgl. a.a.O., S. 24f.
[3] Für Beispiele aus verschiedenen Wissenschaftsbereichen vgl. a.a.O., S. 25ff.
[4] "Normal science is a highly determined activity, but it need not be entirely determined by rules"; a.a.O., S. 42.

Wissenschaftler ein und derselben Tradition angehören, so stimmen sie in der *Identifizierung des Paradigmas* überein, ohne sich jedoch in der vollständigen *Interpretation* und *Rationalisierung* dieses Paradigmas einig sein zu müssen, ja ohne überhaupt eine solche Rationalisierung zu versuchen[5]. Die Übereinstimmung bedeutet insbesondere, daß sie sich darin einig sind, was als ein *legitimes Problem* und was als eine *zulässige Lösung* dieses Problems anzusehen ist.

So binden die Paradigmata die Wissenschaftler in ihrer Tätigkeit vollständiger als es je Regeln vermöchten, die man aus ihnen abstrahieren kann. Dies hat verschiedene Gründe[6]: Erstens besteht eine *große Schwierigkeit, die Regeln*, welche eine bestimmte normalwissenschaftliche Tradition leiten, *überhaupt zu erkennen.* Die Schwierigkeit ist hier, ähnlich wie die von WITTGENSTEIN bemerkte Schwierigkeit, zu sagen, was allen Spielen gemeinsam ist. Zweitens muß man sich von der Vorstellung befreien, als würden Wissenschaftler Begriffe, Gesetze und Theorien in abstracto lernen. Vielmehr *lernen sie diese ‚geistigen Werkzeuge' immer in konkreten Anwendungen handhaben,* so daß der Lernprozeß, den ein Naturwissenschaftler durchmacht und der ihn während seines gesamten akademischen Berufes begleitet, vergleichbar ist mit dem Lernprozeß durch ‚Fingerübungen' seitens eines Klavierspielers, der sich ja auch nicht dadurch zum Pianisten entwickelt, daß er am Schreibtisch Musiktheorie studiert. Drittens *entsteht ein Bedürfnis nach Regeln erst dann, wenn ein Verdacht der Unzuverlässigkeit des Paradigmas aufkommt.* Das geschieht aber erst in einer Krisensituation, zu Beginn und im Verlauf wissenschaftlicher Revolutionen. Erst die Perioden unmittelbar vor der Einführung neuer Paradigmata sind regelmäßig von Debatten über die gültigen Methoden, Probleme und Lösungsmuster begleitet, also diejenigen Perioden, in denen Paradigmata zunächst angegriffen und dann einem Wechsel unterworfen werden.

Wie aber steht es nun während einer Periode der normalen Wissenschaft mit der *Prüfung von Hypothesen?* Der obige Hinweis darauf, daß die Tätigkeit der normalen Wissenschaft unter anderem auch der Anwendung der Paradigmentheorie für Voraussagen dient, legt den Gedanken an ‚strenge Prüfungen' von Theorien im Sinn von POPPER nahe. Gibt es unter den Erfahrungen des normalen Wissenschaftlers nicht zwangsläufig auch die falsifizierenden Erfahrungen? KUHN *bestreitet, daß es solche falsifizierenden Erfahrungen gibt*[7]. Es kommt zwar immer wieder dazu, daß ein Paradigma abgelehnt wird. Aber dies geschieht niemals aus dem Grund, daß die Paradigmentheorie mit der ‚aufsässigen Erfahrung' nicht fertig wird, sondern *weil das Paradigma im Verlauf einer wissenschaftlichen Revolution durch ein neues Paradigma verdrängt wird.*

---

[5] Vgl. a.a.O., S. 44.
[6] Vgl. a.a.O., S. 46 ff.
[7] Vgl. a.a.O., insbesondere S. 146 ff., wo KUHN sich ausdrücklich auf POPPER bezieht.

Wie aber, wenn der Wissenschaftler mit den Problemen, die *Gegenbeispiele* für seine Theorie zu bilden scheinen, nicht fertig wird? KUHN leugnet nicht, daß es in solchen Fällen zu einer Preisgabe der Theorie kommen kann. Aber diese Preisgabe nimmt eine völlig andere Form an als im Falsifikationismus und bildet insbesondere keinen Vorgang innerhalb der Wissenschaft selbst. Sie besteht nämlich nur im *Zwang zum Berufswechsel*. Die „Ablehnung der Wissenschaft zugunsten eines anderen Berufes ist, so glaube ich, die einzige Art von Paradigmaablehnung, zu welcher Gegenbeispiele von sich aus führen können"[8]. Zur Verdeutlichung zitiert KUHN das Sprichwort: „Das ist ein schlechter Zimmermann, der seinem Werkzeug die Schuld gibt." *Dadurch wird genau die Einstellung des normalen Wissenschaftlers beschrieben*: Wenn er mit einem Rätsel nicht fertig wird und wenn dieses Rätsel die Form einer falsifizierenden Erfahrung im Sinn POPPERs hat, *so diskreditiert dies einzig und allein den Wissenschaftler und nicht die Theorie, über welche er verfügt*. Darum muß sich die normale Wissenschaft bemühen, Theorie und Tatsache in immer bessere Übereinstimmung zu bringen, eine Leistung, die sie für eine gewisse Zeit auch tatsächlich vollbringt.

Rätsel gibt es für alle wissenschaftlichen Theorien zu allen Zeiten. Würde man in ihnen gemäß POPPER Widerlegungen der Theorien erblicken, so wäre der Wissenschaftshistoriker gezwungen, den paradoxen Schluß zu ziehen, *daß alle Theorien zu jeder Zeit widerlegt sind*.

Der Leser wird jetzt ohne Mühe zumindest einen der Vorwürfe, die KUHN von seinen Gegnern gemacht werden, verstehen, nämlich *daß er den ‚normalen' Wissenschaftlern unterstellt, sich in einem hohen Maß irrational zu verhalten*: sie stellen ihr Paradigma und insbesondere die Paradigmentheorie niemals kritisch in Frage, sondern benützen diese Theorie kritiklos als Werkzeug zum Rätsellösen.

Von der normalen Wissenschaft könnte man nach KUHN mit Recht sagen, daß sie ein *kumulatives Unternehmen* darstelle. Aber diese Anhäufung des Wissens vollzieht sich nur auf Kosten der Neuheit: „Die normale Wissenschaft strebt nicht nach tatsächlichen und theoretischen Neuheiten und findet auch keine, wenn sie erfolgreich ist."[9]

Scheint somit die gesamte Problematik der Bestätigungs- und Prüfungstheorie aus der Domäne der normalen Wissenschaft verbannt zu sein, so bleibt noch die Frage zu beantworten, ob sich die in der normalen Wissenschaft fehlende Rationalität der Forscher bei denjenigen Vorgängen wieder einstellt, die KUHN zur außerordentlichen Wissenschaft rechnet. Das noch

---

[8] "... rejection of science in favor of another occupation is, I think, the only sort of paradigm rejection to which counterinstances by themselves can lead", a.a.O., S. 79.

[9] "Normal science does not aim at novelties of fact or theory and, when successful, finds none", [Revolutions], S. 52.

überraschendere Ergebnis seiner Analyse ist die *klar verneinende Antwort* auch auf diese Frage.

Wenn im ‚normalen' Wissenschaftsbetrieb falsifizierende Erfahrungen nicht anerkannt werden, sondern als bloß angebliche Gegenbeispiele in Rätsel umgedeutet werden, die der Wissenschaftler mit Hilfe seines Werkzeugs: der Paradigmentheorie, zu lösen hat, wie kann es dann überhaupt zu so etwas wie einer wissenschaftlichen Umwälzung kommen?

Ganz verfehlt wäre es, zu vermuten, daß Kuhn vielleicht für die revolutionäre Phase der Wissenschaft annehmen würde, daß sich einige kritische Geister über den ‚Stumpfsinn des wissenschaftlichen Alltagsdaseins' erheben und die Schwierigkeiten als das sehen, was sie sind: nämlich *Widerlegungen von Hypothesen* und daß sie aufgrund dieser Einsicht Entwürfe für neue Theorien suchen. Ganz verfehlt wäre dies; denn Kuhns Antwort lautet: Wenn eine Theorie einmal den Status eines Paradigmas erlangt hat, so kann sie niemals durch die ‚Erfahrung' außer Kraft gesetzt werden, sondern nur *durch eine andere Theorie verdrängt* werden, durch einen ‚anderen Kandidaten, der bereit ist, ihren Platz einzunehmen'. In einem Bild gesprochen: Nicht ein Vergleich der Theorien mit der Natur, sondern der Kampf von Theorie mit anderen Theorien, die als Konkurrenten auftreten, kann Wissenschaftler dazu führen, eine Theorie preiszugeben. Preisgabe einer Theorie bedeutet somit immer Preisgabe *zugunsten einer anderen Theorie*: „Kein Prozeß der wissenschaftlichen Entwicklung, der bisher durch historische Studien aufgedeckt worden ist, hat irgendeine Ähnlichkeit mit der methodologischen Schablone der Falsifikation durch unmittelbaren Vergleich mit der Natur. ... Die Entscheidung, ein Paradigma abzulehnen, ist gleichzeitig immer auch die Entscheidung, ein anderes anzunehmen."[10]

Worum es geht, ist, verständlich zu machen, wieso es überhaupt dazu kommt, daß neue Paradigmata auftauchen und den bereits verfügbaren den Rang streitig machen. Eine wichtige Vorbedingung für dieses Verständnis ist die Kenntnisnahme bestimmter dynamischer Vorgänge, die mit vermehrtem Auftreten von Rätseln und deren Entwicklung zu sog. *Anomalien* verknüpft sind. Dazu gehört vor allem auch das, was man „Entdeckungen neuer Tatsachen" nennt.

Kuhn weist hier auf eine große Gefahr bei der Beschreibung solcher Phänomene hin, eine Gefahr, der Historiker häufig zum Opfer fallen. Seine Ausführungen dazu sind auch insofern recht interessant, als sie einen weiteren *wichtigen Berührungspunkt zwischen* Kuhns *Denkweise und der* Wittgensteins aufzeigen. Kuhn weist darauf hin, daß das übliche Reden von Entdeckungen vollkommen irreführend ist, da es dem übrigens selbst fragwürdigen Reden vom Sehen ange-

---

[10] "No process yet disclosed by the historical study of scientific development at all resembles the methodological stereotype of falsification by direct comparison with nature. ... The decision to reject one paradigm is always simultaneously a decision to accept another", a.a.O., S. 77.

paßt zu werden pflegt[11]: Man pflegt bereitwillig anzunehmen, daß Entdecken ebenso wie Sehen oder noch besser: wie das *Berühren eines Gegenstandes* ein Vorgang ist, den man unzweideutig einem *bestimmten Individuum* und einem *bestimmten Zeitpunkt* zuordnen kann. Als Beispiel dessen, was man die ‚Entdeckung des Sauerstoffs' nennt, zeigt er, wie fehlerhaft, ja eigentlich: wie unsinnig, diese Art des Redens von Entdeckungen ist. Einer der Gründe, die er angibt, ist folgender: Entdecken besteht außer in der Erkenntnis, *daß* etwas ist, auch in der Erkenntnis dessen, *was* es ist. Im Fall naturwissenschaftlicher Entdeckungen ist für die Beantwortung der Frage: „*Was* ist es?" aber nicht bloß ein Alltagsbegriff erforderlich, sondern *eine bestimmte Theorie, mit deren Hilfe das fragliche Phänomen gedeutet wird*. Wir würden z. B. nicht zögern, PRIESTLEY als Entdecker des Sauerstoffs zu bezeichnen, wenn auch wir noch derselben Auffassung wären wie er, nämlich daß Sauerstoff nichts anderes ist als entphlogistizierte Luft. Da wir diese Überzeugung nicht mehr haben, sollen wir also LAVOISIER die Palme zuerkennen? Dies wäre zu rechtfertigen, wenn seine ‚Entdeckung' eine Änderung der chemischen Theorie eingeleitet hätte. Aber einerseits war LAVOISIER schon lange Zeit, *bevor* seine Arbeiten für die Entdeckung des neuen Gases irgendeine Rolle spielten, davon überzeugt, daß ‚mit der Phlogistontheorie irgend etwas nicht stimmen könne' und daß brennende Körper irgendeinen Teil der Atmosphäre absorbierten. Andererseits meinte LAVOISIER ursprünglich, mit dem Sauerstoff ‚die Luft völlig sie selbst' identifiziert zu haben; und er war bis an sein Lebensende davon überzeugt, daß das Sauerstoffgas sich durch eine Vereinigung des Sauerstoffs als ‚atomischen Prinzips des Säuregehaltes' mit der Substanz der Wärme, dem ‚Wärmestoff' bilde. Soll man also die Entdeckung des Sauerstoffs in eine Zeit datieren, da man von der Theorie des Wärmestoffs abgekommen war? Aber an den Wärmestoff wurde noch im Jahr 1860 geglaubt, nicht weniger als 66 Jahre nach LAVOISIERs Tod und ca. 83 Jahre nach seiner ‚Entdeckung des neuen Gases', also zu einer Zeit, da der Sauerstoff schon längst zu einer ‚Standardsubstanz' geworden war.

Der Schluß, den man aus historischen Untersuchungen von dieser Art zu ziehen hat, lautet ganz einfach: *Solche Wendungen wie* „der Sauerstoff wurde da und da von dem und dem entdeckt" *soll man überhaupt nicht benützen*. Was hier vorliegt, ist ein irreführender Sprachgebrauch, dazu geeignet, ein ganz falsches Bild von der Wissenschaftsdynamik zu erzeugen. Man verlernt es durch den Gebrauch solcher Redewendungen, die unauflösbare Verflechtung von Beobachtungen und Begriffsbildungen, Faktensammlung und Theorienbildung zu erkennen und zu verstehen, und wird um so leichter das Opfer solcher Denkschablonen, wie: „hier die Fakten, da die Theorien, die der Deutung und Erklärung dieser Fakten dienen".

‚Neue Entdeckungen' weisen somit nach KUHN auf mehr oder weniger komplizierte Vorgänge hin, die sich weder personell noch zeitlich eindeutig lokalisieren lassen. Der Effekt solcher Entdeckungen ist zwiespältig. Da einerseits alle Wissenschaftler nach KUHN zunächst in ihrem Paradigma darinstecken wie der Krebs in seiner Schale, macht das alte Paradigma häufig *blind* für die Entdeckungen; denn man hat für diese nur die Interpretation im Licht des alten Paradigmas zur Verfügung. Auf der anderen Seite erzeugen solche Entdeckungen neue Rätsel und machen die in der Tradition der normalen Wissenschaft stehenden Forscher *hellsichtig für Anomalien*, welche in die Paradigmentheorie nicht hineinpassen.

---

[11] Vgl. [Revolutions], S. 53—58, insbesondere S. 55.

Ein historisches Beispiel bildet die Entdeckung der Röntgenstrahlen, die übrigens nach KUHN ein geradezu klassisches Beispiel einer ‚Entdeckung durch Zufall' bildet, die nach ihm in der Geschichte viel häufiger vorkommt als ‚die Standards der unpersönlichen wissenschaftlichen Berichterstattung' dies erkennen lassen[12]. Die Entdeckung erfolgte im Rahmen einer normalen Untersuchung von Kathodenstrahlen, die RÖNTGEN unterbrach, da ein Schirm zu glühen begann, *der nicht hätte glühen sollen*, nämlich ‚nicht sollen' auf Grund der herkömmlichen Paradigmentheorie. In dieser Hinsicht ist die Entdeckung RÖNTGENs ähnlich der von LAVOISIER, dessen Experimente ebenfalls Ergebnisse lieferten, die nach dem damaligen Phlogistonparadigma nicht zu erwarten waren.

Zwischen dem, was KUHN „wissenschaftliches Rätsel" nennt, und dem, was er als „Anomalie" bezeichnet, besteht nicht unbedingt ein Unterschied der Natur nach, mindestens aber ein gradueller Unterschied in bezug auf die Wirkung, welche diese Schwierigkeit auf die Forscher ausübt. Es kann z.B. der Fall sein, daß ein ungelöstes Problem, das zunächst ‚nur als Belästigung empfunden' worden ist, infolge der Weiterentwicklung der Wissenschaft zu einer Anomalie auswächst, welche für die betreffende Wissenschaft zur Krisenursache wird. (Beispiel: das Problem der Gewichtsrelationen in der Chemie des 18. Jh.) Oder ein Rätsel entwickelt sich dadurch zu einer Anomalie, daß die Lösung dieses Rätsels von der Praxis her als besonders dringend empfunden wird. Die durch diese Anomalie verhinderten Anwendungen stürzen die Theorie in eine Krise. (Beispiel: die Aufgabe, einen genauen Kalender aufzustellen, innerhalb der Ptolemäischen Astronomie.) Von einem Unterschied dem Wesen nach könnte am ehesten dann gesprochen werden, wenn die vorliegende Schwierigkeit *grundlegende* Annahmen der Theorie in Frage stellt. (Beispiel: das Problem der Ätherströmung in der Maxwellschen Theorie des Elektromagnetismus.)

Anomalien können somit je nach der Grundsätzlichkeit der Annahmen, die sie in Frage stellen, sowie je nach dem Stärkegrad der Abweichung von dem, was der traditionellen Theorie gemäß zu erwarten war, in den Forschern eine mehr oder weniger tiefe Beunruhigung hervorrufen. Wenn sich die Anomalien allen Interpretationen, die das Paradigma gestattet, besonders heftig widersetzen und wenn sich Anomalien zu häufen beginnen, gerät die normale Wissenschaft in eine *Krise*. Dieses Wort ist ein zusammenfassender Ausdruck für *eine sich unter den traditionsgebundenen Fachwissenschaftlern ausbreitende Unsicherheit*, die dem *dauernden Unvermögen* entspringt, die Anomalien als Rätsel der normalen Wissenschaft zu behandeln und sie im Rahmen dieser Wissenschaft der erwarteten Auflösung zuzuführen. Divergierende Ausarbeitungen der Theorie, die man später einmal als ad-hoc-Anpassungen bezeichnen wird, beginnen zu wuchern und die Regeln der normalen Wissenschaft werden in zunehmendem Maße aufgeweicht.

Aber selbst dieses Unsicherheitsgefühl, wenn noch so stark ausgeprägt, ist für sich allein niemals ein Grund für die Ablehnung des Paradigmas.

---

[12] Vgl. [Revolutions], S. 57.

Wie wir gesehen haben, bestehen nach KUHN zu jeder Zeit Schwierigkeiten bei der ‚Anpassung von Theorie und Natur'. Die meisten dieser Schwierigkeiten werden einmal behoben, oft in einer nicht vorhersehbaren Weise. So werden viele Forscher selbst in Krisenzeiten keineswegs das Paradigma verdammen, welches sie in die Krise hineingeführt hat, sondern sie werden sich zunächst in dem Glauben wiegen, eine Behebung werde im Rahmen der Paradigmentheorie dennoch einmal glücken. Für andere sind die Anomalien bereits mehr geworden als bloße Belästigungen des normalen Forschungsbetriebs. Sie verlieren das Vertrauen und beginnen, sich nach anderen Alternativen umzusehen.

Damit kündigt sich das Ende einer Periode traditionsgebundener Forschung, des Arbeitens im Rahmen der normalen Wissenschaft an. Es beginnt die neue Phase der *außerordentlichen Wissenschaft* ("extraordinary science") und der *außerordentlichen Forschung* ("extraordinary research"). Immer mehr neue Formulierungen und Präzisierungen werden ausprobiert; es verbreitet sich eine Bereitschaft ‚alles zu versuchen'; man gibt seiner Unzufriedenheit offen Ausdruck; Grundlagendiskussionen beginnen und man sucht Zuflucht in der Philosophie: *All das sind Symptome für den Übergang von der normalen zu außerordentlicher Forschung*[13].

In diesen Formen werfen *wissenschaftliche Revolutionen* ihren Schatten voraus. Es taucht schließlich ein neues Paradigma auf. Das geschieht nicht allmählich und auch nicht auf Grund einer intensiven Zusammenarbeit von Forschergruppen. Die neuen Ideen blitzen vielmehr urplötzlich in den Gehirnen einzelner Forscher auf: „... das neue Paradigma ... taucht ganz plötzlich, manchmal mitten in der Nacht, im Geist eines Menschen auf, der tief in die Krise verstrickt ist"[14]. Und damit kann die Umwälzung beginnen: die Verdrängung des alten Paradigmas durch ein neues. Hier haben wir das positive Gegenstück zu der obigen negativen Feststellung, daß Anomalien und Krise als solche nicht genügen, um ein Paradigma zu Fall zu bringen. So etwas vermag nur das ‚traditionszerstörende Gegenstück zur traditionsgebundenen Betätigung der normalen Wissenschaft': das *neue Paradigma*, welches über das alte obsiegt.

Also *weder* in der Periode der normalen Wissenschaft *noch* in der Phase der außerordentlichen Forschung wird ein Paradigma durch Falsifikation eliminiert. Im ersten Fall wird es *überhaupt nicht* in Frage gestellt, im zweiten Fall wird es nicht durch ‚widerstreitende Erfahrung', sondern *durch eine andere Theorie* in Frage gestellt. Dieser zweite Punkt ist es, der KUHN dazu veranlaßte, für diese Form der Umwälzung auf die politische Terminologie zurückzugreifen. Dadurch wird der *nichtkumulative Charakter der Entwicklung der Wissenschaft* in solchen Umwälzungsphasen hervorgehoben: „Politi-

---

[13] Vgl. [Revolutions], S. 89—91.
[14] "... the new paradigm ... emerges all at once, sometimes in the middle of the night, in the mind of a man deeply immersed in the crisis", a.a.O., S. 90.

sche Revolutionen werden durch ein wachsendes, doch oft auf einen Teil der politischen Gemeinschaft beschränktes Gefühl eingeleitet, daß existierende Institutionen aufgehört haben, die Probleme einer teilweise von ihnen selbst geschaffenen Umwelt zu bewältigen. Ganz ähnlich werden wissenschaftliche Revolutionen durch ein wachsendes, ebenfalls häufig auf eine kleine Untergruppe der wissenschaftlichen Gemeinschaft beschränktes Gefühl eingeleitet, daß ein existierendes Paradigma aufgehört hat, bei der Erforschung eines Aspektes der Natur, zu welchem das Paradigma selbst den Weg gewiesen hatte, in adäquater Weise zu funktionieren"[15].

Rationalisten wie Empiristen werden hier geneigt sein zu sagen: „Von da an hört die Analogie auch auf. Die *Durchsetzung* einer neuen Theorie vollzieht sich anders als die einer politischen Lebensform. Das, was die *besseren Begründungen*, die *besseren Argumente* für sich hat und was sich *an der Erfahrung besser bewährt*, wird sich am Ende durchsetzen". Nichts von all dem ist nach KUHN richtig.

So etwas wie empirische Tests oder empirische Prüfungen als objektive Entscheidungsinstanzen zwischen verschiedenen Paradigmen könnte es nur dann geben, wenn so etwas wie eine in bezug auf die miteinander konkurrierenden Theorien *neutrale Beobachtungssprache* existierte. Die *Existenz einer theorienneutralen Beobachtungssprache ist jedoch* für KUHN ebenso wie für HANSON[16], der erstmals die These von der ‚Theorienbeladenheit aller Beobachtungsdaten' aufgestellt hatte, *eine Illusion*. Wenn eine neue Theorie akzeptiert wird, so werden die Phänomene nicht nur ‚neu überdacht', sondern es werden alle deskriptiven Ausdrücke *neu interpretiert*. Entweder werden die bislang bekannten Definitionen und Erklärungen ausdrücklich durch ganz neue ersetzt oder, wo dies nicht geschieht, wird doch das Hintergrundwissen so stark geändert, daß die alten Ausdrücke auch ohne solche expliziten Revisionen neue Bedeutungen erlangen. Denjenigen Gelehrten, die einen Paradigmawechsel mitgemacht haben, geht es so, als wären sie auf einen neuen Planeten versetzt worden: Vertraute Dinge erscheinen in einem ganz anderen Licht und bisher nicht bekannte gesellen sich hinzu. Das gesamte begriffliche Netzwerk, durch das sie die Welt betrachten, hat sich verschoben. Es ist daher keine Übertreibung, wenn man behauptet: *Nach einem Paradigmawechsel hat sich die Welt selbst geändert*[17].

---

[15] "Political revolutions are inaugurated by a growing sense, often restricted to a segment of the political community, that existing institutions have ceased adequately to meet the problems posed by an enviroment that they have in part created. In much the same way, scientific revolutions are inaugurated by a growing sense, again often restricted to a narrow subdivision of the scientific community, that an existing paradigm has ceased to function adequately in the exploration of an aspect of nature to which that paradigm itself had previously led the way.", a.a.O., S. 92.

[16] Vgl. N. R. HANSON, *Patterns of Discovery*, S. 19.

[17] Vgl. dazu [Revolutions], insbesondere S. 102 und S. 111.

Kommt somit der ‚*Empirist*' mit seinen Argumenten nicht durch, so hat vielleicht der ‚*Rationalist*' mehr Glück, wenn er darauf hinweist, daß es doch eine intersubjektiv verständliche Sprache gibt, in der man Argumente formulieren und mit Gegenargumenten antworten kann. Aber diesem rationalistischen Konzept liegt nach KUHN nur ein zum *Dogma der neutralen Beobachtungssprache* hinzutretendes zusätzliches Dogma zugrunde, das *Dogma der gemeinsamen intersubjektiven Sprache*. Bei Paradigmenkämpfen bricht nicht nur die Beobachtungsgemeinschaft der Forscher völlig zusammen; auch die Gemeinsamkeit des gesprochenen Wortes findet ihr Ende. *Es gibt keine gemeinsame Wissenschaftssprache, welche über die Grenzen sich bekämpfender Paradigmen hinwegreicht.* Es kommt zwar zu Debatten zwischen Vertretern verschiedener Schulen. Aber von der Antike bis zur Gegenwart kann man an solchen Debatten immer wieder dieselben beiden Eigentümlichkeiten beobachten: erstens *totales Aneinandervorbeireden*, wenn die Vorzüge der jeweiligen Paradigmata miteinander verglichen werden; und zweitens *zirkuläre Argumentationen*, in denen gezeigt wird, daß jedes Paradigma den Kriterien, die es sich selbst vorschreibt, gerecht wird, während es einigen Kriterien, welche ihm die Gegner zudiktieren, nicht gerecht wird[18]. Da außerdem verschiedene Paradigmen teilweise verschiedene Probleme lösen, kommt es unausweichlich zu einem Streit darüber, *welche Problemlösungen wichtiger sind*. Und ebenso wie im Streit konkurrierender Normen kann diese Frage nur nach Kriterien entschieden werden, die außerhalb der normalen Wissenschaft liegen.

Hier stoßen wir auf eine zweite Parallele zwischen politischen Revolutionen und wissenschaftlichen Umwälzungen, welche eine zusätzliche Rechtfertigung dafür abgibt, die letzteren ebenfalls als Revolutionen zu bezeichnen: „Politische Revolutionen gehen darauf aus, politische Institutionen auf Wegen zu ändern, welche von diesen Institutionen verboten werden"[19]. Mit der Vertiefung der Krise verschreiben sich immer mehr Personen einem konkreten Programm zum Neuaufbau der Gesellschaft in einem ganz neuen institutionellen Rahmen. Damit zerfällt die Gesellschaft in einander bekämpfende Parteien, von denen die eine die alte Ordnung zu verteidigen trachtet, während die andere eine neue Ordnung zu errichten sucht. Und da ein überinstitutioneller Rahmen für die Beilegung der Differenzen nicht anerkannt wird, „müssen die Parteien eines revolutionären Konfliktes letzten Endes zu den Techniken der Massenüberredung Zuflucht nehmen, die oft Gewalt einschließen"[20]. Die Analogie zu den wissenschaftlichen Umwälzungen ist nach KUHN die folgende: Die Wahl zwischen kon-

---

[18] Vgl. z.B. a.a.O., S. 109—110.

[19] "Political revolutions aim to change political institutions in ways that those institutions themselves prohibit.", a.a.O., S. 93.

[20] "... the parties to a revolutionary conflict must finally resort to the techniques of mass persuasion, often including force.", a.a.O., S. 93.

kurrierenden Paradigmata ist ebenso wie die Wahl zwischen konkurrierenden politischen Institutionen „eine Wahl zwischen unverträglichen Lebensweisen der Gemeinschaft"[21]. Und so wie von den sich bekämpfenden politischen Lagern kein überinstitutioneller Rahmen für die Beilegung des Konfliktes anerkannt wird, so müssen bei Paradigmenkonflikten die Bewertungsverfahren der normalen Wissenschaft versagen, da alle derartigen Bewertungsverfahren ihrerseits von einem Paradigma abhängen, welches in einer Krisenzeit *keine* allgemeine Anerkennung genießt. Dies läßt die oben erwähnte Zirkularität der Argumentationen bei Paradigmendebatten und deren rein persuasiven Charakter verständlich erscheinen.

Bisweilen wird allerdings die Auffassung vertreten, daß zum Unterschied von Siegen in politischen Machtkämpfen nach der Verdrängung einer Theorie durch eine andere die erste Theorie als Grenzfall in der neuen Theorie aufgeht, also z.B. die Newtonsche Dynamik einen Grenzfall der relativistischen Dynamik bildet. An der einzigen Stelle seines Buches, an der KUHN so etwas wie die Skizze eines formalen Argumentes liefert[22], versucht er zu zeigen, daß von einer Ableitung der Newtonschen Dynamik aus der relativistischen Dynamik keine Rede sein kann; denn die grundlegenden Begriffe *Ort*, *Zeit* und *Masse* haben sich geändert, nur die Namen sind dieselben geblieben.

Wenn eine Theorie eine andere verdrängt, dann können die beiden nicht logisch verträglich miteinander sein, mehr noch, sie sind wegen der Grundverschiedenheit ihres Begriffsapparates meist sogar *inkommensurabel*, also *unvergleichbar*[23]. Man würde daher KUHN auch nicht gerecht werden, wollte man das Bild der Hegelschen Dialektik anwenden und sagen, daß die neue Theorie eine Art von ‚Synthese' darstelle, in der das Frühere ‚aufbewahrt' oder ‚aufgehoben' sei. Nein: Das Verhältnis zwischen dem Alten und dem Neuen ist ein Verhältnis des schroffen Gegensatzes.

Für uns ist der Punkt von großer Wichtigkeit: *Wenn KUHNs These von der Inkommensurabilität zwischen verdrängender und verdrängter Theorie richtig ist, dann können keine rationalen Argumente zwischen den beiden Theorien entscheiden.*

Wenn aber weder empirische Tests noch rationale Argumente eine Entscheidung herbeiführen, wie ist es dann überhaupt zu erklären, daß sich das neue Paradigma durchsetzt? Da ist vor allem zu beachten, daß es zumeist junge Leute oder zumeist Neulinge auf einem Gebiet sind, welche neue Theorien entwerfen. Außerdem müssen es Leute sein, die einen *Glauben* an das Neue haben und sich mit Bekennermut für das Neue *entscheiden*. Eine solche Entscheidung ist deshalb notwendig, weil beim erstmaligen Auftreten eines Paradigmas die neue Theorie *immer mit noch mehr Problemen kon-*

---

[21] "... a choice between incompatible modes of community life", a.a.O., S. 94.
[22] Vgl. a.a.O., S. 101.
[23] Vgl. vor allem die Ausführungen im Anschluß an die Kritik der angeblichen Ableitbarkeit der Newtonschen aus der relativistischen Dynamik a.a.O. auf S. 103.

frontiert ist als selbst die bereits in eine Krise geratene alte Theorie. Ohne die stützende Kraft des Glaubens wäre eine solche Entscheidung nicht möglich[24]. Die Übernahme eines neuen Paradigmas gleicht somit nicht einer boßen Änderung der theoretischen Überzeugungen, sondern einer *Bekehrung*. Und die Mittel, andere zu demselben bekehren, sind nicht Argumente, sondern, ebenso wie bei politischen Revolutionen, *Überredung* und *Propaganda*. Solche, die sich bekehren ließen, haben in ihrem Denken und Wahrnehmen etwas erlebt, das man mit dem vergleichen kann, was die Psychologen *Gestaltwandel* nennen: „Gerade weil er ein Übergang zwischen inkommensurablen Dingen ist, kann der Übergang zwischen konkurrierenden Paradigmen nicht Schritt für Schritt vor sich gehen, von Logik und Erfahrung erzwungen. Wie ein Gestaltwandel muß er vielmehr auf einmal geschehen ... oder überhaupt nicht"[25]. Diejenigen, welche den Übergang vollzogen haben, gebrauchen nicht selten Worte wie ‚daß ihnen die Schuppen von den Augen gefallen seien'. Die Rede vom Wechsel der Gestalt ist nach KUHN allerdings insofern irreführend, als beim Wechsel der visuellen Gestalt der Betrachter von einem Bild zum anderen übergehen kann und *umgekehrt* (z.B. die Zeichnung zunächst als Hasenkopf, dann als Entenkopf, dann wieder als Hasenkopf usw. sehen kann), während der Wissenschaftler bei einem Paradigmenwechsel gerade *nicht* die Freiheit bewahrt, zwischen verschiedenen Sehweisen hin- und herzuwechseln: er *sieht* einfach etwas Neues, was die Vertreter des alten Paradigmas nicht sehen.

Es sind, wie bereits erwähnt, meist junge Leute, die ein neues Paradigma in die Welt setzen. Junge Menschen aber sind eher bereit, sich mit religiösem Glaubenseifer für etwas ganz Neues einzusetzen und die Propagandatrommel mächtig zu rühren. Wie steht es aber mit denen, die nicht bereit sind, sich bekehren zu lassen, vor allem Forscher der älteren Generation, die ja meist sogar Gründe für ihre Ablehnung angeben können, nämlich: Warum soll man an etwas Neues glauben, das mit noch mehr Schwierigkeiten behaftet ist als das Alte? Und wenn sie, wie dies oft der Fall ist, keine Gründe angeben können, dann ist es einfach das Denken in gewohnten Bahnen, das ihre Bekehrung unmöglich macht. Hier leistet die Natur dem Wandel eine Hilfestellung, nämlich durch dasjenige biologische Ereignis, welches wir *Tod* nennen. KUHN zitiert auf S. 141 M. PLANCK, der beim Rückblick auf seine wissenschaftliche Laufbahn voll Bedauern bemerkte: „Eine neue wissenschaftliche Wahrheit pflegt sich nicht in der Weise durchzusetzen, daß ihre Gegner überzeugt werden und sich als belehrt erklären, sondern viel mehr dadurch, daß die Gegner allmählich aussterben und daß

---

[24] Vgl. insbesondere a.a.O., S. 157 unten und S. 158.

[25] "Just because it is a transition between incommensurables, the transition between competing paradigms cannot be made a step at a time, forced by logic and neutral experience. Like a gestalt switch it must occur all at once ... or not at all", [Revolutions], S. 150.

die heranwachsende Generation von vornherein mit der Wahrheit vertraut ist"[26].

„Mit der Wahrheit vertraut": Dies ist auch so eine Sache. Inwiefern bedeuten denn wissenschaftliche Revolutionen einen wissenschaftlichen *Fortschritt*? Am deutlichsten hat sich KUHN zu dieser Frage vermutlich dort geäußert, wo er sagt: „Revolutionen enden mit einem vollkommenen Sieg eines der beiden gegnerischen Lager. Würde diese Gruppe jemals sagen, das Ergebnis ihres Sieges sei etwas geringeres als Fortschritt? Das käme dem Zugeständnis gleich, daß sie Unrecht und die Gegner Recht hätten"[27]. Für die Mitglieder der siegreichen Gruppe *ist* der Ausgang der Revolution ein Fortschritt. Und diese Gruppe ist dazu noch in der günstigen Lage, auch sicherstellen zu können, daß zukünftige Mitglieder der Gemeinschaft der Wissenschafter die Dinge genauso sehen wie sie.

Damit dürfte hinreichend deutlich gemacht sein, daß für KUHN auch in der außerordentlichen Forschung und in Zeiten wissenschaftlicher Revolutionen keineswegs die rationale Komponente überwiegt oder auch nur etwas Entscheidendes zum Verständnis solcher Epochen beiträgt. Auch diese Perioden der Wissenschaft werden mit Kategorien beschrieben, die den Wissenschaftler zu einer irrationalen Persönlichkeit machen: Nicht: *neutrale Beobachtung, strenge Prüfung, Bewährung an der Erfahrung* oder *induktive Bestätigung, Überzeugung durch Argumente* sind die Kategorien, in denen wir den revolutionären Verdrängungsprozeß von Theorien durch andere zu beschreiben haben; sondern vielmehr: *Glaube, Entscheidung für etwas Neues, Überredung, Propaganda, Bekehrungserlebnisse, Gestaltwandel* und *Tod*.

Ohne, wie zu hoffen ist, KUHN Gewalt angetan zu haben, sind in dieser Schilderung die Akzente so gesetzt und diejenigen Aspekte seiner Analyse besonders hervorgehoben worden, welche die kritischen Reaktionen seiner Gegner verständlich machen. In jedem, der in irgendeiner der Tendenz nach ‚rationalen philosophischen Tradition' aufgewachsen ist, wird sich zunächst Protest regen, und KUHNs Kritiker können zumindest bei solchen Philosophen mit großer positiver Resonanz rechnen.

2. Eine Auswahl aus Kritiken an Kuhn

2.a Vorbemerkungen. Die vorangehende Skizze der Gedanken von KUHN ist bewußt so abgefaßt worden, daß die radikalen, naheliegenden Protest herausfordernden Konsequenzen, die bei ihm teils ausgesprochen, teils implizit in seinen Darlegungen enthalten sind, deutlich zutage treten.

---

[26] M. PLANCK, [Autobiographie], S. 22.
[27] "Revolutions close with a total victory for one of the two opposing camps. Will that group ever say that the result of its victory has been something less than progress? That would be rather like admitting that they had been wrong and their opponents right.", a.a.O., S. 166.

Als die provozierendste Folgerung, welche seine Ausführungen nahelegen, könnte man die (explizit nicht ausgesprochene) *These von der Unsinnigkeit aller Wissenschaftstheorien* ansehen. Wenn jemand in diesen Tagen ein Team von Spezialisten zu dem Zweck einsetzen wollte, herauszubekommen, bei welchen Banken der heutige König von Frankreich sein Vermögen angelegt hat, so würde man mit Recht dieses Unternehmen als unsinnig bezeichnen, da es auf einer nicht erfüllten Voraussetzung beruht: Es gibt keinen heutigen König von Frankreich. Analog scheinen, falls KUHN recht hat, alle Wissenschaftstheorien und -philosophien auf einer unerfüllten Präsupposition zu beruhen: Sie mögen untereinander noch so sehr in bezug auf ihre Vorstellungen von wissenschaftlichen Standards, Kriterien und Argumentationsweisen abweichen, in dem *einen* Punkt stimmen sie fraglos überein, nämlich daß die Wissenschaften, insbesondere die ‚exakten Naturwissenschaften‘, *rationale* Unternehmen sind, wie immer eine befriedigende Explikation von „rational" auch aussehen mag. Auf eine Bestreitung dieser grundlegenden Präsupposition aber läuft KUHNs Auffassung hinaus. Dies ist zumindest der von den meisten Kritikern geteilte Eindruck.

KUHNs Reaktionen auf Vorwürfe wie den des ‚Irrationalismus‘ oder den des angeblich von ihm vertretenen Relativismus sind bemerkenswert. Er lehnt derartige Vorwürfe weder ab noch pflichtet er ihnen bei. Vielmehr betont er, daß er diese Einwendungen nicht verstehe bzw. daß der Gebrauch solcher Ausdrücke durch seine Kritiker auf Mißverständnissen beruhen müsse[28]. Man kann dies vielleicht als Symptom dafür ansehen, daß nach KUHNs Auffassung seine Gegner *inadäquate Rationalitätskriterien* voraussetzen. Da er selbst Wissenschaftshistoriker und nicht Wissenschaftslogiker zu sein beansprucht, kann man ihm kaum einen Vorwurf daraus machen, daß seine Ausführungen zu diesem Punkt keine hinreichende Klarheit schaffen. Jedenfalls wollen wir diese gedankliche Möglichkeit im Auge behalten. Wir werden sie nach Anhörung aller Gegenargumente wieder aufgreifen und in den späteren Abschnitten weiter verfolgen. Es wird sich herausstellen, daß der von SNEED zur Verfügung gestellte Begriffsapparat, vor allem seine Präzisierung des non-statement view von Theorien, eine solche Rekonstruktion verschiedener Gedanken von KUHN gestattet, daß diesen der *Schein der Irrationalität* genommen wird.

Da wir eine solche Rekonstruktion anstreben, erscheint es als zweckmäßig, die folgenden Kritiken gleich mit vorläufigen Kommentaren zu versehen, damit der Leser allmählich auf den späteren Rekonstruktionsversuch vorbereitet wird und keine zu große Mühe hat, den Zusammenhang mit dem folgenden Text herzustellen.

---

[28] Vgl. insbesondere [My Critics], S. 259ff. Die Stellungnahme KUHNs zu derartigen Vorwürfen ist natürlich wesentlich differenzierter als die obige pauschale Formulierung vermuten läßt. Doch können wir im gegenwärtigen Zusammenhang über diese Details hinwegsehen.

2.b Immanente Kritiken: Shapere und Scheffler. In seiner Rezension [KUHN] hat D. SHAPERE vor allem KUHNs Begriff des Paradigmas heftig kritisiert. Er bemängelt sowohl die Undeutlichkeit dieses Begriffs als auch die widerspruchsvolle Art und Weise, in der KUHN den uns angeblich offenstehenden Zugang zu einem Paradigma beschreibt.

Stellt man alles zusammen, was KUHN über Paradigmen aussagt, so gewinnt man den verblüffenden Eindruck einer ungeheuren Fülle anscheinend vollkommen heterogener Komponenten, die in einem Paradigma enthalten sind: *Gesetze, Theorien, Modelle, Standards, Kriterien, Methoden* — teils kodifiziert, meist aber ungeschrieben, da die ausdrückliche Formulierung nach KUHN gewöhnlich erst in Krisenzeiten einsetzt —, aber auch mehr oder weniger *vage Intuitionen* sowie *metaphysische Überzeugungen* und *Vorurteile*. SHAPERE stellt hier die berechtigte Frage[29], ob die These KUHNs, daß der Zusammenhalt unter den Vertretern jeweils herrschender Lehrmeinungen durch das geltende Paradigma bewirkt werde, wirklich das Ergebnis einer gründlichen historischen Studie darstelle, oder ob sie sich nicht einfach auf den großen Umfang des Ausdrucks „Paradigma" stützt. Es frage sich, ob die Verwendung der gemeinsamen Bezeichnung „Paradigma" für eine solche Fülle von Tätigkeiten und Funktionen nicht den Blick für die zwischen ihnen bestehenden Unterschiede verneble, statt ihn dafür zu schärfen.

Nicht weniger verwirrend findet SHAPERE KUHNs Äußerungen darüber, wie ein Paradigma *Gegenstand unserer Erkenntnis* werden kann. Auf der einen Seite behauptet KUHN in [Revolutions], S. 44, daß ein Paradigma der Untersuchung unmittelbar zugänglich sei (open to 'direct inspection') und daß Historikern die Identifizierung von Paradigmen nicht schwer falle. Auf der anderen Seite betont er, z.B. a.a.O. auf S. 11 und S. 44, daß ausdrücklich formulierte Regeln fast immer von einigen Gliedern der untersuchten Gruppe von Wissenschaftlern abgelehnt worden wären und daß ein Paradigma als etwas angesehen werden müsse, was den verschiedenen Begriffen, Gesetzen, Theorien und Gesichtspunkten, die man aus ihnen abstrahieren könne, *vorhergeht*. Wenn aber, so meint SHAPERE ironisch, die Verbalisierung, also die adäquate Formulierung eines Paradigmas, so ungeheure Schwierigkeiten bereite, so müsse man entweder daran zweifeln, ob Paradigmen der Untersuchung wirklich so leicht zugänglich seien, oder man müsse in höchstem Grad erstaunt sein über KUHNs Sehkraft.

SHAPERE kommt zu dem kritischen Ergebnis, daß es sich bei den Unterschieden zwischen Paradigmen einerseits, verschiedenen Formulierungen und Verbalisierungen eines und desselben Paradigmas andererseits höchstens um graduelle Unterschiede handele und daß daher auch der Unterschied zwischen wissenschaftlichen Revolutionen und normaler Wissen-

---
[29] [KUHN], S. 385.

schaft ein höchstens gradueller Unterschied sei, da solche Dinge wie: Ausdruck des Unbehagens, Entwicklung miteinander konkurrierender Formulierungen sowie Grundlagendiskussionen den *Gesamtverlauf* der Wissenschaft begleiten[30].

Die kritischen Bemerkungen von SHAPERE zum Begriff des Paradigmas sind insofern berechtigt, als man sich wirklich fragen muß, ob es zweckmäßig ist, daß KUHN dieses Wort gebraucht. Wir werden später in 4.c (mindestens) drei ganz verschiedene Faktoren im Kuhnschen Paradigmenbegriff unterscheiden: Erstens *psychische und geistige Prozesse und Funktionen*, die den Gegenstand der Forschungspsychologie, aber nicht einer wissenschaftstheoretischen Analyse bilden können, die sich um rationale Rekonstruktion bemüht. Zweitens diejenigen Bestandteile, bei denen das ‚Problem der Verbalisierung' fortfällt, da sie genau beschreibbar und präzisierbar sind: *die Komponenten der mathematischen Struktur einer Theorie*. Drittens *die Menge der intendierten Anwendungen I* einer Theorie. Wir werden nur für diesen dritten Faktor einen Zusammenhang mit dem Wittgensteinschen Paradigmenbegriff herstellen. Zwar scheint dadurch von der ursprünglich intendierten Bedeutung von „Paradigma" nur ein winziges, ja nur ein infinitesimales Stück übrigzubleiben. Aber dieses winzige Stückchen wird ausreichen, um KUHNS Konzept der normalen Wissenschaft in einem ganz neuen Licht erscheinen zu lassen: *Das Verhalten der Glieder einer normalwissenschaftlichen Tradition wird seine scheinbare Irrationalität verlieren.* (Für einen etwas ausführlicheren, aber natürlich ebenfalls bloß vorläufigen Hinweis vgl. Unterabschnitt 2.e.)

Was die Conclusio von SHAPERE betrifft, daß es sich bei dem Kuhnschen Gegensatz nur um einen graduellen Unterschied handelt, so werden wir auch der in dieser Behauptung steckenden impliziten Kritik an KUHN *nicht* folgen. Allerdings wird auch dies nur dadurch möglich werden, daß wir uns auf etwas ganz Spezielles, nämlich auf die zweite Klasse der eben genannten Bestandteile, beschränken und dabei nicht an die Formulierungen KUHNS, sondern an den Begriffsapparat von SNEED anknüpfen. Unter sehr grober Vorwegnahme der späteren Betrachtungen kann man sagen: Im Gegensatz zur Vermutung von SHAPERE und im Einklang mit der Denkweise KUHNS wird sich für uns kein bloß gradueller Unterschied, sondern *ein ‚Unterschied der Natur nach'* dadurch ergeben, daß wir — wenigstens in Anwendung auf physikalische Theorien — das Verfügen über ein und dieselbe Theorie im Verlauf der ‚normalen Wissenschaft' auf die *Beibehaltung eines und desselben Strukturkernes* zurückführen, während die sich wandelnden Überzeugungen der Wissenschaftler einer normalwissenschaftlichen Epoche nur in *variierenden Entwürfen von Erweiterungen dieses stabil bleibenden Strukturkernes* ihren Niederschlag finden. Von Theorienverdrängung werden wir

---

[30] a.a.O., S. 388.

hingegen nur dann sprechen, wenn eine Theorie mit einem Strukturkern *durch eine andere Theorie mit davon verschiedenem Strukturkern ersetzt* wird.

Eine weitere Kritik von SHAPERE sei noch kurz erwähnt. Bezüglich der von KUHN vertretenen These, daß sich mit einem Paradigmenwechsel auch die *Begriffe*, d. h. die *Bedeutungen der Basisterme* ändern, erhebt er den Vorwurf, daß KUHN keine Analyse des Bedeutungsbegriffs liefere und daß daher seine These eine unbeweisbare Behauptung bleibe[31]. Wir werden auf diesen Punkt in IX,8 kurz zu sprechen kommen. Er wird im Rahmen unserer Erörterungen keinen großen Raum einnehmen. Sofern nämlich damit etwas gemeint sein sollte, was Bedeutungen im Sinn von *Intensionen* betrifft, so gehört der Punkt überhaupt nicht in die Domäne der Wissenschaftstheorie, sondern in die der Sprachphilosophie. Sofern etwas anderes gemeint sein sollte, ist es unerläßlich, für die Diskussion ein präzises Fundament zur Verfügung zu stellen. Denn wie soll ein *Nachweis* für das Vorliegen von ‚Bedeutungsänderungen' erbracht werden, solange keine exakten Kriterien für Konstanz oder Änderung auf diesem Sektor formuliert worden sind? Wie wir sehen werden, kann bei bestimmten, genau angebbaren Änderungen in bezug auf die *theoretischen Begriffe* tatsächlich von einem Bedeutungswandel gesprochen werden, wenn man als Kriterium die *Wahrheitsbedingungen* für Sätze wählt, in denen solche Begriffe vorkommen. Auf eine kurze Formel gebracht, wird unsere Reaktion also lauten: Diese These KUHNs läßt sich zwar partiell rechtfertigen, doch nicht auf der Grundlage seines intuitiven Begriffsapparates, sondern nur unter Zugrundelegung einer Rekonstruktion, die unter anderem Begriffe wie den der *Nebenbedingung* sowie die Dichotomie *theoretisch—nicht-theoretisch* benützt[32].

Eine andere immanente Kritik, die sich nicht auf die begriffliche Basis, sondern auf die Argumentationsweise bezieht, bringt I. SCHEFFLER vor[33]. Er weist auf den offenkundigen Selbstwiderspruch hin, der darin besteht, daß KUHN die Existenz theorien- oder paradigmenneutraler Fakten leugnet, als Begründung für diese These aber *auf historische Fakten* hinweisen muß, also genau das für sich beansprucht, was im Fall der Gültigkeit seiner These nicht möglich sein sollte. Zumindest müßte er behaupten, daß ein Historiker zu Leistungen befähigt sei, die einem Naturwissenschaftler prinzipiell verschlossen sind.

Sollten die hier angegriffenen Ausführungen KUHNs wirklich als Unmöglichkeitsbehauptung zu verstehen sein, also im Sinn einer Behaup-

---

[31] Vgl. vor allem [KUHN], S. 390.
[32] Eine ausführlichere Diskussion des Zusammenhangs von Theorienwandel und Bedeutungsänderung hat SHAPERE in seiner Auseinandersetzung mit FEYERABENDs Kritik am philosophischen Empirismus gegeben in [Scientific Change]. FEYERABEND vertritt nämlich noch nachdrücklicher als KUHN die These, daß mit jeder Änderung einer Theorie eine Änderung der Bedeutungen der in der Theorie vorkommenden Terme verbunden sein müsse.
[33] Vgl. [Subjectivity], S. 21f., S. 52f., S. 74 und [Vision], S. 366f.

tung von der Gestalt: „Kommunikation zwischen Vertretern verschiedener Paradigmen ist unmöglich", so wäre dieser Kritik unbedingt stattzugeben. Zweckmäßigerweise faßt man aber Kuhns diesbezügliche Gedanken als möglicherweise übertrieben formulierte Feststellungen auf, die jeweils auf vorgegebene Theorien zu relativieren sind. In der Terminologie des vorigen Kapitels wäre der Gedanke dann etwa so zu formulieren: „Man kann nicht mit Hilfe der mathematischen Struktur einer Theorie diese Struktur mit einer davon verschiedenen vergleichen. Doch wird solches in Krisenzeiten von den beteiligten Wissenschaftlern immer wieder versucht." Man muß, um einen Vergleich zu ermöglichen, *beide* Strukturen zum *Objekt* der Betrachtung machen, was natürlich ohne weiteres geschehen kann. Hier stoßen wir auf eine der wenigen Stellen, an denen der Wissenschaftstheoretiker auf Fehler im Argumentieren der Wissenschaftler aufmerksam machen, also eine *normative Funktion* übernehmen kann.

2.c Erkenntnistheoretische Kritiken: Shapere, Scheffler, Popper.

Shapere weist auf eine Reihe von Stellen hin, in denen Kuhn Behauptungen darüber aufstellt, was für die Wissenschaft und ihre Entwicklung gelten *muß*[34]. Wie aber ist es möglich, Aussagen von dieser Art zu *begründen*, wenn als Prämissen nur Ergebnisse von historischen Studien darüber vorliegen, *was tatsächlich in der Vergangenheit geschehen ist*? Die Antwort ist höchst einfach: Eine solche Begründung gibt es nicht. Und Kuhn könnte nur dann für sich beanspruchen, Begründungen für das, was sein muß, aufgrund von Erkenntnissen darüber, was gewesen ist, gegeben zu haben, wenn er einen sehr weitgehenden philosophischen Essentialismus verträte, gemäß welchem historische Gegebenheiten die Grundlage dafür bilden, *das Wesen* dessen, was gegeben ist, *zu erschauen*[35]. Man kommt daher nicht umhin, in den von Shapere bemängelten Äußerungen entweder unglücklich formulierte hypothetische Annahmen oder gedankliche Entgleisungen zu erblicken.

Zwei Thesen Kuhns werden von Scheffler in [Subjectivity] einer eingehenden Kritik unterzogen, nämlich erstens die These, daß es *keine objektiven, theorieneutralen Beobachtungen* gäbe und daß zweitens zwischen Vertretern verschiedener ‚Paradigmen' *nicht einmal eine gemeinsame Wissenschaftssprache* existiert.

Da eine genaue Erörterung beider Fragen einen Übergang zu einer sehr hohen erkenntnistheoretischen Abstraktionsstufe voraussetzen würde, seien zu beiden Punkten nur einige Bemerkungen gemacht. Zunächst ist wieder festzustellen, daß Kuhn bei den von ihm verwendeten Methoden höchstens

---

[34] Shapere, [Kuhn], S. 385f. Solche Stellen finden sich bei Kuhn in [Revolutions] z.B. auf S. 16 unten, S. 79 oben, S. 87 Mitte, S. 146 oben.

[35] Gelegentliche Hinweise darauf, daß Kuhn an so etwas glaubt, gibt es tatsächlich, z. B. in [Revolutions] auf S. 112 unten.

historische Feststellungen treffen, nicht jedoch Nichtexistenzbeweise liefern kann. Hinsichtlich der ersten Frage könnte man außerdem wieder auf einen Selbstwiderspruch hinweisen, der diesmal darin liegt, daß nach KUHN eine Theorie gegenüber ihren Konkurrentinnen *als besser* erscheinen muß, um gewählt zu werden[36]; daß eine verdrängende Theorie *vieles*, wenn auch nicht alles *von dem leisten muß*, was eine Theorie, welche abgelöst wird, zu leisten vermochte. Äußerungen wie diese würden unverständlich oder gar sinnlos werden, wenn sie nicht einen stillschweigenden Appell an ‚intertheoretisch' beobachtbare Phänomene enthielte, welche die Theorien zu erklären oder vorauszusagen beanspruchen.

Da prinzipielle Betrachtungen von dieser Art stets die potentielle Gefahr in sich bergen, für Haarspaltereien gehalten zu werden, sei hier auf einen *richtigen* Kern in KUHNs Überlegungen hingewiesen. Der Punkt wird später innerhalb eines systematischeren Kontextes nochmals zur Sprache kommen und dadurch klarer werden. Auf ihn bereits jetzt hinzuweisen, erscheint deshalb als zweckmäßig, weil sich dieser teilweise richtige Gedankengang mit einem *Irrtum* paart, der außer von KUHN auch von anderen Denkern wie HANSON, TOULMIN und FEYERABEND begangen worden ist. Es ist richtig, daß häufig (und in der theoretischen Physik vielleicht sogar immer) für die Beschreibung dessen, was eine für eine Theorie ‚relevante Tatsache' ist, eine Theorie benötigt wird. *Aber diese letztere Theorie ist natürlich nicht mit der ersteren identisch.* In der etwas abstrakten Terminologie von VIII ausgedrückt: Für die Beschreibung dessen, was partielles potentielles Modell für die mathematische Struktur einer Theorie ist, wird man in der Regel wieder eine Theorie benötigen. Aber dies ist eine Theorie ‚von niedrigerer Ordnung' als die, von deren mathematischer Struktur gesprochen wird.

Kann aber nicht sogar der Fall eintreten, daß etwas ‚Tatsache für eine Theorie' *nur unter der Annahme der Gültigkeit eben dieser Theorie selbst* wird? Die Antwort lautet: „Ja". Dabei ist jedoch hinzuzufügen: Dieser höchst merkwürdige Sachverhalt erzeugt ein äußerst schwieriges Problem. Es ist nichts geringeres als das, was in VIII das Problem der theoretischen Terme genannt worden ist, über dessen mögliche Lösung wir bereits ausführliche Überlegungen angestellt haben.

Was den zweiten Punkt betrifft, so hat SCHEFFLER im Prinzip gezeigt, wie die Schwierigkeit zu beheben ist[37]: Natürlich müssen die *internen Kriterien* einer Theorie, welche die Probleme und Lösungen dieser Theorie bestimmen, versagen, wenn es darum geht, diese Theorie mit einer anderen Theorie zu vergleichen. Dafür benötigt man *externe Kriterien*. Solche können erst auf der *metatheoretischen Ebene* formuliert werden, auf der Kriterien der ersten Art nicht mehr benützt, sondern zum Gegenstand der Analyse ge-

---

[36] [Revolutions], S. 15 unten, S. 16.
[37] Vgl. insbesondere [Subjectivity], S. 84ff. und [Vision], S. 368, Punkt (8).

macht werden. Es kann keine Rede davon sein, daß dieser Übergang prinzipiell unmöglich ist. Als Beweis dafür, daß er möglich ist, könnte der Inhalt von VIII, Abschnitt 7 ff. sowie die Fortsetzung der dort begonnenen Analyse und ihre Anwendung auf das Denkgebäude von KUHN in den späteren Abschnitten dieses Kapitels (Abschnitt 4 ff.) dienen. ‚Interne Kriterien' würden für die vergleichende Beurteilung verschiedener Erweiterungen eines und desselben Strukturkernes dienen, nämlich des Strukturkernes eben dieser Theorie, über welche die Benützer der Kriterien verfügen. ‚Externe Kriterien' können erst dann angewendet werden, wenn man diese Strukturkerne selbst zum Gegenstand der Analyse macht, wie wir dies in VIII getan haben und später an all jenen Stellen tun werden, wo von Strukturkernen beliebiger, nicht näher spezifizierter Theorien die Rede sein wird. Die verschiedenen Reduktionsbegriffe von VIII,9 könnte man als Beispiele für derartige externe Kriterien ansehen.

Im Prinzip handelt es sich hier um eine Situation, die der analog ist, wo Vertreter verschiedener philosophischer Richtungen zu debattieren beginnen. Auch hier kann eine rationale Diskussion in der Weise zustande kommen, daß zunächst *im Rahmen einer für beide Partner verständlichen Metasprache* über die Kriterien für den Gebrauch der philosophischen Sprache diskutiert wird[38].

Sollten die ‚Paradigmendiskussionen' innerhalb der Geschichte der Naturwissenschaften wirklich immer so verlaufen sein, wie KUHN dies behauptet, so könnte man darin *eine implizite Ermunterung zu systematischen wissenschaftstheoretischen Untersuchungen* erblicken. Jedenfalls erscheint die Hoffnung nicht als gänzlich unbegründet, daß Analysen von der Art, wie sie in diesen beiden letzten Kapiteln vorgenommen werden, dazu beitragen könnten, den von KUHN beschriebenen desolaten Zustand zu überwinden.

Vieles spricht dafür, daß KUHN mit der Behauptung, Vertreter verschiedener Paradigmen könnten nicht zu einer gemeinsamen Sprache finden, mehr als eine Zusammenfassung von historischen Feststellungen geben, nämlich eine *philosophische These* aufstellen wollte. Diese These fiele mit dem zusammen, was POPPER in [Dangers] als 'The Myth of the Framework' bezeichnet[39], der Bestandteil eines philosophischen Relativismus sei.

Auch diese These und ihre möglichen Varianten werden wir im folgenden unberücksichtigt lassen, denn es wird sich herausstellen, daß eine kritische Rekonstruktion von KUHNs Gedanken über die normale Wissenschaft und über wissenschaftliche Revolutionen gegeben werden kann, die es nicht erforderlich macht, auf philosophische Grundlagendiskussionen einzugehen, die nötig wären, um sich mit dem Relativismus auseinanderzusetzen.

---

[38] Vgl. dazu BAR-HILLEL, [Philosophical Discussion], S. 258 ff.
[39] [Dangers], S. 56.

2.d Kritik der Analyse der normalen Wissenschaft und der wissenschaftlichen Revolutionen: Watkins, Popper, Lakatos. Wie nicht anders zu erwarten, bezogen sich die schärfsten kritischen Reaktionen auf KUHNs Bild von der Wissenschaftsdynamik; denn dieses Bild scheint unvereinbar zu sein mit der Vorstellung, daß Wissenschaft ein *rationales* Unternehmen sei und daß sie zu *echtem Fortschritt* führe.

So gibt POPPER zu, daß die Kuhnsche Unterscheidung zwischen normaler Wissenschaft und außerordentlicher Forschung wichtig sei. Aber er glaubt, daß die Einstellung des normalen Wissenschaftlers eine bedauerliche Einstellung ist: die Einstellung des ziemlich unkritischen Professionals, der die herrschende Lehre wie eine Mode übernimmt, sie nie in Frage stellt und von seinen Studenten verlangt, dieselbe unkritische Haltung zu übernehmen. „Nach meiner Auffassung ist der ‚normale' Wissenschaftler, wie KUHN ihn beschreibt, eine Person, die einem leid tun sollte."[40] Er sei ein Mensch, der bei seiner Ausbildung eine schlechte Unterweisung erhalten habe. Denn wissenschaftliche Anstalten sollten das kritische Denken fördern und ermutigen. In der Ausbildung von Menschen zu normalen Wissenschaftlern erblickt POPPER daher eine große Gefahr. Es ist keine geringere Gefahr als die der Ersetzung einer Lehre, welche die heranwachsenden Wissenschaftler mit Problemen vertraut macht, durch Indoktrination in einer dogmatischen Geisteshaltung.

Auch WATKINS wendet sich mit Nachdruck gegen die normale Wissenschaft, vor allem gegen die Vorstellung, daß darin *keine Theorien geprüft* werden, sondern, wie KUHN in [Psychology] auf S. 5 im Einklang mit der oben gegebenen Schilderung betont, *nur die Geschicklichkeit des Experimentators bei der Lösung von Rätseln*. Gegenüber dieser Haltung, die keine strenge Prüfung und damit auch keine Falsifikation von Hypothesen kennt, schlägt er vor, daß *die Forderung nach permanenter Revolution* das Motto für die Wissenschaft bilden solle[41].

Wir werden weiter unten sehen, warum diese und ähnliche Kritiken — die übrigens eigentlich weniger Kritiken an KUHN darstellen als an denjenigen Tätigkeiten, *über die* KUHN referiert — unbefriedigend sind.

Noch energischere Proteste haben KUHNs Behauptungen über wissenschaftliche Revolutionen hervorgerufen. Die drei wichtigsten Kritiken dürften sein: der Vorwurf der *Vagheit*, des *Widerspruchs* und des Bestehens einer *Rationalitätslücke*.

Zur *Vagheit*: Der Gegensatz, der durch die Schlagworte „empirisch nachprüfbar" und „zum Rätsellösen geeignet" angedeutet wird, scheint zunächst nur auf die verschiedenen Abgrenzungskriterien zwischen Wissenschaft und Nichtwissenschaft bei POPPER und bei KUHN hinzuweisen. Er

---

[40] "In my view the 'normal' scientist, as KUHN describes him, is a person one ought to be sorry for", [Dangers], S. 52.
[41] J.W.N. WATKINS, [Normal], S. 28.

ist jedoch, wie WATKINS hervorhebt[42], mehr als das. KUHN betont, daß zwar viele von POPPER angeführte Theorien vor ihrer Preisgabe nicht getestet worden sind; „jedoch ist keine von ihnen ersetzt worden, bevor sie aufgehört hat, eine Tradition des Rätsellösens adäquat zu stützen"[43]. WATKINS weist darauf hin, wie außerordentlich vage dieser Begriff der adäquaten Stützung einer rätsellösenden Tradition ist. Der Unterschied zwischen Stützung und Nichtstützung sei höchstens ein gradueller Unterschied. KUHN vermöge nicht anzugeben, wo ein noch tolerierbarer Betrag von Anomalien in einen nicht mehr tolerierbaren übergehe. Zum Unterschied vom Begriff der Falsifikation fehle hier die *kritische Stufe*, an der sich ein Paradigmenwechsel begründen lasse.

Zum *Widerspruch*: Sowohl WATKINS[44] als auch früher bereits SCHEFFLER[45] heben hervor, daß KUHNs Inkommensurabilitätsthese der anderen These widerspreche, wonach sich ablösende Theorien unverträglich seien. Wenn Paradigmen unvergleichlich sind, dann bleibe es unverständlich, wie es zwischen ihnen zu einer Konkurrenz kommen könne, wieso sie als rivalisierende Alternativen empfunden werden. Wenn man, um ein Beispiel von WATKINS zu nehmen, einen biblischen Mythos als unvergleichlich mit dem Darwinismus ansieht, so können beide eben friedlich miteinander koexistieren.

Zur *Rationalitätslücke*: Fast alle Kritiker KUHNs hatten das Gefühl, daß seine Schilderung wissenschaftlicher Revolutionen eine entscheidende Lücke enthalte. Man versteht, wenn man das von ihm Gesagte ernst nehmen will, nicht mehr, was *Erkenntnisfortschritt* heißt bzw. man muß diesem und damit synonymen Begriffen eine rein machtpolitische Bedeutung geben: die Fortschrittlichen sind die jeweils Siegenden. Was bei KUHN ganz zu fehlen scheint, ist, ein Verständnis dessen zu liefern, was POPPER in dem Satz ausdrückt: „In der Wissenschaft (und nur in der Wissenschaft) können wir sagen, daß wir einen echten Fortschritt gemacht haben; daß wir mehr wissen, als wir vorher wußten."[46] Ein guter Teil der Ausführungen von LAKATOS in [Research Programmes] enthält einen Versuch, diese Rationalitätslücke zu schließen. Wir wollen weiter unten versuchen, einige der wichtigsten Gedanken von LAKATOS im Rahmen der folgenden Rekonstruktion zu präzisieren (vgl. 7.d). Dabei wird sich der auf POPPER zurückgehende Begriff des Forschungsprogramms ([Dangers], S. 55) als weniger wichtig erweisen gegenüber einer intuitiven Idee, die LAKATOS in den ‚geläuterten Falsifikationsbegriff' einzubeziehen versuchte.

---

[42] [Normal], S. 30.
[43] "... none of these was replaced before it had ceased adequately to support a puzzle-solving tradition", [Psychology], S. 10.
[44] [Normal], S. 36f.
[45] [Subjectivity], S. 82f. und [Vision], S. 367f.
[46] "In science (and only in science) can we say that we have made genuine progress: that we know more than we did before", [Dangers], S. 57.

2.e Zusammenfassung und vorläufiger Kommentar. Im folgenden wird es uns um eine kritische Rekonstruktion einiger grundlegender Ideen von KUHN gehen, und zwar unter Zugrundelegung des in VIII eingeführten und teilweise modifizierten Begriffsapparates von SNEED. Damit ist bereits implizit zugestanden, daß wir diese Ideen für hinreichend wichtig halten, um eine Rekonstruktion zu versuchen. Und dies beinhaltet wieder nichts geringeres als die Feststellung, daß uns die in 2.d angeführten und teilweise sicherlich berechtigten Kritiken im ganzen doch als unbefriedigend erscheinen. Der beste Weg, die Gründe dafür in wenigen Worten anzudeuten, dürfte der sein, nach einer prinzipiellen Überlegung einige Grundzüge der späteren Rekonstruktion vorwegnehmend zu schildern.

Zunächst kommt es darauf an, diejenigen Aspekte von KUHNs Ausführungen nicht überzubewerten, von denen man abstrahieren kann, wenn die ‚Theoriendynamik' das Objekt der Analyse bildet. Dazu gehören die meisten der in 2.b und 2.c genannten Punkte: Es mag richtig sein, daß KUHN so etwas wie einen historischen Relativismus vertritt, der sich als philosophische Position nicht halten läßt. Es dürfte auch, wie wir gesehen haben, stimmen, daß er selbst, bei Strafe der Inkonsistenz, in weit stärkerem Maße an die Möglichkeit intersubjektiver Beobachtung glauben muß, als er vorgibt; ebenso, daß er die Möglichkeit und Leistungsfähigkeit metatheoretischer Reflexionen unterschätzt und daß er etwas voreilige Schlüsse vom Was-Gewesen-Ist zum Was-Sein-Muß zieht.

Für jeden, der über die Materie ernsthaft reflektiert, muß die radikale Divergenz zwischen dem *statischen* und dem *dynamischen* Aspekt der Wissenschaft zu einer Quelle tiefer Beunruhigung werden. Man macht sich die Sache zu leicht, wenn man sagt: Die Analysen des Wissenschaftstheoretikers können nur *Momentphotographien von* — mannigfach idealisierten — *Strukturquerschnitten* wissenschaftlicher Theorien liefern; die Untersuchung des *dynamischen Aspekts* der Wissenschaft hingegen müsse der Psychologie und Soziologie der Forschung vorbehalten bleiben. *Ist es denn denkbar, daß diese beiden Betrachtungsweisen zu Ergebnissen führen, die überhaupt nicht zusammenpassen?*

Wenn ein Historiker der Mathematik behaupten wollte, er habe in der Geschichte dieser Wissenschaft keine logischen Beweisführungen, ja nicht einmal rudimentäre Ansätze dazu, entdecken können, so würde man ihm mit Recht entgegenhalten, daß er mit Blindheit geschlagen sein müsse. Schließlich ist es zu den Entdeckungen der modernen Logik ja nur dadurch gekommen, daß man die traditionelle Syllogistik an *tatsächlich vorliegenden mathematischen Beweisführungen* maß und dadurch ihre Unzulänglichkeit erkannte. *Beweisen* in Logik und Mathematik entspricht nach einer weit verbreiteten Auffassung die *empirische Nachprüfung* in den Naturwissenschaften. Hier muß es einen nun bedenklich stimmen, wenn ein kompetenter Historiker dieser Disziplin nicht etwa nur feststellt, daß es zu empirischen Prüfungen von Theorien selten gekommen ist, sondern zu dem Schluß gelangt, daß *kein einziger* Prozeß, der bisher durch historische Studien aufgedeckt wurde, *irgendeine Ähnlichkeit* mit der ‚methodologischen Schablone' der Falsifikation einer Theorie durch Vergleich mit der Naturerfahrung habe[47].

Zwar steht uns auch hier die eine Alternativmöglichkeit offen, zu sagen, KUHN müsse, ähnlich unserem imaginären Historiker der Mathematik, mit Blindheit geschlagen sein, zumindest was die Aspekte der Prüfung und Bewährung betrifft. Ein gutes Gewissen wird man bei einer solchen Entscheidung nicht haben, sofern man sich vor Augen hält, daß KUHN sich, wie seine zahlreichen geschichtlichen Beispiele und Hinweise zeigen, besser in andere wissenschaftliche Denk- und Argumentationsweisen eingearbeitet hat als viele Wissenschaftshistoriker vor ihm und auch als die meisten Wissenschaftsphilosophen.

Die Äußerungen KUHNs sollten einen nicht in der Weise bedenklich stimmen, die einem ‚Popperianer' ansteht: angesichts der Irrationalität, dogmatischen Borniertheit und Kritiklosigkeit ‚normaler Wissenschaftler' entsetzt den Kopf zu schütteln. Vielleicht sollte der Wissenschaftsphilosoph die Schuld nicht bei anderen, sondern bei sich selbst suchen und zugeben, *es bestehe ein begründeter Verdacht dafür, daß im bisherigen Nachdenken über Theorien etwas total fehlgelaufen sei.*

Empirische Wissenschaften *entwickeln sich* in einem Sinn, in dem sich mathematische Disziplinen nicht entwickeln. Bewährung, Falsifikation und Theorienverdrängung haben kein logisch-mathematisches Analogon. Aus diesem Grund *muß* sich eine wissenschaftstheoretische Analyse *auch* dem dynamischen Aspekt zuwenden. Logische Analyse einerseits, historisch-psychologische Forschung andererseits bilden zwei verschiedene Methoden, sich mit diesem Gegenstand zu befassen. Und wenn deren Resultate überhaupt nicht zusammenpassen wollen, so muß auch der Logiker zu grundlegenden Revisionen bereit sein. Bedarf es am Ende gar keiner ‚Immunisierungsstrategien', um Theorien vor Falsifikation zu bewahren, weil Theorien ohnehin gegen Widerlegung durch widerstreitende Erfahrung immun *sind*?

(*I*) *Normale Wissenschaft und Paradigma.* Es soll im folgenden der Versuch gemacht werden, KUHNs Begriff der normalen Wissenschaft in Anknüpfung und Weiterführung des Ansatzes von SNEED mittels des *Begriffs des Verfügens über eine Theorie* approximativ zu präzisieren. Die makrologischen Begriffe von VIII.7 werden dabei eine entscheidende Rolle spielen.

Mit dem Begriff des Verfügens über eine Theorie wird der Gedanke präzisiert, daß eine Person oder eine Personengruppe *an ein und derselben Theorie festhält, obwohl die theoretischen Überzeugungen, Vermutungen und Hypothesen ständig wechseln*. Der *nur scheinbare* Widerspruch zwischen der Stabilität

---

[47] Der genaue Wortlaut dieser Stelle aus dem ersten Absatz von [Revolutions], Kap. VIII, ist in Abschnitt 1 zitiert worden.

der Theorie bei gleichzeitiger Instabilität der Überzeugungen wird in der Weise behoben werden, daß der ‚theoretische Aspekt' des Verfügens über eine Theorie im *Strukturkern*, also in einer mathematischen Struktur und nicht in einem System von Aussagen, verankert werden wird. Die zeitlich und interpersonell wechselnden Hypothesen finden hingegen ihren Niederschlag in Sätzen. Nach herkömmlicher Denkweise würde es sich um Satzklassen handeln. Nach der in VIII entwickelten Denkweise findet jedes ‚System von hypothetischen Vermutungen' seinen Niederschlag *in einer einzigen unzerlegbaren Aussage:* einem *zentralen empirischen Satz der Theorie* oder in dessen propositionalem Gegenstück, nämlich einer *starken Theorienproposition*. Was in der normalen Wissenschaft stabil bleibt, sind vor allem die *Strukturkerne* von Theorien. Was sich ständig ändert, sind u.a. die hypothetischen Versuche, *Kernerweiterungen* für die Formulierung zentraler empirischer Sätze zu verwenden.

POPPERS Erschrecken vor der Mentalität des normalen Wissenschaftlers ist grundlos: Dieser unterscheidet sich von einem borniertem Dogmatiker nicht weniger als von dem Mann, der außerordentliche Forschung betreibt. Während der letztere versucht, zur Errichtung neuer Theorien durch Aufbau *neuer Strukturkerne* beizutragen, hält der der wissenschaftlichen Tradition verpflichtete Forscher am Strukturkern *als seinem Handwerkszeug* fest und begnügt sich mit hypothetischen Kernerweiterungen. In bezug auf diese letzteren ist er stets zur Revision seiner Auffassung bereit. Ein Dogmatiker ist erst derjenige, welcher auch *an den Hypothesen* um jeden Preis festhält und andere zu dieser Haltung bewegen will.

Eine Theorie als mathematische Struktur ist gegen Falsifikation deshalb gefeit, weil sie nicht die Art von Entität ist, von der man sinnvollerweise sagen kann, sie sei widerlegt worden, genauso wenig wie es z.B. einen Sinn ergibt zu sagen, der Gruppenbegriff sei empirisch widerlegt worden.

Wenn dieser Rekonstruktionsversuch im Prinzip stimmt, dann ist der Schluß berechtigt, die Diskussion zwischen KUHN und seinen ‚rationalistischen' Gegnern gleiche in dem Sinn den von KUHN beschriebenen Paradigmendebatten, *daß sie eine geradezu phantastische Weise des ständigen Aneinandervorbeiredens darstellt.* Denn die selbstverständliche Voraussetzung *aller* Gegner KUHNS ist der statement view, wonach Theorien Systeme oder Klassen von Sätzen oder von satzartigen Gebilden sind. Der Theorienbegriff, welcher KUHN bei der Schilderung der normalen Wissenschaft vorschwebte, dürfte sich hingegen nur auf der Grundlage des non-statement view von Theorien befriedigend explizieren lassen. KUHN hat möglicherweise selbst zu der Konfusion insofern beigetragen, als er im Rahmen logischer Diskussionen seinen ‚Popperianischen Gegnern' zuviel zugestand, z.B. wenn er zugab, daß eine Theorie „im Prinzip prüfbar" sein müsse[48].

---

[48] [Reply], S. 248.

Das Verfügen über eine Theorie besteht zwar auch in der Handhabung einer mathematischen Struktur, aber *nicht nur* darin. Bereits in VIII,7 ist, allerdings vorläufig ohne weitergehende Analyse, die Menge der intendierten Anwendungen *I* als Bestandteil einer Theorie angesetzt worden. Was die meisten Kritiker vollkommen übersehen zu haben scheinen, ist die Tatsache, daß zum Unterschied von der formalen Logik diese Menge *I* im Normalfall nicht extensional, sondern nur *intensional* gegeben ist und daß dasselbe sogar von den Individuenbereichen der Elemente von *I* gilt. Hier ist der Ort, um mit dem Paradigmenbegriff zu operieren: Die fraglichen Mengen werden gewöhnlich nur *durch paradigmatische Beispiele* festgelegt. Dies hat einschneidende Konsequenzen: Die später formulierte *Regel der Autodetermination*, wonach der Anwendungsbereich einer Theorie nicht vorgegeben ist, sondern durch die Theorie selbst bestimmt wird, hat bei oberflächlicher Betrachtung große Ähnlichkeit mit einer ‚Methode der Autoverifikation', enthält aber nichts Irrationales, *obwohl sie die Immunität der Theorie gegen aufsässige Erfahrung weiterhin stark erhöht.*

Diese Andeutungen darüber, wie der Begriff der normalen Wissenschaft vom Odium der Irrationalität befreit werden kann, mögen vorläufig genügen.

(*II*) *Wissenschaftliche Revolutionen*. Hier werden wir differenzieren müssen. Soweit es sich um jene Kritiken handelt, in denen KUHN vorgeworfen wird, keine scharfen Kriterien für die Wahl einer neuen Theorie angegeben zu haben (vgl. den oben erwähnten Einwand von WATKINS in [Normal], S. 30), wird es sich wieder um eine Verteidigung der Auffassung von KUHN handeln. Man kann hier nichts anderes tun als zur *Einsicht* und zum *Verständnis* bringen, warum es ausgeschlossen sein dürfte, hier präzise Regeln zu formulieren.

Diejenigen Kritiken hingegen, welche auf die Rationalitätslücke hinweisen, die eine Folge der Inkommensurabilitätsthese von KUHN ist, sind im Recht. Wenn man ‚machtpolitische' Fortschrittsbegriffe wie: „die jeweils Siegenden sind auch in der Wissenschaft die Fortschrittlichen" als absurd zurückweist, so muß man zu der Folgerung gelangen, daß im Rahmen der Kuhnschen Denkweise ein solcher Begriff wie der des wissenschaftlichen Fortschrittes keinen Platz hat. Paradoxerweise tritt diese Rationalitätslücke bei KUHN aber nur dadurch auf, *daß er in die Denkweise seiner Gegner zurückfällt*. Unter Benützung der Reduktionsbegriffe von VIII.9 kann man sagen, was es heißt, daß die verdrängende Theorie gegenüber der verdrängten überlegen ist und kann daher zwischen einem *vernünftigen* und einem *widervernünftigen* Theorienwandel unterscheiden. Statt mit KUHN zu schließen, daß die beiden Theorien: verdrängte Theorie und verdrängende Ersatztheorie, unvergleichbar sind, weil die Sätze der einen nicht aus denen der anderen ableitbar sind und vice versa, muß man umgekehrt schließen, daß ein für Theorienvergleich brauchbarer Reduktionsbegriff unfruchtbar ist, der sich auf das ‚Denken in Ableitbarkeitsbeziehungen zwischen Satzklassen' stützt.

(III) Prüfung, Bestätigung, Bewährung. Probleme, die zu diesen Themenkreisen gehören, werden von KUHN verniedlicht oder gar negiert. Dies ist aber zum Teil eine Konsequenz dessen, daß diese Probleme bei Theorienverdrängungen, wenn überhaupt, so eine untergeordnete Rolle spielen, und daß sie die Theorien, über welche Wissenschaftler einer traditionsgebundenen, ‚normalen' Epoche verfügen, überhaupt nicht tangieren. Zu einem Großteil aber ist es eine Folge davon, daß der Ausdruck „Rätsellösen" ein Sammelname für zum Teil sehr unterschiedliche Tätigkeiten ist, zu denen *auch* die Aufstellungen, Verbesserungen und Preisgaben von Hypothesen zu rechnen sind. Zum 'puzzle-solving' gehören ja nicht nur solche Dinge wie die Verbesserung der Methoden zur Bestimmung der Naturkonstanten oder Erklärungen von Phänomenen, die sich bisher der Erklärung widersetzten. Es gehört z. B. dazu auch *die Aufstellung spezieller Kraftgesetze* in bestimmten Anwendungen der Theorie, ihre Verbesserung *und ihre Preisgabe* im Fall des Scheiterns. Generell können wir sagen: Unter die Aktivitäten des normalen Wissenschaftlers ist alles zu subsumieren, was entweder mit einer Änderung von Kernerweiterungen bei gleichbleibendem Strukturkern oder mit Änderungen in der Menge der intendierten Anwendungen zu tun hat. Unter Benützung des makrologischen Begriffs der Theorienproposition werden wir später alle Formen des *‚normalwissenschaftlichen Fortschrittes'*, aber auch der *‚normalwissenschaftlichen Rückschläge'* (des Scheiterns an der Erfahrung) eine einheitliche und übersichtliche Darstellung geben.

KUHN scheint mit seiner Vernachlässigung sogar seine Gegner, insbesondere LAKATOS, infiziert zu haben, dessen unter dem Eindruck der Kuhnschen Herausforderung neu geprägter Begriff der Falsifikation mit dem gleichnamigen Popperschen Begriff kaum eine Ähnlichkeit mehr hat (vgl. dazu auch 7.d).

Tatsächlich werden alle diese Probleme, die zum Umkreis der Bestätigungs- und Testproblematik gehören, wieder aktuell, sobald es um Prüfungen und Bestätigungen von Hypothesen geht, also nicht von Theorien, sondern von Theorien*propositionen*. Da weder die Beschäftigung mit der Bestätigungsproblematik deterministischer noch die mit der Bestätigungsproblematik statistischer Hypothesen zu den systematischen Themen dieses Bandes gehören, soll dieser Themenkreis nur in jenem Abschnitt am Rande berührt werden, der dem *Holismus* gewidmet ist. Es möge aber schon jetzt darauf hingewiesen werden, daß die Übernahme einiger wichtiger Aspekte des Holismus eine unmittelbare Konsequenz der Sneedschen Weiterführung des Ramsey-Ansatzes ist und nicht erst im Rahmen einer Rekonstruktion der Ideen von KUHN Bedeutung erlangt.

3. Ein inhaltlich verschärfter Begriff der physikalischen Theorie. Das Verfügen über eine Theorie im Sinne von Sneed

3.a Der Sneedsche Begriff der physikalischen Theorie: Die bisherigen Schilderungen dieses Kapitels sind geeignet, daraus eine falsche Lehre zu ziehen, die man etwa in die Worte fassen könnte: „*Der dynamische Aspekt der Theorienbildung:* das Entstehen, Wachsen und Vergehen von Theorien, *ist einer wissenschaftstheoretischen Analyse nicht zugänglich.* So etwas wie ‚Logik der Forschung' gibt es nicht. Der Wissenschaftstheoretiker hat in diesem Bereich dem Psychologen, Soziologen und Historiker Platz zu machen. ‚Soziologie und Geschichte der Forschung' statt ‚Logik der Forschung' muß die Devise lauten." Da vielen der Erkenntnisfortschritt, das Wissenswachstum als das weitaus Interessanteste am menschlichen Wissen erscheint, wird damit die Wissenschaftstheorie von der Beschäftigung mit dem faszinierendsten und attraktivsten Aspekt der menschlichen Erkenntnis ausgesperrt.

Tatsächlich legt der Inhalt der Abschnitte 1 und 2 einen solchen Schluß nahe: Soweit T. S. KUHN den Anspruch erhebt, wissenschaftstheoretische Behauptungen aufzustellen, scheinen diese in unhaltbare und verstiegene Thesen einzumünden, die alle irgendwie darauf hinauslaufen, den Forschungsprozeß in ein in höchstem Grade irrationales Unterfangen umzudeuten. Da aber auf der anderen Seite schwerlich zu leugnen ist, daß er eine Reihe von wichtigen Dingen zu sagen hat, scheint der Schluß unvermeidlich zu sein, daß zwar das, was er *als Philosoph und Erkenntnistheoretiker* sagt, falsch ist, daß er aber, was die Dynamik der Theorienbildung betrifft, auch viel Wahres sagt, jedoch nicht in seiner Eigenschaft als Philosoph, sondern *als Historiker und als Soziologe*.

In den nun folgenden Abschnitten soll gezeigt werden, daß und warum eine derartige Auffassung falsch wäre. Und zwar soll dies auf dem Wege über den Versuch geschehen, unter weitgehender Benützung des Sneedschen Begriffsapparates die *Theoriendynamik* zum Gegenstand einer systematischen Analyse zu machen.

Das überraschendste unter allen Resultaten wird *der Wandel des Bildes von der Kuhnschen ‚Wissenschaftsphilosophie'* sein. Das scheinbar Abstruse an seinen Kernsätzen wird diesen Charakter weitgehend verlieren. Der Verdacht des Neo-Obskurantismus wird sich als unbegründet erweisen.

Im späteren Verlauf dieses Kapitels werden wir in stärkerem Maße als bisher pragmatische Begriffe benützen müssen. Die grundlegendste Explikationsaufgabe wird darin bestehen, den Gedanken zu präzisieren, *daß eine Person über eine bestimmte Theorie verfügt*. Ein guter Teil der ‚Rationalisierung' des Kuhnschen Wissenschaftskonzeptes wird der Behebung des *nur scheinbaren Widerspruchs* zwischen den beiden Tatsachen dienen, *daß eine Per-*

son (oder eine Personengruppe) über eine bestimmte Theorie verfügt und trotzdem ihre Überzeugungen bezüglich dieser Theorie laufend ändert. Wir werden dies als einen Beitrag zur Klärung der Kuhnschen Idee der ‚*normalen Wissenschaft*' ansehen. Ferner wird einiges über die ‚revolutionären' Änderungen zu sagen sein, worunter wir wieder zweierlei verstehen werden, nämlich erstens den *Übergang von einer Prätheorie zur Theorie* und zweitens *die Ersetzung* einer Theorie mit einer bestimmten mathematischen Grundstruktur und einem bestimmten ‚Paradigma' *durch eine andere* mit anderer mathematischer Grundstruktur und anderem ‚Paradigma'.

Es sei zunächst daran erinnert, daß sich die in VIII vorgenommenen Analysen, soweit sie Details betrafen, hauptsächlich auf den logisch-mathematischen Begriffsapparat bezogen. Die Aussagen, welche die Menge I der intendierten Anwendungen betrafen, waren hingegen mehr als dürftig. Selbst von einer *vernünftigen* physikalischen Theorie wurde bloß verlangt, daß gelten muß: $I \subseteq M_{pp}$ (d. h. jede intendierte Anwendung muß ein partielles potentielles Modell der Theorie sein). Es sollen jetzt einige die Menge I betreffende Bestimmungen nachgetragen werden, in denen notwendige Bedingungen dafür, um von einer *physikalischen* Theorie sprechen zu können, ausgedrückt sind. Wir schicken zwei Vorbemerkungen (A) und (B) voraus, damit der Stellenwert dieser Zusatzbestimmungen nicht falsch beurteilt wird.

(A) An sich haben diese weiteren Bestimmungen mit dem Problem der Theoriendynamik unmittelbar nichts zu tun. Sie hätten daher prinzipiell ebensogut in VIII,6 angeführt werden können. Daß dies nicht geschah, hat vor allem den Grund, daß die Aufnahme dieser Zusatzbestimmungen für die Erreichung der dortigen Explikationsziele überflüssig gewesen wäre. Diese Ziele waren, wie wir uns erinnern, zwei: Einerseits sollte ein Begriff der *Theorienproposition* eingeführt werden, der den Gehalt des zentralen empirischen Satzes einer Theorie modelltheoretisch zu präzisieren gestattet. Zum anderen sollte ein Begriff der *Theorie* gewonnen werden, der die Formulierung präziser Äquivalenz- und Reduktionskriterien erlaubt. Für diese beiden Zwecke reichte der damalige Begriffsapparat aus.

(B) Verschiedene der I betreffenden inhaltlichen Zusatzbestimmungen sind nicht sehr exakt. Die späteren Ausführungen werden außerdem einen stark pragmatischen Zug in die Charakterisierung der Menge I hineintragen. Beim heutigen Stand der Forschung ist es nun für alle pragmatischen Begriffe charakteristisch, bei weitem nicht in dem Maße präzisierbar zu sein, in dem man dies von semantischen, syntaktischen und modelltheoretischen Begriffen gewohnt ist. Die Einschränkung „beim heutigen Stand der Forschung" ist dabei in dem Sinn zu verstehen, daß eine künftige *systematische Pragmatik* einmal diesem Mangel vielleicht wird abhelfen können. Jedenfalls war dies ein zweiter Grund dafür, diese Bestimmungen *nicht* bereits in VIII aufzunehmen: Es wäre dadurch in den Kontext der dortigen

Analysen eine überflüssige Asymmetrie in bezug auf Präzision hineingetragen worden; die dort wirklich benötigten und relativ exakten Begriffe wären mit einem Ballast von nicht nur überflüssigen, sondern zudem weit weniger exakten Begriffen beladen worden.

Die Erkenntnis, daß man in der Wissenschaftstheorie, entgegen einer ursprünglichen Hoffnung vieler ihrer Proponenten, immer wieder auf pragmatische Begriffe zurückgreifen muß, ist vermutlich für die weite Verbreitung der Auffassung verantwortlich zu machen, daß Präzisierungen in der Wissenschaftstheorie ein aussichtsloses und unfruchtbares Vorhaben seien. Doch wäre diese Art von Resignation, ganz abgesehen von der eben angedeuteten Möglichkeit einer künftigen Systematisierung der Pragmatik, vor allem deshalb unbegründet, weil die nichtpragmatischen Aspekte wissenschaftstheoretischer Probleme einer präzisen Behandlung zugänglich sind. Nun wird man diesen Präzisierungsanspruch mit Recht vom Erfolg dessen abhängig machen, was damit erzielt wird. In den folgenden Überlegungen wird ein derartiger Erfolgsanspruch erhoben: Die Klärung und dadurch bewirkte ‚Entmythologisierung' des Holismus sowie die exakte Herausarbeitung des 'non-statement view' der Theorienkonzepte von Sneed und Kuhn wäre ohne die modelltheoretischen Vorarbeiten in VIII unmöglich geblieben.

Daß eine solche Klärung dringend notwendig ist, zeigt die bisherige Diskussion über die Ideen von Kuhn, worüber in den ersten beiden Abschnitten kurz referiert worden ist. *Ohne* einen derartigen Klärungsversuch bleiben die Gegensätze unversöhnlich, wie die Kritiken an Kuhn und Kuhns Erwiderungen zeigen. *Entweder* bewegen sich nämlich die Angriffe und Erwiderungen auf einer intuitiv-bildhaften Ebene. Dann können sie, da stets auf vielfältige Weise interpretierbar, unbegrenzt fortgesetzt werden, ohne an irgendein Ende zu gelangen. (Beispiel: Die Kritik von Lakatos und die Erwiderung von Kuhn; zum letzteren vgl. insbesondere [Growth], S. 239/240.) Oder die Angriffe sind exakter formuliert oder setzen zumindest eine hinlängliche Präzisierbarkeit von Begriffen, wie „Theorie", „normale Wissenschaft", „Beobachtungssprache", „Paradigma" voraus. Dann treffen sie meist ins Leere, da hierbei stillschweigend die herkömmlichen, d. h. *die bislang bekannten* Präzisierungsversuche zugrunde gelegt werden, welche sich als inadäquat erweisen. Ebenso sind aber auch die Erwiderungen von Kuhn meist ganz unbefriedigend, die er wegen seines Verzichtes auf eine Explikation seiner Schlüsselbegriffe den Anschein erwecken muß, als gestehe er seinen Kritikern deren Voraussetzungen zu. (Beispiel: Die Kritiken von I. Scheffler und Kuhns Erwiderung darauf.)

Sneed stellt drei notwendige Bedingungen auf, die das Zweitglied I einer Theorie $\langle K, I \rangle$ erfüllen muß, um mit Recht von einer *physikalischen* Theorie sprechen zu können.

(1) Die erste Bedingung lautet, daß die Elemente von I *physikalische Systeme* sein müssen. Dieser Begriff ist hinreichend weit — man könnte auch sagen: hinreichend unexakt —, um eine sehr große Menge von Entitäten als intendierte Anwendungen einer physikalischen Theorie, d. h. als das, ‚worüber die Theorie redet', wählen zu können.

Ein wichtiger *formaler* Aspekt darf dabei nicht übersehen werden: Die Forderung von Sneed impliziert, daß physikalische Systeme *niemals bloße Individuenbereiche* sein können. Vielmehr muß es sich stets um Objekte handeln, *die in bestimmter Weise beschrieben werden*, nämlich nicht qualitativ, sondern *mittels nicht-theoretischer Funktionen*. In unserer früheren Miniaturtheorie sind die fraglichen Systeme z.B. geordnete Paare, bestehend aus je einem Individuenbereich und einer nicht-theoretischen Funktion. Im Fall der Partikelmechanik besteht eine Anwendung aus Individuen, *deren Lage durch eine Ortsfunktion gemessen wird*, während die übrigen Eigenschaften als irrelevant vernachlässigt werden. Eine Theorie spricht also immer über *Individuen-cum-nicht-theoretische-Funktionen*.

Es ist ein bislang ungelöstes Problem, welche Bedingungen dafür *hinreichend* sind, um etwas ein physikalisches System nennen zu können. In unserer Zeit, wo das Evolutionsproblem als Problem der ‚Evolution der Materie' konzipiert wird, d.h. als ein Problem exakter naturwissenschaftlicher Beschreibungen des Überganges vom Makromolekül zur ersten lebenden Zelle, wird man sich nicht mehr auf eine Schichtentheorie der realen Welt berufen können, um eine Charakterisierung physischer Objekte vorzunehmen. Aber auch der bescheidenere Glaube von früheren Wissenschaftsphilosophen, wie z.B. von N.R. CAMPBELL, physikalische Objekte in der Weise ‚ontologisch auszeichnen' zu können, daß man sie als Gegenstände mit solchen relationalen Eigenschaften charakterisierte, *die einer Metrisierung fähig sind*, muß heute fallen gelassen werden. Was dagegen spricht, ist die Tatsache, daß in zunehmendem Maße in den Sozialwissenschaften sowie in der Psychologie quantitative Begriffe erfolgreich benützt werden, also in Wissenschaften, die sicherlich nicht von ‚physikalischen Systemen' handeln. Vorläufig muß sich ein Wissenschaftler auf seine Intuition und seine Erfahrung stützen, wenn er entscheiden soll, was ein physikalisches System ist.

(2) Wie bei der Verbesserung der Ramsey-Methode: dem Übergang von (II) zu (III_b), ausführlich erörtert worden ist, besteht die Aufgabe von Nebenbedingungen darin, bestimmte Arten von Querverbindungen oder Verknüpfungen zwischen einzelnen Anwendungen der Theorie herzustellen. Diese Verknüpfungen sind von solcher Art, daß von bekannten Werten nicht-theoretischer Funktionen in gewissen Anwendungen auf unbekannte Werte in anderen Anwendungen geschlossen werden kann. Dazu müssen sich die Individuenbereiche der Anwendungen, d.h. der partiellen potentiellen Modelle, teilweise überschneiden. Es ist sinnvoll, eine Minimalforderung für solche Verknüpfungen aufzustellen. Sie besagt, daß die beiden Individuenbereiche zweier beliebiger Anwendungen durch eine Kette von Individuenbereichen partieller potentieller Modelle so miteinander verbunden sind, daß der Durchschnitt von je zwei aufeinanderfolgenden Bereichen der Kette nicht leer ist.

Es sei $\mathfrak{D}$ die Klasse der Individuenbereiche der Elemente von I und es möge gelten: für zwei beliebige Elemente $A, B \in \mathfrak{D}$ gibt es eine Folge von Elementen $D_1, D_2, \ldots, D_n$ aus $\mathfrak{D}$, so daß $D_1 = A$, $D_n = B$ und für alle

$i = 1, 2, \ldots, n-1$ ist $D_i \cap D_{i+1} \neq \emptyset$. In genau diesem Fall sagen wir, daß *A mit B verkettet* ist.

(3) Als letzte Forderung führt SNEED das Merkmal der *Homogenität* an. Die leitende intuitive Vorstellung ist dabei die, daß man *verschiedene* partielle potentielle Modelle auf ‚natürliche' Weise miteinander ‚kombinieren' oder ‚zusammenstellen' können muß, um auf diese Weise eine neue und größere mögliche Anwendung der Theorie zu erzeugen. Dieser Gedanke scheint tatsächlich sehr wichtig zu sein. Leider aber dürfte seine Präzisierung auf große Schwierigkeiten stoßen.

Zur Erläuterung sei ein Beispiel angeführt: I enthalte nur partielle potentielle Modelle eines mathematischen Formalismus der Hydromechanik. Einige Elemente von I sind z.B. Systeme von Flüssigkeiten, die durch Röhren hindurchfließen; andere Elemente von I sind elektrische Leitungen. Während man Teile von Systemen der ersten Art mit Teilen anderer Systeme *derselben Art* verknüpfen kann, um wiederum ein System *von dieser Art* zu erzeugen, und analog im zweiten Fall, so können wir doch *nicht* Teile eines Flüssigkeitssystems mit Teilen eines elektrischen Leitungssystems auf solche Weise miteinander verbinden, daß daraus entweder ein System der ersten oder ein System der zweiten Art entsteht. Der Grund dafür ist der, daß hier eben *keine* Homogenität vorliegt.

Daß eine genaue Explikation des Homogenitätsbegriffs nicht einfach sein dürfte, beruht darauf, daß die Dinge etwas komplizierter liegen, als durch das eben angedeutete Beispiel nahegelegt wird. Warum sollen sich z.B. nicht Teile von Flüssigkeitssystemen *auch* als Teile elektrischer Leitungen erweisen? Offenbar würde ein Theoretiker davor zurückschrecken, Nebenbedingungen zu formulieren, die derartige heterogene mögliche Modelle miteinander verknüpfen. Er wird vielleicht sagen: Die Eigenschaften, welche ein Objekt als Bestandteil einer elektrischen Leitung hat, brauchen mit den Merkmalen, die es als Komponente eines Flüssigkeitssystems besitzt, ‚nichts zu tun zu haben'.

SNEED vermutet, daß mit der Homogenitätsforderung stillschweigend *an eine Theorie appelliert wird, die der betrachteten Theorie zugrunde liegt*. Im Fall der klassischen Partikelmechanik wäre z.B. eine solche zugrundeliegende Theorie für die nicht-theoretische Ortsfunktion eine *Theorie der Länge*. (Wenn in der betrachteten Theorie mehrere nicht-theoretische Funktionen vorkommen, so könnte es entsprechend mehrere solche zugrundeliegenden Theorien geben.) Mit der Frage, wie eine derartige zugrundeliegende Theorie genau zu charakterisieren ist, wird jedoch der gegenwärtige Rahmen gesprengt. Denn eine solche Theorie ist *keine physikalische Theorie mehr*, sondern (teilweise oder ganz) eine *qualitative Theorie*, d.h. eine Theorie, die nicht oder nicht *nur* quantitative Merkmale mit Hilfe von Funktionen beschreibt, sondern die *nur* oder *auch* Axiome für nicht-quantitative Merkmale enthält. (Für eine genauere Diskussion verschiedener weiterer Schwierigkeiten vgl. SNEED [Mathematical Physics], S. 257—260.)

Unter Benützung der drei angeführten Merkmale, von denen bisher nur das zweite (und auch dieses nur im Sinn einer nicht ganz unproblematischen *Minimal*forderung, die oft nicht genügen wird) präzisiert worden ist, können wir den früheren Theorienbegriff verschärfen. Aus den angegebenen

Gründen knüpfen wir dabei an den Begriff der Theorie *im schwachen Sinn* an, d.h. wir betrachten eine Theorie als ein geordnetes Paar, bestehend aus einem Strukturkern K und einer Menge I möglicher intendierter Anwendungen.

D13 *X ist eine physikalische Theorie im Sinn von* SNEED nur dann, wenn es ein K und ein I gibt, so daß gilt:

(1) $X = \langle K, I \rangle$;
(2) $K = \langle M_p, M_{pp}, r, M, C \rangle$ ist ein Strukturkern für eine Theorie der mathematischen Physik;
(3) $I \subseteq M_{pp}$;
(4) jedes Element von I ist ein *physikalisches System*;
(5) wenn $\mathfrak{D}$ eine Klasse ist, die als Elemente genau die Individuenbereiche der Elemente von I enthält, so gilt für zwei beliebige Elemente D_i und D_j aus $\mathfrak{D}$: D_i *ist mit* D_j *verkettet*.
(6) I ist eine *homogene* Menge von physikalischen Systemen.

3.b Was heißt: „eine Person verfügt über eine physikalische Theorie" im Rahmen des ‚non-statement view' von Theorien? Wenn wir eine Frage von der Art stellen, was es bedeute, daß eine Person oder ein Personenkreis, z.B. eine Forschergruppe, *eine Theorie habe, eine Theorie akzeptiere* oder *über eine Theorie verfüge*, so wenden wir uns unzweideutig einem *pragmatischen Kontext* zu. Eine explizite Bezugnahme auf pragmatische Umstände ist zwar auch bereits innerhalb der theoretisch—nicht-theoretisch—Dichotomie erfolgt, und eine implizite Bezugnahme auf solche Umstände, wie künftige Forschungen ergeben könnten, vielleicht auch bei den Bestimmungen (4) und (6) der letzten Definition. Trotzdem muß man sagen, daß der eben eingeführte Begriff der physikalischen Theorie — zum Unterschied von dem in Abschnitt 6 eingeführten Kuhnschen Theorienbegriff — in einem genau angebbaren Sinn *kein* pragmatischer Begriff ist. Dieser genau angebbare Sinn ist folgender: Wenn X eine Theorie im Sinn von **D13** ist, so spielt es keine Rolle, ‚was Forscher sowie andere Leute mit einer solchen Theorie tun'. X kann von Personen für richtig gehalten werden. Die Theorie kann vorläufig, ‚bis auf Widerruf', für bestimmte Zwecke akzeptiert werden — seien dies auch nur ‚Zwecke der strengen Prüfung im Popperschen Sinn'. Sie kann den Gegenstand kritischer Erwägungen bilden. Sie kann schließlich für falsch oder für so absurd gehalten werden, daß man sie ‚eines kritischen Nachdenkens' überhaupt nicht für würdig befindet. All dies sind Beispiele für verschiedene pragmatische Kontexte.

Wir sind an einem Punkt angelangt, an dem man sich an den Spinozistischen Ausspruch erinnern muß: „Omnis determinatio est negatio". Bei Zugrundelegung der *Aussagenkonzeption* ('statement view') von Theorien würde die Antwort ganz anders lauten müssen als bei Zugrundelegung des

Theorienbegriffs von **D13**. Überlegen wir uns kurz, was nach der herkömmlichen Vorstellung (ungefähr) gesagt werden müßte.

Da die Theorie nach dieser Vorstellung als eine Klasse von Sätzen aufgefaßt werden muß, ist das, *worüber* eine Person verfügt, eine derartige Satzklasse. Als *rationale* Person kann sie keinen grundlosen Glauben an die Elemente dieser Klasse hegen. Sie muß *gute Gründe* für ihre Überzeugung besitzen. Als Forscher auf dem fraglichen Fachgebiet genügt es nicht einmal, *irgendwelche* guten Gründe zu haben; vielmehr müssen diese guten Gründe *von ganz besonderer Art* sein. Wenn ein Wissenschaftler eine Theorie aus einem Nachbargebiet verwendet, so hat er dafür zweifellos gute Gründe, sofern er sich dabei darauf stützt, daß die zuständigen Fachkollegen alle ‚an die Richtigkeit dieser Theorie glauben'. Wer immer diese Autoritäten auch sein mögen, ein derartiger Glaube würde unter den Baconschen Begriff der idola theatri fallen, wenn diese Gründe wirklich diejenigen wären, welche als Rechtfertigung für den Glauben an die Theorie angegeben werden. Die besonderen Gründe müssen *dieselben* sein, auf welche sich die eben zitierten Autoritäten ihrerseits stützen. Diese Gründe sind es, die man mit Worten umschreibt wie: „die Theorie wird durch die verfügbaren empirischen Daten bestens bestätigt", „die Theorie hat sich an der Erfahrung ausgezeichnet bewährt", „die Theorie wird durch die Tatsachen vorzüglich gestützt".

Ein großer Nachteil der im letzten Absatz geschilderten Auffassung tritt sofort zutage, wenn man die Dinge unter einem geschichtlichen Blickwinkel betrachtet. Man ist dann nämlich genötigt, jede Änderung der Überzeugungen, die sich auf die Theorie beziehen, *als Änderungen der Theorie selbst* zu interpretieren. Es bietet sich keine Möglichkeit an, den Gedanken auszudrücken, *daß sich die Überzeugungen der Forscher innerhalb einer Zeitperiode laufend ändern, obwohl sie während dieser ganzen Periode über dieselbe Theorie verfügen*.

Man sollte vielleicht vorsichtiger sein und sagen: Auf dem Boden der herkömmlichen Auffassung von Theorien als Satzmengen bietet sich keine Möglichkeit *zwanglos* an, um diesen Gedanken zu präzisieren. Man könnte ja z.B. versuchen, *Teil*klassen oder *Teil*systeme als *Subtheorien* einerseits, *Fundamentalgesetze* aus dem Gesamtsystem andererseits auf solche Weise auszusondern, daß gesagt werden könnte: „diese und diese Subtheorien wurden geändert; die Fundamentalgesetze hingegen wurden beibehalten." Für uns ist es müßig, solchen Gedanken weiter nachzugehen. Denn aus den im vorigen Kapitel angegebenen Gründen wird *der gesamte empirische Gehalt* einer Theorie durch den *zentralen empirischen Satz der Theorie* wiedergegeben, also durch eine einzige unzerlegbare Behauptung von der Gestalt (**III**$_b$), (**V**) oder (**VI**). Und *diese* Sätze werden sich *und müssen sich* im Verlauf der Zeit ändern, wenn sich die Überzeugungen bezüglich dieser Theorie ändern, obwohl man dabei oft sagen möchte, *daß sich die Theorie selbst nicht geändert hat*.

Der Begriffsapparat von VIII gestattet es, einer Äußerung wie dieser letzten *eine ganz zwanglose Deutung* zu geben. In nicht weniger als mindestens drei Hinsichten können sich die Überzeugungen bezüglich einer Theorie *bei Gleichbleiben der Theorie selbst* ändern: (1) *neue Anwendungen* für die Theorie können entdeckt werden; (2) für spezielle bisherige Anwendungen können *neue Gesetze* postuliert werden; (3) einige Anwendungen können durch *zusätzliche Nebenbedingungen* miteinander verknüpft werden. Diesen drei möglichen Weisen von ‚Verstärkungen der Überzeugung' stehen drei mögliche ‚Abschwächungen der Überzeugung' gegenüber: Ausmerzung gewisser möglicher Anwendungen aus der Klasse der intendierten Anwendungen der Theorie; Preisgabe spezieller Gesetze und Preisgabe von speziellen Nebenbedingungen[49]. Der ruhende Fels im Wandel der Überzeugungen ist diejenige grundlegende Komponente der mathematischen Struktur einer Theorie, welche wir als *Strukturkern* bezeichnen.

Hierin liegt allerdings noch eine Schwierigkeit. Wir wollen ja nicht nur sagen, daß der *Strukturkern* gleich geblieben sei, sondern daß die *Theorie* $\langle K, I \rangle$, bestehend aus einem Strukturkern *sowie aus einer Menge möglicher intendierter Anwendungen I*, gleich geblieben sei. Dazu nehmen wir zusätzlich an, daß ein ‚typischer Bereich' von intendierten Anwendungen im Zeitverlauf konstant bleibt. Bezüglich dieses letzten Punktes sollen hier noch keine genaueren Äußerungen gemacht werden. Der im übernächsten Abschnitt eingeführte Begriff der Theorie im Sinn von T. S. KUHN wird zwei wichtige zusätzliche Bestimmungen enthalten: Erstens detaillierte Angaben über den im Zeitablauf konstanten ‚typischen Bereich' intendierter Anwendungen. Für die Klärung dieses Punktes wird ein expliziter Begriff des *Paradigma* benötigt werden. Zweitens eine zusätzliche Annahme über den ‚*geschichtlichen Ursprung*' der Theorie, welcher sich in einer ‚erstmaligen erfolgreichen Anwendung der Theorie' äußert. Aufgrund der ersten dieser beiden Zusatzbestimmungen wird die vorläufig bestehende Vagheit hinsichtlich des ‚typischen Bereichs von *I*' behoben werden, jedenfalls soweit behoben werden, wie die Präzisierung des Begriffs des Paradigmas dies gestattet.

---

[49] Die Preisgabe *allgemeiner* Nebenbedingungen sollte dagegen hier *nicht* eingeschlossen werden. Hätte man z. B. eines Tages mit einer Massenfunktion zu arbeiten begonnen, *die keine extensive Größe ist*, so hätte man vermutlich nicht gesagt, daß man zwar die klassische Mechanik beibehalten hätte, jedoch ‚die neue Entdeckung hinzugefügt wurde, daß die Masse keine extensive Größe ist'. Viel eher hätte man von einer *neuen Theorie* gesprochen, welche an die Stelle der alten Theorie getreten sei.

Zwischen *speziellen* Gesetzen und *speziellen* Nebenbedingungen kann man vermutlich nur vom *logischen* Standpunkt unterscheiden; denn Änderungen der obigen Typen (2) und (3) werden *de facto* fast immer nur zusammen auftreten (vgl. das Beispiel des Hookeschen Gesetzes in VIII.6, (b): die Werte von K und d werden jeweils als ‚konstante Eigenschaften' der die beiden Partikel verknüpfenden Feder angesehen, also als Nebenbedingungen verstanden).

Um bezüglich des empirischen Gehaltes einer physikalischen Theorie einen festen Bezugspunkt zu haben, soll unter dem *zentralen empirischen Satz* einer Theorie stets ein Satz von der Gestalt (**VI**) verstanden werden. Daß die Theorie konstant bleibt, während die Überzeugungen der Theoretiker sich ändern, kann jetzt in bündiger Form so ausgedrückt werden: *Die Theorie im Sinn von* SNEED *bleibt konstant; aber mit dieser Theorie werden zu verschiedenen Zeiten verschiedene zentrale empirische Sätze dieser Theorie* (bzw. diesen Sätzen korrespondierende starke Theorienpropositionen) *behauptet*.

Den soeben ausgedrückten Gedanken kann man als das Wesentliche des ‚Verfügens über eine Theorie' ansehen. Wir müssen diesen Gedanken nur noch etwas deutlicher formulieren. Wie wir wissen, entspricht auf Grund der Zuordnungen von VIII,7.d jedem zentralen empirischen Satz einer Theorie genau eine Theorienproposition im starken Sinn, die dieser Satz ausdrückt. Wenn die Theorie im jetzigen Sinn gleich bleibt, so bleibt insbesondere auch der Strukturkern derselben, während die *Erweiterungen* dieses Strukturkernes zusammen mit den zentralen empirischen Sätzen der Theorie variieren.

Wenn die physikalische Theorie aus dem Paar $\langle K, I \rangle$ besteht und E_1, $E_2, \ldots, E_i, \ldots$ die verschiedenen Erweiterungen von K sind, die zu verschiedenen Zeiten $t_1, t_2, \ldots, t_i, \ldots$ für Behauptungen der Gestalt (**VI**) verwendet werden, so kann dies unter Benützung der Anwendungsoperation $\mathbb{A}_e$ *ohne jede Bezugnahme auf linguistische Entitäten* genauer so beschrieben werden: *Die Theorie* $\langle K, I \rangle$ *bleibt dieselbe; die mit ihrer Hilfe gebildeten und für richtig gehaltenen Theorienpropositionen* $I \in \mathbb{A}_e(E_i)$ *variieren mit der Zeit* t_i.

Angenommen, wir befänden uns in einer ‚epistemisch vollkommenen Welt'. Dies soll *nicht* eine Welt sein, in der alles Wißbare auch tatsächlich gewußt wird (also nicht ‚die beste aller möglichen epistemischen Welten'), sondern eine Welt, *in welcher sich der wissenschaftliche Fortschritt so vollzieht, wie wir ihn uns wünschen*. Dieser Idealfall ist dann gegeben, wenn nichts, was zu einer Zeit geglaubt wurde, später wieder preisgegeben wird, wenn jedoch die Theorie durch Hinzufügung neuer und neuer Gesetze sowie neuer und neuer spezieller Nebenbedingungen *sukzessive verfeinert* wird, um schärfere und schärfere Aussagen formulieren zu können. Der *empirische Gehalt* der zentralen empirischen Sätze der Gestalt (**VI**) verschärft sich, was in propositionaler (nicht-linguistischer) Sprechweise besagt, daß die im Verlauf der Zeit geglaubten Theorienpropositionen $I \in \mathbb{A}_e(E_i)$ die Bedingung erfüllen:

$$\mathbb{A}_e(E_1) \supseteq \mathbb{A}_e(E_2) \supseteq \cdots \supseteq \mathbb{A}_e(E_i) \supseteq \cdots.$$

In *unserer* Welt liegen die Dinge nicht immer so schön: *Der Physiker kann sich irren*. Wurde der Irrtum bei der Verschärfung des zu t_i verwendeten erweiterten Strukturkerns E_i zum erweiterten Strukturkern E_{i+1} zur Zeit t_{i+1} begangen, so kann sich später herausstellen, daß trotz der Geltung von $I \in \mathbb{A}_e(E_i)$ gilt: $I \notin \mathbb{A}_e(E_{i+1})$. Ein derartiger Fehler wird z.B., wenn wir uns hier auf diesen wichtigsten Fall beschränken, durch *Falsifikation* eines oder mehrerer spezieller Gesetze entdeckt, die für die Verschärfung von E_i zu E_{i+1} benützt worden sind.

Alle diese Feststellungen werden ihre Gültigkeit behalten, wenn wir an späterer Stelle den Sneedschen Begriff der Theorie in der oben angedeuteten Weise durch Hinzunahme weiterer Zusatzbestimmungen zum Begriff der Theorie im Sinn von KUHN verschärfen. Wenn der Leser bereit ist, dies für den Augenblick als richtig zu unterstellen, so wird er auch, sofern er den bisherigen Ausführungen folgen konnte, erkennen, *in welchem genau präzisierbaren Sinn der Poppersche Falsifikationismus mit der Wissenschaftsauffassung von* T. S. KUHN *versöhnt werden kann:* Die Falsifikation betrifft stets nur *spezielle Gesetze* und zwingt daher den Theoretiker bloß, die versuchte Verschärfung eines E_i zu einem E_{i+1} rückgängig zu machen; denn er kann zwar weiterhin glauben, daß $I \in A_e(E_i)$, muß jedoch gleichzeitig zur Kenntnis nehmen, daß $I \notin A_e(E_{i+1})$. *Die Theorie $\langle K, I \rangle$ bleibt von einem solchen Scheitern des Theoretikers vollkommen unberührt. Im Festhalten des Forschers an der Theorie trotz dieses Scheiterns liegt überhaupt nichts Irrationales*, im Widerspruch zum prima-facie-Eindruck.

Kehren wir nun zur Aufgabe der Explikation des Begriffs „Verfügen über eine Theorie" zurück! Eine erste notwendige Bedingung dafür, daß eine Person über eine Theorie $\langle K, I \rangle$ verfügt, liegt darin, daß sie an gewisse Propositionen $I \in A_e(E)$ für Erweiterungen E von K glaubt. Unter E_t werde für jeden der betrachteten Zeitabschnitte t die *schärfste* Erweiterung verstanden, welche die Person zur Formulierung einer derartigen Proposition besitzt. Die letztere lautet dementsprechend: $I \in A_e(E_t)$. Dies ist die stärkste Theorienproposition (im starken Sinn), welche die Person zur Zeit t behaupten kann.

Die Überzeugung unserer Person soll nicht unvernünftig sein. Da wir im gegenwärtigen Zusammenhang das Bestätigungsproblem nicht diskutieren, sollen die ‚guten Gründe von besonderer Art' für den Glauben an eine Proposition der Gestalt $I \in A_e(E)$ (bzw. für den Glauben an einen zentralen empirischen Satz) nur durch die Wendung: „die Proposition $I \in A_e(E)$ wird *durch die Beobachtungsdaten gestützt*, die der Person zur Verfügung stehen", wiedergegeben werden, wobei der Relationsbegriff der Stützung durch Beobachtungsdaten ein *undefinierter* Begriff bleibt.

Damit es bezüglich dieses Begriffs zu keinen Mißverständnissen kommt, seien einige Anmerkungen eingefügt:

Anmerkung 1. Daß dieser Begriff hier undefiniert bleibt, ist natürlich damit verträglich, daß wir diesen Begriff für einen wichtigen *explikationsbedürftigen* Begriff halten.

Anmerkung 2. Es soll keinerlei Annahme darüber gemacht werden, ob dieser Begriff als ‚qualitativer' oder als ‚quantitativer', als ‚induktivistischer' oder als ‚deduktivistischer' oder als ein solcher einzuführen ist, auf den die Prädikate „induktivistisch" und „deduktivistisch" beide nicht zutreffen.

Anmerkung 3. Die Möglichkeit, eine solche Zusatzbestimmung sowohl in den jetzigen wie in den späteren ‚Kuhnschen' Begriff des Verfügens über eine Theorie einzubauen, zeigt, daß der gelegentlich geäußerte Verdacht, das Kuhnsche Wissenschaftskonzept stelle einen Neo-Obskurantismus dar oder es stehe jedenfalls in einem eklatanten Widerspruch zu jeder noch so liberalen Form des Empirismus, unbegründet ist. Derartige Vorwürfe sind jedenfalls unter der Voraussetzung unbegründet, daß der hier eingeschlagene Weg der rationalen Rekonstruktion einer grundlegenden Idee von KUHN ‚im Prinzip akzeptiert' wird.

D14 *Die Person p verfügt zum Zeitpunkt t im Sneedschen Sinn über die physikalische Theorie* $T = \langle K, I \rangle$ (abgekürzt: $Verf_S(p, \langle K, I \rangle, t)$) gdw gilt:

(1) $\langle K, I \rangle$ ist eine physikalische Theorie im Sinn von SNEED (vgl. **D13**);

(2) es gibt eine Erweiterung E_t von K, so daß p zur Zeit t glaubt, daß $I \in \mathbb{A}_e(E_t)$. Diese Erweiterung ist in dem Sinn die schärfste Erweiterung dieser Art von K, daß gilt:
$\wedge E[(E$ ist eine Erweiterung von K, so daß p zu t glaubt, daß $I \in \mathbb{A}_e(E)$ und p verfügt über Beobachtungsdaten, welche diese Proposition stützen) $\rightarrow E_t \subseteq E]$;

(3) p verfügt über Beobachtungsdaten, welche die Proposition $I \in \mathbb{A}_e(E_t)$ stützen;

(4) p glaubt zur Zeit t, daß es eine Erweiterung E von K gibt, für die gilt:
(a) $I \in \mathbb{A}_e(E)$;
(b) $\mathbb{A}_e(E) \subset \mathbb{A}_e(E_t)$.

(1) besagt, daß an den schwachen Begriff der physikalischen Theorie angeknüpft wird. (2) liefert die Gewähr dafür, daß p mindestens an eine unter den Theorienpropositionen glaubt, die man mit Hilfe der Theorie T bilden kann. Die Zusatzbestimmung in (2) garantiert, daß der Glaube unserer Person, daß $I \in \mathbb{A}_e(E_t)$, ein Glaube an die Theorienproposition *vom stärksten Tatsachengehalt* unter allen Theorienpropositionen ist, an die sie glaubt. In (3) wurde nur die erwähnte und nicht weiter explizierte Minimalbedingung über die empirische Stützung aufgenommen. Den Inhalt der vierten Bestimmung könnte man als den *Fortschrittsglauben der Person p* bezeichnen. Dieser Glaube findet in der Überzeugung des Forschers p seinen Niederschlag, daß seine Theorie in Zukunft verbessert werden wird.

Gegen die Aufnahme von (4) könnte man den Einwand vorbringen, daß es einem Physiker doch unbenommen bleiben müsse, davon überzeugt zu sein, daß seine Theorie keiner nichttrivialen Verschärfung fähig sei, die zu richtigen Behauptungen führt. In diesem Grenzfall des ‚stärksten Glaubens‘ könne man einem Physiker doch nicht den Glauben an eine Theorie absprechen! Während in gewissen Kontexten solchen und ähnlichen Einwendungen sicherlich nachgegeben werden müßte, ist es hier das *Explikationsziel*, welches die obige Zusatzbestimmung rechtfertigt: Worum es letztlich geht, ist die Klärung des Fortschrittes der *normalen Wissenschaft* (oder: des *normalwissenschaftlichen Fortschrittes*) zum Unterschied von ‚wissenschaftlichen Revolutionen‘. Was mit der obigen vierten Zusatzbestimmung geleistet werden sollte, war die Einbeziehung eines wesentlichen Aspektes des *normalen Fortschrittsglaubens*, d.h. des *Glaubens an den Fortschritt ohne wissenschaftliche Revolutionen*. Zu diesem Glauben gehört die Überzeugung, daß *unter Beibehaltung des begrifflichen Fundamentes der Theorie*, d.h. des *Strukturkernes* der Theorie im Verlauf der Zeit immer schärfere Aussagen über die physikalischen Systeme, auf welche die Theorie angewendet werden soll, gemacht werden können, oder, wie man auch sagen könnte: daß das Verhalten der Individuen, die zu diesen Systemen gehören, in Zukunft immer besser wird erklärt werden können.

4. Was ist ein Paradigma?

4.a Der Wittgensteinsche Begriff des Paradigmas. Wittgensteins Beispiel vom Spiel. Der unvoreingenommene Leser des Buches von T.S. KUHN [Revolutions], der außerdem mit der Philosophie WITTGENSTEINS etwas vertraut ist, wird zunächst den Eindruck gewinnen, daß der Kuhnsche Begriff des Paradigmas mit dem Wittgensteinschen nichts oder fast nichts gemein hat. Andererseits bezieht sich KUHN im fünften Kapitel seines Buches ausdrücklich auf WITTGENSTEIN und führt u.a. WITTGENSTEINS Betrachtungen über das Wort „Spiel" in § 66 ff. der Philosophischen Untersuchungen an. Dies weist darauf hin, daß eine Art von Zusammenhang bestehen muß. Sie zu klären, ist allerdings keine leichte Aufgabe.

Wir werden methodisch so vorgehen, daß wir zunächst das Wittgensteinsche Beispiel etwas genauer betrachten. Später soll untersucht werden, was davon auf den Kuhnschen Fall übertragbar ist. Es wird sich ergeben, daß die Kuhnsche Analogiebetrachtung insofern *nur eine Halbwahrheit* enthält, als der Kuhnsche Begriff des Paradigmas, der wesentlich komplexer ist als der WITTGENSTEINS, *nur in bezug auf eine einzige Komponente* mit dem Wittgensteinschen Begriff verglichen werden kann und daß auch *nur in* bezug auf diese eine Komponente die Wittgensteinschen Bemerkungen über ‚*Familienähnlichkeiten*‘ usw. anwendbar sind. Diese Komponente, für welche die Analogie stimmt, betrifft genau das, was wir *die Menge I der intendierten Anwendungen einer Theorie* nannten. Die übrigen Komponenten von KUHNS Paradigmenbegriff bilden dagegen zum überwiegenden Teil etwas, das Gegenstand einer exakten rationalen Rekonstruktion werden kann. Da bezüglich dieser Komponenten keine zum Begriff des Spieles analoge ‚Vagheit' besteht, fällt für sie die Analogie zum Paradigmenbegriff WITTGENSTEINs fort.

Diejenigen Vorgänge, welche man „Spiele" nennt, benützte WITTGENSTEIN, um den Glauben zu erschüttern, daß, wo *ein* Begriff vorliegt, auch *ein* gemeinsames Merkmal existieren müsse, welches allen und nur den unter diesen Begriff fallenden Dingen zukommt. Zwischen den „Spiele" genannten Vorgängen bestünden nämlich nur sich übergreifende und kreuzende Ähnlichkeiten, wie sie zwischen den Gliedern einer Familie bestehen, ohne eine durchgehende Gemeinsamkeit. Daher die Bezeichnung „Familienähnlichkeit".

Analysieren wir den Sachverhalt etwas genauer! Bei dem Versuch, den Begriff des Spieles zu umgrenzen, wird man zunächst *eine Liste typischer Fälle von Spielen* anzugeben versuchen. Während einer ersten ‚Periode der Unsicherheit' wird man diese Liste durch Ergänzungen und Streichungen modifizieren. Neue persönliche und indirekte Erfahrungen, wie z.B. Beobachtungen von Spielen in durchreisten neuen Ländern und die Lektüre von Reiseberichten und historischen Schilderungen, wird die Liste vergrößern. Einige ursprünglich aufgenommenen Tätigkeiten werden nach genauerer Kenntnis wieder herausgenommen werden, z.B. wegen ihrer magisch-religiösen Bedeutung oder wegen der Ernsthaftigkeit der Folgen des ‚Spielausganges' oder wegen der juristisch-ökonomischen ‚Verflechtung' der fraglichen Verrichtung. Die Phase der Unsicherheit wird nur nach der einen Richtung beendet werden können: Am Ende derartiger Vorbetrachtungen wird man zu einer ‚*Minimalliste*' gelangen, zu der zwar aufgrund neuer Kenntnisse weitere und weitere Spiele hinzugefügt werden können, die man aber weiter zu reduzieren sich weigern wird. Es sei S die Extension von „Spiel". Die Minimalliste sei S_0. Diese Liste S_0, welche die Bedingung $S_0 \subseteq S$ erfüllt, werde als die *Liste der Paradigmen von Spielen* bezeichnet. Die auf der Angabe einer solchen Liste beruhende Methode soll *die Methode der paradigmatischen Beispiele* genannt werden. Für das Verhältnis von S_0 zu S gelten die folgenden fünf Feststellungen:

(1) S_0 ist *effektiv extensional gegeben*, d.h. die Elemente dieser Mengen werden in einer Liste einzeln aufgezählt.

(2) Es wird beschlossen, aus S_0 niemals ein Element zu entfernen; d.h. man beschließt, keinem Element dieser Menge die Eigenschaft, ein Spiel zu sein, abzusprechen.

(3) Die Elemente von S_0 können gemeinsame Merkmale besitzen. Im gegenwärtigen Fall gilt das z.B. vom Merkmal, *eine menschliche Tätigkeit zu sein*. (Dies zeigt übrigens, daß es nicht richtig wäre anzunehmen, man könne für die paradigmatischen Beispiele keine ‚durchgehenden Gemeinsamkeiten' angeben, wie dies durch WITTGENSTEINs Ausführungen nahegelegt wird.

Der springende Punkt ist vielmehr der, daß diese Merkmale, falls überhaupt bekannt, nur notwendige, nicht jedoch auch hinreichende Bedingungen für die Zugehörigkeit zur Klasse der Spiele darstellen.) Diese Merkmale sind *höchstens notwendig*, aber *nicht hinreichend* für die Zugehörigkeit zu S. Generell gilt: Die Elemente einer Liste von paradigmatischen Beispielen können ein oder mehrere oder sogar unendlich viele Merkmale gemeinsam haben. Wieviele es auch immer sein mögen und wieviele davon wir auch immer als notwendig für die Zugehörigkeit zur Gesamtmenge betrachten mögen, *eine hinreichende Bedingung für die Zugehörigkeit können wir daraus nicht herleiten*.

(4) Die hinreichende Bedingung für die Zugehörigkeit zu S enthält eine *unbehebbare Vagheit*, nämlich: damit ein nicht zu S_0 gehörendes Individuum als zu S gehörig zu betrachten ist, muß es eine ‚beträchtliche‘ oder ‚signifikante‘ Anzahl von Eigenschaften besitzen, die es mit allen oder mit ‚fast allen‘ Elementen von S_0 zu teilen hat.

(5) Man kann den Sinn, in welchem die in (4) erwähnte Vagheit unbehebbar ist — und zwar unbehebbar selbst dann, wenn man das „fast alle" durch Konvention eindeutig festlegt —, *präzisieren* (und in diesem Punkt über WITTGENSTEIN hinausgehen). Man muß zwar *für jedes einzelne Element* von $S - S_0$ eine Liste von Eigenschaften angeben können, die dieses Element mit allen oder ‚fast allen‘ Individuen aus S_0 gemeinsam hat. Dagegen kann man keine endliche Liste von Eigenschaften angeben, welche die Zugehörigkeit zu S gewährleistet. Wir dürfen noch einen Schritt weitergehen und sagen: *Es existiert nicht einmal eine endliche Liste, bestehend aus Listen von Eigenschaften, so daß die Mitgliedschaft zu S gewährleistet ist, wenn ein Individuum sämtliche Merkmale besitzt, die in einer dieser Listen angeführt sind.* Mengentheoretisch gesprochen: Nicht einmal eine endliche Klasse von Mengen von Eigenschaften reicht aus, um die Zugehörigkeit von Objekten, die nicht bereits zu S_0 gehören, zu S zu garantieren. Es verbindet sich hier also *eine Exaktheit in bezug auf die notwendigen Bedingungen* für die Zugehörigkeit zu S mit einer *Unexaktheit in bezug auf die hinreichenden Bedingungen* für die Zugehörigkeit zu S.

Legt man diesen Gedanken zugrunde, so ist WITTGENSTEINS Überlegung am Ende von § 67 der Philosophischen Untersuchungen inkorrekt. Er schildert dort jemanden, der einwendet: „also ist allen diesen Gebilden etwas gemeinsam, — nämlich die Disjunktion aller dieser Gemeinsamkeiten" und erwidert selbst auf diesen Einwand: „hier spielst du nur mit einem Wort. Ebenso könnte man sagen: es läuft ein Etwas durch den ganzen Faden, — nämlich das lückenlose Übergreifen dieser Fasern." Abgesehen davon, daß man darüber streiten kann, ob bei einer (wirklichen!) Disjunktion von Gemeinsamkeiten ein bloßes Spiel mit Worten vorliegt, könnte man sagen, daß WITTGENSTEIN seinem Gegner mit seiner Erwiderung bereits *zuviel zugesteht*, nämlich daß überhaupt eine endliche Disjunktion existiert. Er hätte eine radikalere Antwort von etwa folgender Gestalt geben können: „Selbst wenn ich es dir durchgehen lasse, das lückenlose Übergreifen der Fasern ‚ein durch den ganzen Faden laufendes Etwas‘ zu nennen, hinkt dein Vergleich. Denn du setzt dabei voraus, *daß der Faden aus endlich vielen Fasern zusammengesetzt ist.*

Demgegenüber gibt es keine endliche Klasse von Merkmalsmengen, welche die Zugehörigkeit zu S garantiert."

4.b Übertragung des Wittgensteinschen Paradigmenbegriffs auf den Anwendungsbereich einer physikalischen Theorie: die paradigmatisch festgelegte Grundmenge I_0 der intendierten Anwendungen. Es sei $T = \langle K, I \rangle$ eine Theorie im schwachen Sinn. Um einen wichtigen Teilaspekt des Kuhnschen Begriffs des Paradigmas zu gewinnen, lassen wir uns von dem Gedanken leiten, *die Menge I der intendierten Anwendungen in Analogie zum Wittgensteinschen Beispiel durch eine paradigmatisch bestimmte Grundmenge zu charakterisieren*. Dabei entspricht das jetzige I dem dortigen S, und dem S_0 soll jetzt die Menge I_0 entsprechen.

Einen systematischen Überblick über die Einführung der Menge I sowie der Glieder ihrer Elemente werden wir uns in Anknüpfung an SNEED im nächsten Abschnitt verschaffen. Dabei wird sich der Fall als besonders wichtig erweisen, daß I nicht extensional, sondern *intensional gegeben* ist. Auch diese Feststellung *allein* erzeugt noch keinen Zusammenhang mit dem Paradigmenbegriff. Denn das übliche Verfahren, um eine Menge intensional zu bestimmen, besteht bekanntlich in der Angabe einer Eigenschaft, die genau auf die Elemente dieser Menge zutrifft. Angenommen also, auch für unsere Menge I der intendierten Anwendungen von T werde verlangt, daß sie durch eine derartige Eigenschaft gegeben sei.

Eine solche Forderung hätte zwei Nachteile: Sie würde erstens auf eine *große*, vielleicht sogar in den meisten Fällen auf eine *unüberwindbare Schwierigkeit* stoßen. Zweitens hätte sie eine *fatale Konsequenz*. Die Schwierigkeit läge darin, daß der Physiker in der Regel nicht imstande wäre, eine derartige Eigenschaft, die *notwendig und hinreichend* für die Zugehörigkeit zu I ist, anzugeben. Dabei muß man vor allem bedenken, daß der Physiker diesbezüglich keine ‚Zeit zum Nachdenken' hätte, also sich nicht damit abfinden könnte, durch genauere Forschungen diese definierende Eigenschaft ausfindig zu machen. Seine Theorie soll ja dazu dienen, empirische Behauptungen aufzustellen. In der Sprache unserer Rekonstruktion heißt dies: Der Physiker muß, wenn er eine Theorie aufgestellt hat, auch imstande sein, den *zentralen empirischen Satz dieser Theorie* anzugeben. Da dieser Satz aber überhaupt erst dann formulierbar ist, nachdem die intendierte Anwendung bereits bekannt ist, ließe sich unter unserer Voraussetzung dieser Satz gar nicht formulieren.

Von noch größerer Wichtigkeit dürfte der zweite Nachteil sein. Machen wir dazu die fiktive Annahme, daß der Physiker im Besitz einer I definierenden Eigenschaft sei. Dann müßte er, sobald er auf ein Element von I, also auf ein durch seine Theorie T zu erklärendes physikalisches System (partielles potentielles Modell) stößt, das durch T de facto *nicht* erklärt wird, *die Theorie als empirisch falsifiziert verwerfen*. Wir sind hier erstmals an einem jener Punkte angelangt, an denen die von KUHN öfters unterstrichene

,*tiefe Meinungsdifferenz*' zwischen ihm und POPPER sowie dessen Schülern beginnt.

Vom Blickwinkel desjenigen Rationalismus aus betrachtet, den POPPER vertritt, wäre in dieser Konsequenz gar kein Nachteil zu erblicken: Ein Wissenschaftler sollte *als rationaler Mensch* zu dieser Preisgabe bereit sein. Der Grad der Abneigung dagegen, empirisch Widerlegtes preiszugeben, ist für diese Denkweise ja geradezu ein Gradmesser der Irrationalität der Persönlichkeit des Wissenschaftlers. KUHNS ‚rationalistische Gegner' werden von seiner Bemerkung, *daß eine solche Art von Falsifikation in der Geschichte der Wissenschaft niemals vorgekommen ist,* unbeeindruckt bleiben, scheint dies doch höchstens zu zeigen, wie sehr die Wissenschaftler *als Menschen aus Fleisch und Blut* vom Idealbild des rational denkenden Forschers abweichen.

Doch bei diesem Konflikt zwischen ‚Ideal und Wirklichkeit' braucht man nicht stehen zu bleiben. Man kann diesen Sachverhalt so deuten, daß KUHN Recht bekommt, ohne daß dieses ‚Rechtbekommen' auf die historische Faktizität beschränkt werden müßte. Was wir meinen, ist dies: Man kann das historisch belegbare Verhalten von Physikern *als rationales Verhalten* rekonstruieren. Vor die Wahl gestellt, zwischen der Popperschen und der Kuhnschen Alternative zu entscheiden, werden wir daher der Kuhnschen den Vorzug geben. Aber wir tun dies nicht deshalb, weil wir uns im ‚Widerstreit zwischen Ratio und Historie' statt für die Vernunft für die ‚unvernünftige' Geschichte entscheiden, sondern aus dem einfachen Grund, weil die Rekonstruktion der Kuhnschen Auffassung *adäquater* ist. Und zwar ist sie in dem Sinn adäquater, daß sie *sowohl* mit den historischen Fakten verträglich *als auch* einer rationalen Rekonstruktion zugänglich ist (die KUHN selbst allerdings nicht gegeben hat). Die Gegenauffassung läßt sich zwar auch rational rekonstruieren, aber sie ist historisch unangemessen.

Der Grund für die Unangemessenheit des ‚Popperschen' Konzeptes läßt sich in der bündigsten Weise vielleicht folgendermaßen beschreiben: *Kein Physiker scheint jemals das Falsifikationsrisiko eingegangen zu sein, das durch die explizite Definition einer notwendigen und hinreichenden Eigenschaft für die Zugehörigkeit zu I gegeben wäre.* Den Physikern daraus einen Vorwurf zu machen, heißt, vom Kuhnschen Blickwinkel aus betrachtet, nicht einem vernünftigen, sondern einem *überspannten Rationalismus* zu huldigen.

Nehmen wir also an, daß die intensionale Charakterisierung von I in formaler Analogie zu der intensionalen Beschreibung von „Spiel" nach dem Wittgensteinschen Muster erfolgt ist. Der Wissenschaftler hat dann I_0 als *paradigmatische Beispielsmenge* explizit extensional (durch eine Liste) angegeben. Er weiß ferner, daß $I_0 \subseteq I$ gilt. Weiterhin nimmt er die in 4.a unter (4) und (5) beschriebene Art der ‚Vagheit' in Kauf, die mit der paradigmatischen Kennzeichnung einer Menge unausweichlich verknüpft ist. Mit dieser Art von Vagheit erkauft er sich einen großen Gewinn: *eine Immunität seiner Theorie gegenüber derjenigen Art von Falsifikation, die oben beschrieben wurde.*

Dieser Vorteil ist deshalb so außerordentlich groß, weil KUHN vermutlich darin recht haben würde, *daß ohne diese Immunität jede Theorie zu jeder Zeit als widerlegt gelten müßte,* jedenfalls dann, wenn man sich einen realistischen Blick für das bisher *Menschenmögliche* im Bereich der Theorienbildung bewahrt hat.

Die Immunität gilt *nicht* für die paradigmatischen Beispiele. Sollten sich bestimmte Elemente von I_0 einer Erklärung durch T hartnäckig widersetzen, so würde dies im Endeffekt zu einer Verwerfung von T führen müssen. (Auf die in dem „hartnäckig widersetzen" implizit enthaltene „*Schonfrist für die Theorie*' kommen wir weiter unten nochmals zurück.) Sofern sich hingegen ein Element aus $I - I_0$ der Theorie hartnäckig widersetzt, *kann der Theoretiker beschließen, dieses Element aus dem Bereich der intendierten Anwendungen zu entfernen.*

Es ist unbedingt notwendig, ganz klar zu erkennen, *daß diese Immunität nichts mit Irrationalität zu tun hat,* daß sie also keineswegs unter den Popperschen Gedanken einer Immunisierungs*strategie* durch Einführung von adhoc-Festsetzungen fällt. Von Strategie könnte hier schon deshalb keine Rede sein, weil selbst dann, wenn man den zweiten obigen Nachteil der Methode der Expliziteigenschaft nicht anerkennen wollte (also das zu akzeptieren bereit ist, was wir den ‚überspannten Rationalismus' nannten), der Physiker aus dem zuerst genannten Grund gewöhnlich gar nichts anderes tun *kann,* als I auf dem Wege über eine paradigmatische Beispielsmenge I_0 angeben. Das gilt insbesondere auch für die klassische Partikelmechanik, für welche noch immer diejenigen paradigmatischen Beispiele gelten, die bereits zu NEWTONS Zeiten als Anwendungen seiner Theorie erkannt worden sind, nämlich: das Planetensystem und verschiedene Teilsysteme davon (Erde—Mond, Jupiter—Jupitermonde); einige Kometen; die Körper im freien Fall nahe der Oberfläche der Erde; die Gezeiten; die Pendel.

Wenn wir auf **D14** des vorigen Abschnitts zurückgehen, so erkennen wir jetzt leicht eine erste Modifikation, die wir vornehmen müssen, wenn wir den Kuhnschen Gedanken einer paradigmatischen Charakterisierung der intendierten Anwendungen in den Begriff des Verfügens über eine Theorie einbeziehen wollen: die Person p glaubt zur Zeit t bezüglich der in **D14**(1) angeführten schärfsten Erweiterung E_t, daß $I_0 \in \mathbb{A}_e(E_t)$ gilt.

Für die zu $I - I_0$ gehörenden physikalischen Systeme gilt vollkommen Analoges wie für die nicht zur paradigmatischen Beispielsmenge gehörenden Spiele. Die Elemente dieser Differenzmenge müssen in gewissen *Ähnlichkeitsbeziehungen* zu den paradigmatischen Beispielen, d.h. zu den Elementen aus I_0 stehen. Solche Ähnlichkeitsbetrachtungen sind es daher auch, die den Physiker dazu ermuntern können, immer neue Anwendungen seiner Theorie zu finden, genauer gesprochen: immer neue als mögliche Anwendungen wählbare physikalische Systeme, von denen er hoffen kann, daß sie sich als Modelle seiner Theorie erweisen werden. Wiederum aber gilt:

Nicht nur gibt es keine Liste von Eigenschaften, deren Zutreffen auf ein physikalisches System eine *hinreichende* Bedingung für die Zugehörigkeit zu I bildet. Man kann nicht einmal eine endliche *Klasse von* Eigenschaftslisten angeben, so daß das Zutreffen genau der Merkmale aus einer dieser endlich vielen Listen die Zugehörigkeit zu I gewährleistet. Ja man wird nicht einmal die Anzahl der für eine solche Zugehörigkeit hinreichenden Eigenschaften genau festlegen können.

Wie im Fall des Spieles ist damit eine gewisse Vagheit in der Bestimmung dessen, ,was nun wirklich zu I gehört', verbunden. So wie wir aber im Fall der Immunität hervorheben mußten, daß diese Immunität nichts Irrationales an sich habe, müssen wir jetzt nachdrücklich betonen, *daß diese Vagheit nicht Willkür in der Zuordnung von Elementen zu I bedeutet*.

Versuchen wir uns davon zu überzeugen, warum dies so ist. Dazu unterscheiden wir zwei Falltypen von neuen ,beobachteten' physikalischen Systemen[50]. Zum einen Typ gehören diejenigen Systeme, für die sich eine klare Antwort auf die Frage geben läßt, ob sie zu I gehören oder nicht. Dies sind die *unproblematischen* Fälle. Zum zweiten Typ gehören die *problematischen* Fälle. Diese bestehen aus solchen physikalischen Systemen, bei denen es zunächst als zweifelhaft erscheint, ob man sie zu I rechnen soll oder nicht. Nur wenn der Physiker in einem derartigen Fall das Problem der Zugehörigkeit zu I durch eine ad-hoc-Entscheidung lösen sollte, wäre der Einwand: „Vagheit impliziert Willkür" berechtigt. Er wird dies jedoch nicht tun, sondern *weitere Nachforschungen* anstellen. Und zwar werden sich diese weiteren Forschungen keineswegs nur auf den neuen potentiellen Kandidaten für I erstrecken, sondern *auch auf die paradigmatischen Beispiele*. Es könnte sich ergeben, daß diese ,doppelgleisigen' Untersuchungen *neue Merkmale* zutage fördern, die der Aufmerksamkeit bisher entgangen waren, deren Mitberücksichtigung jedoch dieselbe klare Entscheidung zuläßt wie für den ersten Falltyp. Anders gesprochen: Die weiteren Forschungen haben den Effekt, daß etwas, das *prima facie* als problematischer Fall erschien, schließlich in einen Fall vom ersten Typ transformiert wird: der erste Falltyp absorbiert den zweiten.

Natürlich ist es *denkbar*, daß dieser günstige Fall nicht immer eintritt. Der Physiker *könnte* zu der Überzeugung gelangen, daß weitere empirische Untersuchungen für die Frage der Zugehörigkeit zu I zwecklos sind. *Höchstens* in diesem Fall wäre dann eine Willkürentscheidung erforderlich. Und daher wäre auch *höchstens* dann die Behauptung zutreffend, *daß die paradigmatische Beispielsmenge I_0 gar keine eindeutig bestimmte Menge von intendierten Anwendungen auszeichnet, sondern mehrere derartige Mengen $I_1, I_2, \ldots$*.

---

[50] Der Leser möge nicht vergessen, daß physikalische Systeme, logisch gesprochen, nicht aus Individuen bestehen, sondern aus Individuen-*cum-nicht-theoretischen-Funktionen*, die der empirischen Beschreibung dieser Individuen in einer quantitativen Sprache dienen.

Diese Mengen würden sich aus den Entscheidungen für die eben erwähnten unklaren Grenzfälle ergeben.

Es ist aber keineswegs notwendig, daß ‚unklare Grenzfälle' zu dieser Art von Resignation führen. Was bleibt denn sonst übrig als eine Willkürentscheidung? Die etwas verblüffende Antwort auf diese Frage lautet: Wenn weitere empirische Untersuchungen nach Überzeugung des Forschers versagen, *so kann er die Theorie selbst über die Zugehörigkeit zu I entscheiden lassen*. Wir haben uns ja bereits überlegt, daß bei der hier behandelten intensionalen Charakterisierung durch paradigmatische Beispiele physikalische Systeme aus *I* entfernt werden können, wenn sie sich der theoretischen Anwendung hartnäckig widersetzen.

Obwohl es keinen *strengen Beweis* dafür geben dürfte, daß die Kombination dieser beiden Methoden — erstens neue ‚doppelgleisige' empirische Untersuchungen und zweitens Benützung der Theorie selbst zur Abgrenzung unklarer Fälle — immer zum Erfolg führen muß, so dürften KUHN und SNEED vermutlich darin recht haben, daß sie im Fall der Physik stets funktioniert. Wenn dies richtig ist, so ergibt sich daraus die wichtige Folgerung, *daß trotz der paradigmatischen Festlegung der Menge der intendierten Anwendungen durch die Beispielsmenge I_0 eine einzige Menge I von wirklichen Anwendungen der Theorie gefunden wird*.

Weiter haben wir erkannt, daß *die Benützung der Theorie als Mittel zur Bestimmung ihrer eigenen Anwendungen* keinen antirationalen Denkschritt enthält. Ein sich etwa aufdrängender Verdacht der Autoverifikation der Theorie wäre unbegründet. In genauerer Sprechweise müßten wir sagen: Es sind das Erstglied einer Theorie $T = \langle K, I \rangle$ sowie dessen Erweiterungen, welche unter den angegebenen Umständen ein entscheidendes Wort bei der endgültigen Festlegung von *I* mitzusprechen haben. Von Autoverifikation darf dabei schon deshalb keine Rede sein, weil Strukturkerne und erweiterte Strukturkerne überhaupt nicht jene Arten von Entitäten sind, von denen man „verifiziert" oder „falsifiziert" sinnvoll prädizieren kann.

Bevor wir die Betrachtungen zum Begriff des Paradigmas bei KUHN zum Abschluß bringen, seien drei Zwischenresultate festgehalten, die deshalb von besonderer Wichtigkeit sind, weil sie alle drei zu der Einsicht beitragen, daß gewisse Auffassungen von T. S. KUHN zwar ‚widervernünftig klingen', wenn man von herkömmlichen Vorstellungen ausgeht, daß sie aber in Wahrheit überhaupt nichts Widervernünftiges an sich tragen:

(1) Die Charakterisierung der intendierten Anwendungen mit Hilfe einer Liste von Paradigmen hat zwar eine prinzipiell unbehebbare potentielle Vagheit im Gefolge. Aber *die Vagheit impliziert nicht Willkür in der Entscheidung der Zugehörigkeit zu I*.

(2) Die nicht-extensionale Beschreibung des Anwendungsbereiches einer Theorie gewährleistet eine *Immunität der Theorie gegen mögliche Falsifikation*. Diese Immunität bedeutet zwar *Risikoverminderung* für den theoreti-

schen Physiker, ist jedoch *kein Symptom für ein vernunftwidriges, irrationales Verhalten*.

(3) Auch die Tatsache, *daß eine Theorie selbst als Mittel zur Bestimmung ihrer eigenen Anwendungen dient*, bedeutet *nicht*, daß Zuflucht gesucht wird zu einer *obskuren Methode der Autoverifikation dieser Theorie*. Vielmehr ist dieses Verfahren methodisch einwandfrei und hat überdies den positiven Effekt, die in der Methode der paradigmatischen Beispielsmenge liegende Vagheit auf ein Minimum zu reduzieren oder gänzlich zu beseitigen. Außerdem wird es nur auf diese Weise möglich, die Methode der paradigmatischen Beispiele mit der Auszeichnung *genau einer* Menge von intendierten Anwendungen zu verbinden.

4.c Der Begriff des Paradigmas bei Kuhn. In 4.b sollte eine Brücke geschlagen werden zwischen den Begriffen „Paradigma" bei WITTGENSTEIN und bei KUHN, *aber auch nicht mehr*. Es wäre zweifellos verfehlt, den Kuhnschen Begriff mit dem Begriff der durch eine paradigmatische Beispielsmenge bestimmten Klasse der intendierten Anwendungen einer Theorie *zu identifizieren*. Bereits die Skizze in Abschnitt 1 sowie die in Abschnitt 2 geschilderten Kritiken dürften gezeigt haben, daß KUHN mit seinem Paradigmenbegriff *etwas wesentlich Umfassenderes* vor Augen hatte. Dies ist vermutlich auch der Grund dafür, daß zwischen den Begriffen von WITTGENSTEIN und von KUHN zunächst kein Zusammenhang zu bestehen schien.

Der Kuhnsche Begriff kann in mindestens drei vollkommen heterogene Klassen von Bestandteilen zerlegt werden. Zwei Gesichtspunkte sind für diese Zerlegung maßgebend: (a) was sich für präzise rationale Rekonstruktionen eignet und was nicht, (b) was in die Domäne der Wissenschaftstheorie fällt und was nicht.

Klasse I: *Mögliche Objekte präziser logisch-wissenschaftstheoretischer Rekonstruktionen*. Wir unterscheiden zwischen denjenigen Zusammenhängen, die in diesem Band behandelt werden, und jenen, die aus dem gegenwärtigen Themenkreis herausfallen:

(1) Zum Paradigma einer Theorie im Sinn von KUHN gehört ein Teil der mathematischen Struktur dieser physikalischen Theorie und zwar derjenige Teil, der im Wandel des ‚normalwissenschaftlichen Fortschrittes' *unverändert* bleibt. Da sich die erweiterten Strukturkerne ständig ändern (z.B. durch Einführung neuer und Preisgabe bisher angenommener Gesetze, Einführung und Preisgabe spezieller Nebenbedingungen), bleiben als Bestandteile des Paradigmas nur zwei Komponenten der mathematischen Feinstruktur einer Theorie übrig: der *Strukturrahmen* sowie der *Strukturkern*. Gegenwärtig soll bei diesem Punkt nicht länger verweilt werden, da er in den Abschnitten 5 bis 7 genauer erörtert werden wird.

(2) Theoriendynamik ist nicht gleichzusetzen mit Wissenschaftsdynamik. Es gibt in den empirischen Wissenschaften Änderungen, welche die

Grundstrukturen der Theorie nicht berühren, wenigstens nicht unmittelbar: Beobachtung neuartiger Phänomene, Auffinden bestätigender und erschütternder Daten für hypothetisch angenommene spezielle Gesetze und spezielle Nebenbedingungen, neue wissenschaftliche Erklärungen mit Hilfe bereits verfügbarer Gesetze und Theorien. Die hierhier gehörenden Probleme müßten systematisch in einer Theorie der Bestätigung, evtl. ergänzt durch eine Theorie der Regeln für die Annahme und Verwerfung von Hypothesen (Testtheorie), untersucht werden. Vieles deutet darauf hin, daß verschiedene Aussagen Kuhns, die sich auf Paradigmen beziehen, in diesen Kontext hineingehören. Dazu dürfte, um nur ein Beispiel zu nennen, der Gedanke gehören, daß ein ‚Paradigma' nur dann für ungültig erklärt wird, wenn bereits ein anderer Kandidat bereitsteht, um dessen Platz einzunehmen. Es scheint mir, daß ein Teil des rekonstruierbaren Hintergrundes für diese und ähnliche Äußerungen in der Annahme besteht, daß zumindest im Fall des ‚revolutionären Fortschrittes' nur ein solcher Bestätigungsbegriff brauchbar ist, *in welchem ausdrücklich auf rivalisierende Alternativen Bezug genommen wird.* (Dies würde der von mir in Bd. IV, Teil III, vertretenen These entsprechen, daß bei der Beurteilung statistischer Hypothesen nur ein komparativer Stützungsbegriff brauchbar ist, der sich auf rivalisierende Alternativhypothesen bezieht.)

Klasse II: *Die durch paradigmatische Beispiele bestimmte Menge I der intendierten Anwendungen.* Zu diesem Punkt ist bereits alles Wesentliche in 4.b gesagt worden. *Nur diese* Klasse ist es, welche die Anleihe Kuhns bei Wittgenstein rechtfertigt. Wir haben den Begriff der Theorie $T = \langle K, I \rangle$ im schwachen Sinn von vornherein so konzipiert, daß das Erstglied in die **Klasse I**, das Zweitglied in die **Klasse II** hineinfällt. (Letzteres gilt natürlich nur dann, wenn die Menge I nach der in 4.b geschilderten Methode bestimmt wird. Einen systematischen Überblick über alle *denkmöglichen* Methoden gibt der folgende Abschnitt.)

Klasse III: *Diejenigen Komponenten des Paradigmas im Kuhnschen Sinn, die wissenschaftstheoretisch nicht faßbar sind, da sie in die Psychologie und Soziologie der Forschung hineingehören.* Bei oberflächlicher Lektüre des Kuhnschen Werkes [Revolutions] gewinnt man den Eindruck, daß die meisten seiner Aussagen über Paradigmen *diesen* Aspekt betreffen. Doch der Schein trügt. Als Beispiel greifen wir etwa das zu Beginn von Kap. III in [Revolutions] hervorgehobene ‚psychologistisch beschriebene' Merkmal eines Paradigmas heraus: die *Verheißung von Erfolg*, dessen Verwirklichung Aufgabe der normalen Wissenschaft ist. Während diese Äußerung sicherlich *auch* eine psychologisch-soziologische Komponente hat, kann einiges von dem, was Kuhn damit sagen will, und zwar durchaus Wesentliches, in der logisch präzisierten Sprache der Begriffswelt der **Klasse I** ausgedrückt werden: Daß mit der Aufstellung eines Paradigmas eine Erfolgsverheißung verknüpft wird, kann im Rahmen der rationalen Rekonstruktion übersetzt werden in die Feststellung, daß der Theoretiker bei der Aufstellung eines Strukturrahmens und eines Strukturkernes für eine Theorie *Erweiterungen des Strukturkernes prophezeit, die sich bewähren werden*. Und die Aussage, daß die normale Wissenschaft die Aufgabe habe, die Verheißung zu verwirklichen, kann übersetzt werden in die Feststellung, *daß der Erfolg normalwissenschaftlichen Vorgehens in der erfolgreichen Ausarbeitung geeigneter erweiterter Strukturkerne besteht*.

Vorsichtshalber wurde oben gesagt, daß KUHNs Begriff der Paradigmata *mindestens* diese drei Klassen von Fällen umfaßt. Genauere Untersuchungen sowie der künftige Fortschritt der Wissenschaftstheorie könnten zeigen, daß *weitere Komponenten* unterschieden werden müssen. So ist es z. B. nicht ganz klar, ob das, was KUHN in Kap. III et passim über die Faktensammlung und das Experimentieren im Rahmen der normalen Wissenschaft sagt, erschöpfend in soziologische Aspekte und Bestätigungsaspekte zerlegt werden kann. Es könnte sich z. B. erweisen, daß eine brauchbare *Theorie des Experimentes* nur im Rahmen einer noch gar nicht existierenden *systematischen Pragmatik* entwickelt werden kann. Tatsächlich gibt es bereits jetzt eine Reihe von Indizien, die darauf hindeuten, daß die Wissenschaftstheorie künftig nicht mit den logischen (syntaktischen, semantischen und modelltheoretischen) Begriffen auskommen wird, die sie bisher benützte. (Für solche Indizien im Erklärungs- und Begründungskontext vgl. z. B. die letzten Abschnitte von Kap. I von Bd. I dieser Reihe sowie den Teil IV von Bd. IV.)

Ebenso ist es mir noch nicht klar, ob KUHNs Äußerungen, wonach ein Paradigma nicht adäquat in Worten beschrieben werden kann; daß es auch nicht mit Regeln, Begriffen, Gesetzen, Theorien und Gesichtspunkten gleichzusetzen ist; daß es unmittelbar erfaßt und identifiziert werden kann, ohne eine volle Interpretation und Rationalisierung zu gestatten — ob alle diese Äußerungen nur den psychologisch erfaßbaren intuitiven Hintergrund eines Strukturrahmens, Strukturkernes, seiner Erweiterungen und deren intuitive Implikationen betreffen, oder ob es sich hier um den *metaphysischen Hintergrund* physikalischer Theorien handelt, der ebenfalls an verschiedenen Stellen bei ihm angesprochen wird. Sollte das Letztere sowie die im vorigen Absatz angedeutete Möglichkeit zutreffen, so würde KUHNs Begriff des Paradigmas nicht weniger als fünf vollkommen heterogene Komponenten enthalten.

Es tritt hinzu, daß sich vieles von dem, was zu den Begriffen der **Klasse I**, Unterklasse (1), gesagt worden ist, als verbesserungs- und als ergänzungsbedürftig erweisen wird. Für den 'non-statement view of theories' ist in VIII nur ein Anfang gemacht worden. Die Rekonstruktion komplexer physikalischer Theorien wird vermutlich zu weiteren Verfeinerungen in der Wiedergabe der mathematischen Struktur einer Theorie führen müssen. Dies wird z. B. sicherlich der Fall sein hinsichtlich des *probabilistischen Rah-*

mens der Quantenphysik, wie immer die endgültige Explikation des statistischen Wahrscheinlichkeitsbegriffs auch aussehen mag. Ebenso wird die genauere Analyse dessen, was wir die *Theorienhierarchie* nennen, vermutlich neue Aspekte zutagefördern.

Angesichts der Tatsache, daß mindestens drei, vielleicht sogar fünf und mehr ‚disparate' Begriffe unter das fallen, was KUHN „Paradigma" nennt, ist es nicht verwunderlich, daß Kritiker den Paradigmenbegriff teils *unverständlich*, teils *widerspruchsvoll* gefunden haben, obwohl es sich bei genauerer Analyse erweist, daß weder das eine noch das andere der Fall ist. Allerdings kann man fragen, ob es *zweckmäßig* war, daß KUHN diesen Term verwendete. Doch auf eine ‚literarische' Diskussion wollen wir uns nicht einlassen. Die hier gemachten Andeutungen waren als Hilfeleistung für einen Leser des Kuhnschen Werkes gedacht. Mit ihrer Hilfe sollte es möglich sein, bei dieser Lektüre in jedem Fall aus dem Kontext zu erschließen, was gemeint ist, sowie ob es etwas Präzisierbares betrifft oder nicht und ob (und wie) es sich mit dem entsprechenden Wittgensteinschen Begriff berührt oder nicht. Gewisse *Interpretationsschwierigkeiten* dürften allerdings KUHNs *pauschale* Bemerkungen über Paradigmen *immer* bereiten. Denn wenn das, was hier gesagt worden ist, stimmt, *ist es ausgeschlossen, daß es pauschale Aussagen über Paradigmen gibt, die zugleich interessant und exakt oder zugleich interessant und gehaltvoll sind.*

Eine gewisse zusätzliche Verwirrung dürfte dadurch entstanden sein, daß KUHN trotz seiner Berufung auf WITTGENSTEIN den Ausdruck „Paradigma" in einer Hinsicht ganz anders verwendet als jener. Vergleichen wir etwa die beiden Begriffe „*Spiel*" und „*Newtonsche Physik*". Der Wittgensteinschen Denkweise würde es entsprechen, zu sagen: „Der Begriff des Spieles ist durch paradigmatische Beispiele bestimmt. Im übrigen bestehen zwischen den ‚Spiele' genannten Tätigkeiten nur Familienähnlichkeiten." Durch Übertragung auf den zweiten Begriff würden wir eine Feststellung von etwa folgender Art gewinnen: „Der Begriff der Newtonschen Physik ist durch paradigmatische Beispiele (von Beschäftigungen solcher Leute, die sich ‚Newtonsche Physiker' nennen) ausgezeichnet. Im übrigen bestehen zwischen den Tätigkeiten Newtonscher Physiker nur Familienähnlichkeiten." KUHN gebraucht hingegen auch Wendungen wie: „Die Newtonsche Physik ist ein Paradigma". Dem würde bezüglich des ersten Begriffs die Aussage entsprechen: „Spiel ist ein Paradigma". *So etwas hätte* WITTGENSTEIN *niemals gesagt*. Man kann den Einklang am einfachsten in der Weise wiederherstellen, daß man die Wendung „die Newtonsche Physik ist ein Paradigma" *als sprachliche Abkürzung* für die vorangehende umständlichere Charakterisierung betrachtet.

Daß KUHN sich zu dieser etwas seltsam anmutenden Sprechweise entschlossen hat, wird verständlich, wenn man bedenkt, daß er Ausdrücke wie „Newtonsche Theorie" vermeiden möchte, da wir uns heute allzusehr daran gewöhnt haben, den Ausdruck „Theorie" im Sinn von "*kodifizierte* Theorie" zu gebrauchen.

Unser Sprachgebrauch unterscheidet sich vom Kuhnschen dadurch, daß wir stets unmißverständlich von der *paradigmatischen Beispielsmenge* sprechen. Außerdem könnten wir den Paradigmenbegriff auf das zweite Beispiel des vorletzten Absatzes gar nicht anwenden, da wir uns ja entschlossen haben, diesen Begriff niemals zur Charakterisierung einer ‚Gesamttheorie' (im präsystematischen Sinn) zu benützen, sondern höchstens dafür, *gewisse Arten von Bestimmungen ‚intendierter Anwendungen' von Theorien auszuzeichnen.*

Zuletzt sei darauf hingewiesen, daß alle in diesem Unterabschnitt getroffenen Feststellungen in einer wesentlichen Hinsicht unvollständig sind. Sie müssen nämlich durch die in Abschnitt 6 behandelten Begriffe der Theorie und des Verfügens über eine Theorie im Sinn von KUHN ergänzt bzw., wo nötig, modifiziert werden.

5. Systematischer Überblick über die möglichen Beschreibungen der intendierten Anwendungen einer Theorie. Die Immunität einer Theorie gegen potentielle Falsifikation

5.a Extensionale und intensionale Beschreibungen der Menge I.

Wie bereits in 4.b werden wir zwischen extensionalen und intensionalen Beschreibungen unterscheiden. Da die Verwendung dieser Ausdrücke im Leser den Verdacht aufkommen lassen kann, als wäre hierbei eine spezielle ‚Theorie der intensionalen Bedeutung sprachlicher Ausdrücke' vorausgesetzt, die seit langem Gegenstand komplizierter Diskussionen ist, seien ein paar Bemerkungen vorangestellt. Diese Bemerkungen dienen nur dem Zweck, die *Harmlosigkeit* dieser Gegenüberstellung zu betonen.

Unter einer *extensionalen Beschreibung* einer Menge verstehen wir die Aufstellung einer Liste, in der diejenigen Individuen, welche der Menge angehören, ausdrücklich angeführt sind. Alle anderen Arten von Beschreibungen nennen wir *intensionale Beschreibungen*. „Intensional" ist somit nur ein anderes Wort für „nicht-extensional".

Um herauszubekommen, ob die eine oder die andere Art von Beschreibung vorliegt, muß man *Klarheit über den Gegenstand der Beschreibung* gewonnen haben. Daß die in 4.b beschriebene Methode der paradigmatischen Beispiele als *intensional* bezeichnet worden ist, könnte nur jemanden verwundern, der nicht darauf achtet, was hier das *Objekt* der Beschreibung bildet und was *als Mittel für* die Beschreibung benützt worden ist. Das Objekt der Beschreibung war die Menge *I*. Als Mittel der Beschreibung diente dabei die paradigmatische Beispielsmenge I_0. Diese letztere wird natürlich in jedem Fall *extensional* beschrieben: die Liste ihrer Elemente wird explizit angeführt. Daß wir dennoch von einer intensionalen Beschreibung *der Menge I* sprachen, hatte seinen Grund darin, daß die Zugehörigkeit zu $I - I_0$ vom Vorliegen gewisser Merkmale abhängig gemacht wurde. Die früher geschilderte Vagheit in der Angabe dieser Merkmale wirkt sich ebenfalls höchstens auf diese Differenzmenge aus. Hinsichtlich der Zugehörigkeit zur Beispielsmenge I_0 selbst besteht keinerlei Vagheit.

Für die Gewinnung eines systematischen Überblickes über die Beschreibungsmöglichkeiten ist zu beachten, daß wir eine Differenzierung nach *drei* verschiedenen Arten von Entitäten vornehmen müssen. Ein erstes Beschreibungsobjekt ist *die Menge I als ganze*. Wenn wir ein Element von *I*, also ein physikalisches System (partielles potentielles Modell), herausgreifen, so haben wir es immer noch mit zwei Arten von Gegenständen zu tun: dem *Individuenbereich* und den ‚empirischen' *Funktionen*. Die Frage: „Ist die Beschreibung extensional oder intensional?" muß daher getrennt für die Individuen und für die Funktionen gestellt werden. *Eine* logische Kombinationsmöglichkeit kann man allerdings von vornherein ausschließen: eine intensionale Beschreibung des Individuenbereiches, verbunden mit einer extensionalen Beschreibung der darauf definierten Funktionen. Dies ist deshalb ausgeschlossen, weil die extensionale Beschreibung einer Funktion die extensionale Beschreibung des Definitionsbereiches dieser Funktion, *der mit dem Individuenbereich identisch ist*, einschließt. So gelangen wir zu einer ähnlichen Tabelle der logischen Beschreibungsmöglichkeiten wie SNEED[51]:

(1) *Extensionale Beschreibung von I:*

(*a*) rein extensionale Beschreibung jedes Elementes von *I*, d.h. extensionale Beschreibung von *D* sowie von $f_1, ..., f_n$ für jedes Element von *I*;

(*b*) partiell intensionale Beschreibung gewisser[52] Elemente von *I*, d.h. für gewisse Elemente von *I* wird *D* und $f_1, ..., f_j$ extensional und $f_{j+1}, ..., f_n$ intensional beschrieben ($0 \leq j \leq n-1$)[53];

(*c*) vollständige intensionale Beschreibung gewisser Elemente von *I*, d.h. für diese Elemente wird eine intensionale Beschreibung sowohl von *D* als auch von $f_1, ..., f_n$ gegeben.

(2) *Intensionale Beschreibung von I:*

(*a*) analog zu (1) (*a*);

(*b*) analog zu (1) (*b*);

(*c*) analog zu (1) (*c*).

Für die Diskussion aller Fälle nehmen wir eine gleichartige pragmatische Situation an und zwar am einfachsten durch Rückgriff auf **D14**: Gegeben sei eine Person, die über eine Theorie $\langle K, I \rangle$ im Sneedschen Sinn verfügt. Worauf läuft dieses Verfügen hinaus, wenn wir uns darauf konzentrieren, zu fragen, *wie dieser Person I gegeben ist?*

Klasse der Fälle (1)

Der *Unterfall* (*a*) ist der uninteressanteste aller Falltypen. Die Person *p* kennt hier genau die physikalischen Systeme, auf die sich die Theorie bezieht, d.h. sie kann diese Systeme alle aufzählen; ferner kann sie für jedes dieser Systeme die darin vorkommenden Individuen einzeln aufzählen; schließlich steht ihr sogar eine erschöpfende Liste der Werte aller nicht-

---

[51] SNEED [Mathematical Physics], S. 274.
[52] „Gewisser" heißt: „mindestens eines, möglicherweise aller".
[53] $j = 0$ soll bedeuten, daß *nur* der Individuenbereich extensional beschrieben wird.

theoretischen Funktionen zur Verfügung. Wozu wird da überhaupt noch eine Theorie benötigt? Sie hat jedenfalls keinen prognostischen oder explanatorischen Wert. Denn wie immer sie aussehen mag, sie ist *prinzipiell überflüssig*, da *sämtliche* Werte *aller* nicht-theoretischen Funktionen nach Voraussetzung unabhängig von ihr bereits gegeben sind. Wenn trotzdem theoretische Funktionen benützt werden, so läßt sich dies hier *nur* dadurch rechtfertigen, daß sie eine *syntaktische Vereinfachung* ermöglichen; die theoretischen Funktionen sind ohne Ausnahme Ramsey-eliminierbar[54]. Der Strukturkern K der Theorie wird daher entweder überhaupt keine theoretischen Funktionen enthalten oder höchstens solche, deren Verwendung sich nur durch einen Appell an die Vereinfachung der Beschreibung dessen, was auch mit nicht-theoretischen Funktionen beschrieben werden könnte, begründen läßt. *Vermutlich ist ein derartiger Fall in den exakten Naturwissenschaften niemals vorgekommen.*

Der *Unterfall* (b) ist der erste interessante Fall, obzwar auch hier die Elemente von I durch eine Liste gegeben sind und auch für jedes Element von I eine Liste für den Individuenbereich vorliegt. Betrachten wir ein Element von I, für das einige Funktionen nur intensional beschrieben sind. Der entscheidende Punkt ist der, daß wir für diese Funktionen die Werte, die sie annehmen, nicht für alle Individuen kennen. Hier ergibt es erstmals einen Sinn, für den Strukturkern Erweiterungen zu suchen, die neue postulierte Gesetze für die Voraussage von Werten nicht-theoretischer Funktionen enthalten. Theoretische Gesetze und allgemeine sowie spezielle Nebenbedingungen für theoretische Funktionen erlangen hier erstmals eine grundlegende Bedeutung. *Unsere Person wird versuchen, zu jeder Zeit t zu der schärfsten Theorienproposition $I_t \in A_e(E_t)$ zu gelangen, die mit den verfügbaren empirischen Daten verträglich ist*[55]. Diese schärfste Proposition wird sie dadurch

---

[54] Es möge nicht übersehen werden, daß zum Wissen der Person durchaus ein Wissen um empirische Gesetze gehören kann. In diesen Gesetzen werden Werte nicht-theoretischer Funktionen miteinander verknüpft. Dieses Wissen ist selbstverständlich, wie alles empirische Wissen, hypothetischer Natur. Die eben erwähnte Vereinfachung würde diese empirischen Gesetzmäßigkeiten betreffen. Es scheint, daß außer RAMSEY lange Zeit hindurch fast alle Wissenschaftstheoretiker geglaubt haben, die Leistungen theoretischer Funktionen bestünden immer *nur* in syntaktischen Vereinfachungen. Sollte dies zutreffen, so wäre dieser erste Unterfall immerhin von historischem Interesse, könnte einen aber zu der boshaften Bemerkung veranlassen, daß man bei der Analyse theoretischer Funktionen einen höchst uninteressanten und trivialen Grenzfall ‚als Paradigma wählte'. RAMSEY wäre, wie gesagt, von dieser Bemerkung auszuschließen.

[55] SNEED gibt a.a.O. auf S. 277f. eine detaillierte Analyse, in welcher er die zwei möglichen Fälle miteinander konfrontiert, daß Nebenbedingungen nur die *nicht-theoretischen* Funktionen betreffen und daß sie sich auf die *theoretischen* Funktionen allein beziehen. Dabei tritt die wichtige Rolle der *allgemeinen Nebenbedingungen für theoretische Funktionen* deutlich zutage. Das Ergebnis der Analyse besteht in der Vermutung, daß alle ‚wirklichen' physikalischen Theorien nur Nebenbedingungen für die *theoretischen* Funktionen enthalten.

gewinnen, daß sie die *kleinste* Klasse $\mathbb{A}_e(E)$ sucht, die einerseits mit den Daten verträglich ist und sich andererseits am besten für Voraussagen der noch nicht beobachteten Werte der nicht-theoretischen Funktionen eignet.

Nicht alle Versuche unserer Person werden von Erfolg gekrönt sein. Einige der von ihr postulierten speziellen Gesetze können *empirisch widerlegt* werden. Damit ist auch der zunächst von ihr aufgestellte zentrale empirische Satz (bzw. die entsprechende Theorienproposition) widerlegt. Wenn die allgemeinen Nebenbedingungen C nur die *theoretischen* Funktionen betreffen und wenn außerdem die speziellen Gesetze *theoretische* Gesetze sind, so wird p im Konfliktfall die zum Strukturkern gehörenden Nebenbedingungen beibehalten und die Gesetze preisgeben. Angesichts solcher Falsifikationen kann die Person trotzdem einem doppelten Optimismus huldigen: Sie wird erstens *die Theorie $\langle K, I \rangle$ selbst beibehalten* und sie kann außerdem *ihre Überzeugung beibehalten, daß eine nichtleere Erweiterung E von K sich als erfolgreich erweisen wird*. *Keine* empirischen Daten können für eine rationale Person einen *schlüssigen* Grund dafür abgeben, die Theorie preiszugeben. Sie können nicht einmal einen Grund dafür bilden, die Überzeugung fallenzulassen, daß eine mit den empirischen Daten verträgliche nichtleere, d. h. echte Erweiterung der Theorie möglich sei. Dieser Umstand ist es allerdings nicht, welcher den optimistischen Glauben *stützt*. Er ist nur ein Grund dafür, sich in dem *bereits anderweitig gerechtfertigten* Optimismus nicht erschüttern zu lassen. Diese ‚anderweitige Rechtfertigung' liegt in dem Wissen darum, daß die begriffliche Apparatur, welche wir den Strukturkern K der Theorie nennen, sich in der Anwendung auf die zu I gehörenden physikalischen Systeme wiederholt als ‚brauchbar' erwiesen hat, d. h. daß die Benützung dieser Apparatur für die Formulierung eines zentralen empirischen Satzes (einer Theorienproposition) in der Vergangenheit wiederholt zum Erfolg führte.

Wenn eben von Falsifikation die Rede war, so ist dieser Begriff natürlich mit den *bekannten Qualifikationen* zu versehen, die POPPER und seine Schüler betonen: erstens gilt diese Falsifikation nur relativ auf anerkannte Beobachtungsdaten; zweitens gilt sie auch nur relativ auf ein im gegenwärtigen Kontext nicht in Frage gestelltes Hintergrundwissen, welches ebenfalls Gesetzeshypothesen enthält (ceteris-paribus-Klausel).

Der *Unterfall* (c) unterscheidet sich vom vorigen dadurch, daß mehr Voraussagen möglich sind. Das „mehr" ist dabei nicht in einem bloß quantitativen, sondern in einem *qualitativen* Sinn zu verstehen: Es sind *neue Arten von Prognosen* möglich. Die Prognosen betreffen nämlich nun nicht mehr bloß die Werte, die nicht-theoretische Funktionen für gewisse Individuen annehmen, sondern die Anzahl der Individuen, die in den jeweils betrachteten, zu I gehörenden physikalischen Systemen vorkommen. Ein konkretes Beispiel bildet etwa die Entdeckung eines neuen Planeten im Sonnensystem. (Dieser Aspekt bleibt in wissenschaftstheoretischen Konzeptionen, die

Existenzhypothesen für metaphysische Aussagen erklären, unberücksichtigt.)

Ein weiterer *qualitativer* Unterschied tritt gegenüber dem Fall (1) (*b*) hinzu. Es handelt sich um eine *Immunität der Theorie*, die ‚auf höherer Ebene' bereits in 4.b zur Sprache kam. Sollte es sich erweisen, daß die — sei es theoretischen, sei es nicht-theoretischen Funktionen auferlegten — Nebenbedingungen nicht erfüllt werden können, so kann man beschließen, *diejenigen Individuen, welche die Schwierigkeiten verursachen, aus dem Bereich ‚herauszuwerfen'*. Wenn, wie im vorliegenden Fall, der Individuenbereich nicht durch eine Liste gegeben ist, sondern die Zugehörigkeit zu ihm durch Angabe einer *Eigenschaft* bestimmt wird, so kann man, statt eine empirische Falsifikation anzuerkennen, *den Irrtum an anderer Stelle lokalisieren:* Unsere Person *p* kann sagen, sie habe sich in der Annahme geirrt, daß die ‚widerstreitenden' Individuen die (den Individuenbereich charakterisierende) Eigenschaft besitzen. Es wäre ungerecht und grundlos, ein derartiges Verhalten irrational zu nennen. (Die analoge Situation von 4.b lag insofern auf ‚höherer Ebene', als es dort nicht wie hier um die Frage ging, welche Objekte als Elemente des Individuenbereiches eines konkreten physikalischen Systems (partiellen potentiellen Modells) zu gelten haben, sondern *welche physikalischen Systeme* als Elemente der Menge *I* der intendierten Anwendungen einer Theorie zu gelten haben.)

SNEED führt einen dritten qualitativen Unterschied an: die Möglichkeit der Messung theoretischer Funktionen *mittels neuer und bequemerer Methoden*. Der leitende Gedanke ist dabei der, die fraglichen Berechnungen durch *Aufsuchen neuer Individuen* zu vereinfachen. Wie sich bei genauerer Betrachtung seiner Analyse zeigt, müssen zur Durchführung dieses Projektes geeignete *andere Elemente von I*, also andere als partielle potentielle Modelle wählbare physikalische Systeme aufgesucht werden. Die Suche nach solchen physikalischen Systemen ergibt aber nur dann einen Sinn, wenn die zu *I* gehörenden Elemente nicht bereits durch eine Liste vorgegeben sind, wie dies für den Unterfall (1)(*c*) angenommen wird. Unter diesem Gesichtspunkt wäre es zweckmäßiger gewesen, wenn SNEED die in [Mathematical Physics] auf S. 281, mittlerer Absatz, angestellte Analyse auf den Unterfall (*c*) der *intensionalen* Beschreibung von *I* verschoben hätte.

Klasse der Fälle (2)

Obzwar es denkbar ist, daß Fälle vom Typ (1) (*b*) und (1) (*c*) eintreten, dürften die wirklich interessanten Fälle der Physik alle zur Klasse (2) gehören. Auch das Newton-Beispiel gehört zweifellos hierher: weder zu NEWTONs Zeiten noch später herrschte die Auffassung vor, daß die gegebenen Anwendungsbeispiele der Newtonschen Theorie *die einzigen* Anwendungsmöglichkeiten darstellen.

Daß mit der Feststellung, wonach ‚alles Interessante' in die zweite Klasse hineingehört, dennoch die obigen Überlegungen zu den beiden genannten Unterfällen nicht wertlos werden, beruht auf der Übertragbarkeit dieser Überlegungen auf die paradigmatische Beispielsmenge von 4.b. Anders ausgedrückt: Wenn man die Menge I_0 von 4.b für die Menge I substituiert, so sind diese beiden Spezialfälle von (1) auf diese Menge I_0 anwendbar; denn trotz der intensionalen Charakterisierung von I ist ja die spezielle Teilmenge I_0 von I explizit extensional gegeben.

Man kann noch darüber hinausgehen: Wie wir sogleich sehen werden, existiert nämlich in *allen* Unterfällen der Klasse (2) eine extensional gegebene Teilmenge von I, auf die dann die Überlegungen zur Klasse der Fälle (1) ebenso übertragen werden können, wie dies soeben für die paradigmatische Teilklasse I_0 festgestellt worden ist.

Aus dem zuletzt genannten Grund haben sämtliche zu (2) gehörenden Fälle eine gewisse formale Ähnlichkeit, die es als überflüssig erscheinen läßt, die drei möglichen Unterfälle getrennt zu behandeln. Es sei nur erwähnt, daß der Unterfall (a) nicht, wie es prima facie scheinen könnte, ausgeschlossen ist und daß er außerdem nicht *so* trivial ist wie der Falltyp (1) (a). Mit einem Fall (2) (a) hätten wir es dann zu tun, wenn I zwar durch eine intensionale Beschreibung gegeben wäre, wenn es sich jedoch zufälligerweise herausstellen sollte, daß man für jedes physikalische System, welches man als Element von I entdeckt, über eine Liste der zugehörigen Individuen sowie über den Wertverlauf der zugehörigen Funktionen verfügt. Die ‚Trivialitätsabnahme' gegenüber (1) (a) besteht darin, daß diesmal *die Suche nach neuen partiellen potentiellen Modellen* sinnvoll ist und daß sich die allerdings auch diesmal wieder bescheidene Effizienz einer theoretischen Apparatur erhöhen könnte.

Zur Verifikation der obigen Behauptung gehen wir davon aus, daß die Person p zur Zeit t über die Theorie $\langle K, I \rangle$ im Sinn von SNEED verfügt (vgl. **D14**). Ferner halten wir eine unmittelbare Folgerung der früheren Definitionen fest: Wenn für eine Erweiterung E des Strukturkernes K die Proposition $I \in A_e(E)$ eine wahre Theorienproposition ist, so ist auch für jede Teilmenge $H \subset I$ die Proposition $H \in A_e(E)$ wahr.

Es sei nun I_t die Vereinigung aller Mengen I^*, für die erstens gilt, daß p zur Zeit t glaubt, daß $I^* \subseteq I$, und welche zweitens die Bedingung erfüllen, daß p eine extensionale Beschreibung davon besitzt. I_t enthält also sämtliche Individuen, deren Zugehörigkeit zu I die Person p zu t aufgrund von Listen feststellen könnte. I_t *ist die oben angekündigte Menge.* Außerdem kann man sagen: *Falls* $\langle K, I_t \rangle$ *eine physikalische Theorie im Sinn von* SNEED *ist, so verfügt die Person zur Zeit t über diese Theorie im Sinn von* SNEED.

Zu der letzteren Aussage sei eine kurze Erläuterung eingefügt: Wegen der eben erwähnten Folgerungen aus früheren Definitionen dürfen wir annehmen, daß p zu t glaubt, daß $I_t \in A_e(E_t)$ für eine schärfste Erweiterung von der Art E_t, die in **D14** angeführt ist. Ferner dürfen wir annehmen, daß p davon überzeugt ist, eine Erweiterung E zu finden, mit der sie eine noch stärkere Proposition dieser Art über I_t behaupten kann. Die Wendung „wir dürfen annehmen" ist dabei so zu verstehen, daß wir hierbei voraussetzen, *p glaube an gewisse logische Folgerungen* derjenigen Propositionen, an die sie nach Voraussetzung im Sinn von **D14** glaubt.

Die obige Bedingung „falls $\langle K, I_t \rangle$ eine physikalische Theorie ist", mußten wir wegen des ‚platonistischen' Bestandteiles (1) von **D14** einfügen. In dieser Teilbestimmung ist ja nicht davon die Rede, daß *p glaubt, $\langle K, I \rangle$ sei eine physikalische Theorie*, sondern davon, daß $\langle K, I \rangle$ eine physikalische Theorie *ist* (im Sinn von **D14**).

Wenn wir nun die Frage nach der Art der intensionalen Beschreibung von I stellen, so ist darauf genau die Antwort zu geben, welche bereits in 4.b ausführlich behandelt worden ist. Vom systematischen Standpunkt wäre es zweckmäßig gewesen, die dortigen Überlegungen erst hier einzufügen (was jetzt natürlich nachträglich wieder geschehen kann). Da der logische Zusammenhang zwischen dem Wittgensteinschen und dem Kuhnschen Begriff des Paradigmas aber schwerer zu erfassen ist als die jetzige systematische Klassifikation, erschien es aus naheliegenden außersystematischen Gründen als zweckmäßig, die Betrachtungen über die paradigmatische Teilmenge I_0 von I vorzuziehen.

Außerdem ist zu hoffen, daß der in der Denkweise des ‚Kritischen Rationalismus' aufgewachsene Leser in der Zwischenzeit den ‚Immunitätsschock' überwunden hat, den der dort aufgezeigte Nachweis von der Immunität einer Theorie gegen mögliche empirische Falsifikation ausgelöst haben könnte. Auf niedrigerer Stufe ist uns in der Zwischenzeit eine analoge Situation im Unterfall (1) (*c*) begegnet.

Die möglichen rationalen Reaktionen unserer Person p kann man jetzt unter Verwendung der eben eingeführten allgemeineren Menge I_t charakterisieren. Wir setzen dabei voraus, daß p über die Theorie $\langle K, I \rangle$ verfügt, jedoch zu ihrem Bedauern entdecken muß, daß für die zu t gebildete schärfste Erweiterung E_t von K die Proposition $I_t \in \mathbb{A}_e(E_t)$ falsch ist. p steht vor der folgenden Alternative:

(A) *p läßt den Glauben an die Richtigkeit von $I \in \mathbb{A}_e(E_t)$ fallen*. Anschaulich gesprochen bedeutet dies das Eingeständnis von p, bei der Konstruktion der Kernerweiterung E_t etwas falsch gemacht zu haben. Wegen der an früherer Stelle geschilderten ‚relativen Immunität der Nebenbedingungen gegenüber den Gesetzen' wird sie im Normalfall den Grund für das Versagen in speziellen, von ihr postulierten Gesetzen lokalisieren. Sie wird also *spezielle Gesetze, die in E_t aufgenommen worden sind, preisgeben* und den damit fallengelassenen erweiterten Strukturkern E_t *durch eine andere Kernerweiterung E_t' zu ersetzen suchen, so daß $I \in \mathbb{A}_e(E_t')$* mit den Daten im Einklang steht. Diese Formulierung enthält bereits die Teilaussage, *daß p die Theorie selbst nicht preisgibt*.

(B) *p glaubt weiterhin, daß $I \in \mathbb{A}_e(E_t)$ richtig ist*. Da sie sich aber nach unserer Voraussetzung bereits von der Falschheit von $I_t \in \mathbb{A}_e(E_t)$ überzeugt hat, muß sie zugeben, sich bei der Annahme von $I_t \subseteq I$ geirrt zu haben. Dies wiederum läuft darauf hinaus, daß p sich entschließt, gewisse physikalische Systeme, die sie zunächst für Kandidaten korrekter Anwendung ihrer Theorie hielt, aus der Menge der intendierten Anwendungen I ihrer Theorie zu entfernen. Dies ist der Punkt, auf den wir bereits in 4.b (mit I_0 statt I_t) zu sprechen kamen. So etwa hat man, als die klassische Partikelmechanik gegenüber optischen Phänomenen — auf die sie nach NEWTONs Vorstellungen anwendbar sein sollte — versagte, *nicht den Schluß gezogen, daß die klassische Partikelmechanik damit widerlegt sei*, sondern man hat mit der Feststellung reagiert, *daß Licht ‚nicht aus Partikeln besteht'*. Dies könnte man als ein typisches Beispiel für die Wahl der zweiten Alternative betrachten.

Natürlich bestünde auch hier bereits die prinzipielle dritte Möglichkeit, die Theorie selbst zugunsten einer anderen preiszugeben. Dies entspräche dem, was KUHN einen *revolutionären Fortschritt* der Wissenschaft nennt. Die beiden eben angeführten Alternativen können dagegen als Versuche angesehen werden, Teilaspekte dessen, was man mit KUHN *eine Entwicklung oder einen Fortschritt der normalen Wissenschaft* nennen kann, möglichst korrekt zu beschreiben. Diese Beschreibung ist deshalb von besonderer Wichtigkeit, weil gegen KUHN ja vor allem *der* Vorwurf erhoben worden ist, er unterstelle den ‚normalen Wissenschaftlern' ein irrationales Verhalten.

Demgegenüber ist hier gezeigt worden, daß sowohl bei einem Beschluß vom Typ (A) als auch bei einem Beschluß vom Typ (B) im Fall des Auftretens widerstreitender Erfahrungsdaten die Immunität der Theorie selbst gewährleistet ist und daß diese Immunität in allen Fällen mit einem Verhalten von p verträglich ist, welches man als streng rational bezeichnen kann.

Diese letzten Bemerkungen gelten nur cum grano salis. Sie enthalten nämlich insofern einen Vorgriff auf Späteres, *als der Begriff des Verfügens über eine physikalische Theorie im Sinn von* KUHN, *der in einigen Hinsichten wesentlich stärker ist als der in* **D14** *eingeführte Begriff, erst an späterer Stelle zur Sprache kommen wird.*

Den beiden möglichen Reaktionen auf ‚negative Instanzen' entsprechen *zwei mögliche Weisen des Fortschrittes im Rahmen der ‚normalen Wissenschaft', d.h. des Fortschrittes unter Beibehaltung einer und derselben Theorie*. Die *erste* Fortschrittsmöglichkeit ist dieselbe, die bereits im Fall der extensionalen Charakterisierung von I auftrat: die sukzessive Entdeckung von Erweiterungen $E_1, E_2, \ldots, E_i, \ldots$ von K, so daß $A_e(E_1) \supset A_e(E_2) \supset \cdots \supset A_e(E_i)$ $\ldots$, für welche die an Gehalt zunehmenden Aussagen $I_t \in A_e(E_i)$ für richtig befunden werden. Die *zweite* Fortschrittsmöglichkeit, die es nur bei intensionaler Charakterisierung von I gibt, besteht in der Entdeckung neuer und neuer Elemente von I, d.h. in Entdeckungen von der folgenden Art: wenn t_j ein späterer Zeitpunkt ist als t_i, so gilt $I_{t_i} \subset I_{t_j}$.

Wir haben oben darauf hingewiesen, daß für die Falltypen (2) keine systematische Betrachtung der drei Unterfälle erfolgen soll. Es sei abschließend nur darauf hingewiesen, daß sich die bereits für den Typ der extensionalen Gegebenheit von I hervorgehobenen Besonderheiten der Unterfälle (b) und (c) auf den jetzigen Falltyp übertragen. Insbesondere gibt es, wenn wie im Fall (2) (c) *alles* intensional charakterisiert ist, bei widerstreitenden Erfahrungen *sowohl* die Möglichkeit, Individuen aus einem gegebenen Individuenbereich auszuschließen, *als auch* die Möglichkeit, ganze physikalische Systeme aus I zu entfernen, sofern sie nicht der paradigmatischen Beispielsmenge angehören.

5.b Bemerkungen zu einem imaginären Beispiel von I. Lakatos.
Als Vorbereitung für seine Charakterisierung des Unterschiedes zwischen ‚naivem' und ‚aufgeklärtem' (‚sophisticated') Falsifikationismus erzählt LAKATOS in [Research Programmes], auf S. 100 f. eine imaginäre Geschichte über ‚planetarisches Fehlverhalten'. Mit dieser Geschichte verfolgt er den Zweck, zu zeigen, daß es im Widerspruch zu der Auffassung des ‚naiven Falsifikationismus' selbst anerkannten und bewunderten naturwissenschaftlichen Theorien nicht gelingt, beobachtbare Sachverhalte zu verbieten. Die Geschichte von LAKATOS soll zunächst referiert und dann in einer etwas anderen Weise gedeutet werden. Diese andersartige Deutung erfolgt nicht zu dem Zweck, um gegen die Interpretation von LAKATOS zu polemisieren, sondern um einen Aspekt dessen, was wir in 5.a die vollständige intensionale Beschreibung nannten, mittels eines Beispiels zu veranschaulichen.

Den Ausgangspunkt bildet ein Physiker aus der vor-Einsteinschen Ära, der die Newtonsche Mechanik und das Gravitationsgesetz N sowie akzeptierte Anfangsbedingungen A dazu benützt, um die Bahn eines kürzlich entdeckten Planeten p zu berechnen. Angenommen, die Theorie N verbiete eine Abweichung von der vorausberechneten Bahn. Dann müßte N als *widerlegt* gelten, sobald die Feststellung erhärtet ist, daß die Bahn von p von der berechneten Bahn abweicht. Tatsächlich wird jedoch der Newtonsche Physiker *nicht* so reagieren. Er wird vielmehr eine derartige Abweichung dadurch erklären, daß er annimmt, *ein bislang noch nicht entdeckter Planet p' störe die Bahn von p*. Er berechnet die Masse, Umlaufbahn usw. des hypothetisch angenommenen Planeten p' und beauftragt einen experimentellen Astronomen, diese seine Hypothese zu prüfen. Es stellt sich heraus, daß p' selbst mit den stärksten Teleskopen nicht beobachtet werden kann. Der Astronom beantrat Geldmittel für den Bau eines Teleskops, das wesentlich stärker ist als die vorher verfügbaren. Sollte p' entdeckt werden, so würde dies als Sieg der Newtonschen Theorie gefeiert werden. Der Planet wird jedoch *nicht* entdeckt. Müßte der Physiker jetzt die Theorie N *preisgeben*? *Nein:* Er stellt die Hypothese auf, daß eine Wolke von kosmischem Staub diesen Planeten vor uns verbirgt. Er berechnet Ort und Eigenschaften dieser Wolke und beantragt Geldmittel, diesmal für den Bau eines Satelliten, um seine Berechnungen zu überprüfen. Würden die Instrumente des Satelliten die Existenz der hypothetisch angenommenen Wolke anzeigen, so nähme man dies wieder zum Anlaß, diese Entdeckung als großen Sieg der Newtonschen Theorie zu feiern. Die Wolke aus kosmischem Staub wird jedoch *nicht* gefunden. Gibt der Newtonianer jetzt endlich nach und gesteht er ein, daß seine Theorie der Prüfung *nicht standgehalten* habe? *Nein*: Er stellt die Vermutung auf, daß in diesem Bereich ein magnetisches Feld existiert, welches die Instrumente des Satelliten störte. Ein neuer Satellit zur Prüfung dieser Behauptung wird abgesandt. Würde man das magnetische Feld finden, so feierten die Newtonianer einen sensationellen Sieg. Es wird jedoch *nicht* entdeckt. Wird jetzt endlich die ‚Newtonsche Naturwissenschaft' als widerlegt betrachtet? *Nein*. Vielleicht werden noch einige Versuche unternommen. Wenn diese ebenfalls wieder ein negatives Ergebnis zeigen, wird die ganze Geschichte in die Archive gestellt, wo sie verstauben kann, ohne jemals wieder erwähnt zu werden.

Wenn man diese Geschichte hört, empfindet man widerstreitende Gefühle. Auf der einen Seite *scheint* hier eine Art von irrationalem Verhalten vorzuliegen, das in der Wahl immer neuer ‚ad-hoc-Hypothesen' seinen Ausdruck findet. Auf der anderen Seite *scheint* man das Verhalten des Physikers irgendwie billigen zu können, der nicht die Geduld an seiner Theorie verliert, sondern an der ganzen Geschichte, die er dann vielleicht mit den Worten: „Ach was, langsam wird mir das zu dumm!" in die nicht mehr gelesenen Archive verbannt.

Zunächst ist zu beachten, daß nach unserer Terminologie überhaupt keine *Theorie* zur Diskussion steht, sondern nur ein sehr spezielles Gesetz, das man preisgeben könnte, ohne daß dies irgendeinen Effekt für den Strukturkern der Theorie hätte. Innerhalb der Sneedschen Rekonstruktion der Newtonschen Theorie würde dieses Gesetz aus dem Grundprädikat sogar durch eine vierfache Spezialisierung hervorgehen.

Die technischen Einzelheiten findet der Leser bei SNEED, [Mathematical Physics], auf S. 140 und 141. Das die klassische Partikelmechanik charakterisierende Grundprädikat müßte zunächst zum Begriff der Newtonschen klassischen Partikelmechanik spezialisiert werden. Die weiteren Spezialisierungen führen zu Abstandskräften, umgekehrten Quadrat-Kräften und Gravitationskräften. Das mengentheoretische Prädikat, welches das in Frage stehende Gesetz beschreibt, wäre umgangssprachlich durch den zungenbrecherischen Ausdruck wiederzugeben: „ist eine Abstands-, umgekehrte Quadrat-, Gravitations-, Newtonsche klassische Partikelmechanik". Der Leser kann diesen Begriff ohne Mühe auch der Skizze in VIII, 6.a und 6.d entnehmen.

Doch dieser Punkt soll im gegenwärtigen Zusammenhang als unwesentlich betrachtet werden, könnte man doch das Problem der empirischen Nachprüfung *auf dieses spezielle Gesetz* beschränken. Der andere, wesentlichere Punkt betrifft die Frage der Individuen des vorliegenden Bereiches. Es dürfte hier ein ganz typischer Fall der Art (2) (*c*) von 5.a vorliegen. Bezüglich *I* haben wir uns dies bereits klargemacht. Doch um diese ‚höhere Ebene' der Menge *I* der intendierten Anwendungen geht es hier nicht (so daß wir ebensogut (1) (*c*) wählen könnten). Daß ein Unterfall vom Typ (*c*) vorliegt, können wir als gesichert voraussetzen. Durch das Merkmal „ist ein Planet" wird keine explizit extensionale, sondern eine *intensionale* Beschreibung der Individuen dieser besonderen Anwendung der klassischen Partikelmechanik vorgenommen: ein Planet ist etwas, das so ähnlich wie Merkur, Venus, Erde, Mars, Jupiter usw. sich auf Bahnen von der und der Art um die Sonne bewegt. Damit aber entsteht bezüglich der Frage der Zugehörigkeit zum Individuenbereich die in 5.a beschriebene Offenheit, die durch die Theorie selbst entschieden wird. An früherer Stelle haben wir zwar nur die eine Art von Möglichkeit in Betracht gezogen, daß ‚etwas aus dem Bereich herausgeworfen' wird (Stufe der Anwendung: Individuen; um 1 höhere Stufe *der Menge I* der Anwendungen: physikalische Systeme). Es kann sich jedoch umgekehrt ergeben, daß der ‚hartnäckige Widerstand der Erfahrung gegen die Theorie' nur dadurch gebrochen werden kann, daß man neue Individuen in den Bereich aufnimmt. Ein besonders gelagerter Fall dieser Art liegt hier vor. Den Feststellungen, daß der störende Planet p' empirisch *nicht* entdeckt worden sei, könnte der ‚Newtonsche Physiker' daher entgegenhalten: „er *ist* ja durch mich bereits entdeckt worden!" Die spezielle Art von Verwendung, die er von seiner Theorie gemacht hat, läuft bei Vorliegen der geschilderten Umstände auf ein *Entdeckungsverfahren für Individuen des Bereiches*, d.h. hier: für Planeten, hinaus[56].

Der Testtheoretiker wird vermutlich protestieren und sagen, der pragmatische Kontext sei damit geändert worden und dadurch sei ein Stück ‚intellektueller Unredlichkeit' in die Diskussion hineingebracht worden: zunächst sollte ein Gesetz getestet werden; jetzt wird plötzlich das Prüfungsverfahren in ein ‚*Entdeckungsverfahren für Individuen*' umgedeutet. Es kommt darauf an *einzusehen, daß und warum eine solche Reaktion vollkommen verfehlt wäre*. Um die angebliche Prüfungssituation überhaupt beschreiben zu können, müßte man ja davon ausgehen können, daß eine *Liste* vorliegt, welche genau die Planeten enthält. *Eine solche Annahme kann man nicht machen*. (*Hat* NEWTON *jemals behauptet, daß es weniger als 63000 Planeten gibt?* Und wenn er etwas von dieser Art behauptet hätte: es wäre als unbegründet nicht ernst zu nehmen.) Gemeint ist damit: Eine solche Annahme beruhte auf einer ‚metaphysischen' Fiktion im schlechten Sinn des Wortes. Es ist, um wieder das Beispiel von „Spiel" heranzuziehen, als ob jemand zunächst WITTGENSTEIN zugestehen würde, daß man den Begriff des Spieles nur durch die Methode der paradigmatischen Beispiele festlegen könne, um dann plötzlich zu sagen: „jetzt wollen wir aber doch die Annahme machen, es sei uns eine Liste aller Spiele gegeben". WITTGENSTEIN hätte darauf mit

---

[56] Daß es wünschenswert ist, sich der Existenz von Individuen durch mehrere ‚voneinander unabhängige Methoden' zu versichern, soll damit natürlich nicht bestritten werden. Das imaginäre Beispiel beschreibt einen Fall, in dem dieser Wunsch — leider — nicht in Erfüllung ging.

Recht erwidert: „*du hast offenbar die Methode der paradigmatischen Beispiele nicht verstanden*".

Möglicherweise trägt das Überdenken dieses imaginären Falles von LAKATOS durch den Leser dazu bei, unsere Äußerungen über die Immunität der Theorie gegen ‚widerstreitende Erfahrung' besser zu verstehen. Das Verhalten unseres *imaginären* Newtonianers ist *genausowenig ‚irrational'* wie das des *wirklichen* Newtonianers, der eines Tages erklärte: „das Licht besteht nicht aus Partikeln". Es besteht nur der zweifach formale Unterschied, daß es sich im einen Fall um ‚Einbeziehung', im anderen Fall um ‚Hinauswurf' handelt und daß sich der zweite Fall auf einer um 1 höheren Stufe abspielt (d. h. im einen Fall geht es um die Frage, ob ein Objekt Element des Individuenbereiches eines ganz bestimmten Elementes von I ist, im anderen Fall um die Frage, ob etwas Element von I ist).

Da es sich im gegenwärtigen Fall nur darum handelte, die Benützung einer Theorie zum ‚Schluß auf ein neues Individuum' eines intensional gegebenen Individuenbereiches zu erläutern, waren die obigen Bemerkungen nicht sehr präzise. Wie die genauere Analyse auszusehen hätte, könnte nur im Rahmen einer detaillierten Behandlung der Newtonschen klassischen Partikelmechanik gezeigt werden. Dazu ist bereits in VIII.5.a eine Andeutung beim Unterfall (*a*) gemacht worden. Die Ramsey-Methode kam zwar dort *nur in ihrer ursprünglichen Fassung* (**II**) zur Sprache; doch bildet dies im gegenwärtigen Zusammenhang keine Beeinträchtigung, da die anderen Anwendungen der klassischen Partikelmechanik keine Rolle spielen. Das konkrete Beispiel betraf die Entdeckung des Planeten Neptun im Jahre 1846. Vorausgesetzt wird hierbei, daß eine Aussage von der Gestalt (**II**) bereits als gut bewährte Aussage zur Verfügung steht, und zwar für das im obigen Text erwähnte, alltagssprachlich nur sehr umständlich zu beschreibende Prädikat, das N heißen möge.

Die formale Struktur des ‚Schlusses auf ein neues Individuum' sieht dann ungefähr folgendermaßen aus: „Da (**II**) bestens bestätigt ist (sich bestens bewährt hat), es jedoch ausgeschlossen ist, die Bahnen der bis 1846 bekannten Planeten auf solche Weise zu einem x zu ergänzen, daß x ein Modell für N bildet, muß es einen bislang nicht beobachteten Planeten geben." Größe, Bahn sowie sonstige Beschaffenheiten dieses Planeten ergeben sich aus der Aufgabe, daß seine Hinzunahme zum Individuenbereich (Menge der Planeten) die ohne ihn gescheiterte Ergänzung zu einem Modell von N ermöglichen muß.

6. Ein pragmatisch verschärfter, inhaltlicher Begriff der Theorie. Das Verfügen über eine Theorie im Sinn von Kuhn

6.a Die pragmatischen Elemente des Kuhnschen Theorienbegriffs.

Die Betrachtungen in 4.b und 5, welche sich auf die intensionale Charakterisierung von I mit Hilfe einer paradigmatischen Beispielsmenge I_0 bezogen, waren rein *semantischer* Natur. Für den Theorienbegriff von KUHN ist es wesentlich, daß die Menge I_0 darüber hinaus eine *pragmatische Bedeutung* für die Theorie hat, deren Anwendungsbereich sie paradigmatisch charakterisiert. Wir wollen versuchen, die Natur dieser pragmatischen Komponente aufzuklären und in den Theorienbegriff sowie in einen entsprechen-

Begriff des Verfügens über eine Theorie einzubauen. Dabei wird es sich erweisen, daß wir zwar auf die Begriffe von **D13** und **D14** zurückgreifen können, daß aber außer I_0 auch noch andere außerlogische Begriffe benötigt werden.

Bei der Definition des Theorienbegriffs im Sinn von KUHN wird sich eine stärkere Abweichung vom Vorgehen SNEEDs als notwendig erweisen. SNEED versucht nämlich, sein früheres Vorgehen in dem Sinn zu parallelisieren, daß er auch diesen stärkeren Theorienbegriff rein logisch charakterisiert und die pragmatischen Aspekte erst in den Begriff des Verfügens über eine Theorie einbaut. Auf diese Weise dürfte sich jedoch das Ziel nicht erreichen lassen. SNEED fordert nämlich für den neuen Theorienbegriff praktisch nichts weiter, als daß $I_0 \subseteq I$ zu den Bestimmungen von **D13** hinzutritt. Da aber wegen des Verzichtes auf pragmatische Zusatzbestimmungen für I_0 *irgendeine beliebige Teilmenge von I* gewählt werden kann, wird dadurch *nur scheinbar* ein stärkerer Theorienbegriff gewonnen.

Der Grundgedanke läßt sich am besten durch einen abstrakten Beispielsfall erläutern, der so geartet ist, daß nach der Definition **D14** zwei Personen über *dieselbe* Theorie verfügen, nach der Intention von KUHN hingegen über *verschiedene* Theorien[57]. Es handle sich um zwei Physiker, die im Sinn von **D14** über die physikalische Theorie $\langle K, I \rangle$ verfügen. Wir wollen sogar annehmen, daß beide den Strukturkern K in genau derselben Weise erweitern, um diese Erweiterung auf dieselbe Menge I anzuwenden.

„Was kann denn hier noch verschieden sein?" könnte man fragen. Die Antwort lautet: die *historische Ausgangsbasis* könnte in beiden Fällen eine andere gewesen sein. Im einen Fall war diese Ausgangsbasis eine paradigmatische Beispielsmenge I_0, im anderen war es eine davon verschiedene paradigmatische Beispielsmenge I_0^*[58]. Bei Zugrundelegung des früheren Begriffsapparates müßten wir diese Situation folgendermaßen charakterisieren: „Die beiden Physiker verfügen über *dieselbe Theorie*. Sie benützen sogar dieselben erweiterten Strukturkerne, um *dieselbe Theorienproposition* zu behaupten[59]. Der einzige Unterschied besteht darin, *daß zufälligerweise die Theorie im einen Fall in anderer Weise ins Leben gerufen wurde als im anderen Fall*: Man ist nicht von denselben paradigmatischen Beispielen ausgegangen." Der Kuhnschen Denkweise würde es dagegen entsprechen, folgendermaßen zu argumentieren: „Da die beiden Physiker von ganz verschiedenen paradigmatischen Beispielsmengen ausgegangen sind, haben sie auch *mit*

---

[57] Der Unterschied wird in ähnlicher Weise bei SNEED a.a.O. auf S. 293 dargestellt.
[58] Um den Beispielsfall möglichst drastisch zu machen, können wir annehmen, daß diese beiden Mengen disjunkt sind. Um andererseits eine überflüssige Komplikation zu vermeiden, nehmen wir an, daß *die beiden Physiker selbst* (und nicht etwa Vorfahren von ihnen) von den paradigmatischen Beispielsmengen I_0 bzw. I_0^* ausgingen.
[59] Wir können darüber hinaus sogar annehmen, daß beide denselben zentralen empirischen Satz der Theorie aufstellen.

ganz verschiedenen Theorien begonnen. Das Gemeinsame zwischen beiden besteht nur darin, *daß sie rein zufällig zu denselben Resultaten gelangt sind.*"

Nimmt man diesen letzten Gedanken ernst, so liegt es nahe, den Paradigmenbegriff selbst in den Theorienbegriff miteinzuschließen.

SNEED geht noch einen Schritt weiter, indem er annimmt, daß die Theorie auch *mit einer speziellen Kernerweiterung* E_0 begonnen hat. Wir übernehmen diesen Gedanken nicht. Denn entweder handelt es sich bei E_0 um eine *echte* Erweiterung, die ganz bestimmte Einzelgesetze und spezielle Nebenbedingungen enthält. Dann würden wir *diese besonderen Bestimmungen*, die in der Zwischenzeit vielleicht längst preisgegeben worden sind, in den Theorienbegriff miteinbeziehen. Dies erscheint nicht als plausibel. Oder aber wir wählen *keine echte* Erweiterung, sondern die ,Nullerweiterung', die man dadurch definieren könnte, daß die Klasse G der Gesetze mit der Einerklasse $\{M\}$ identisch ist. Dann kann die Erwähnung dieser Erweiterung unterbleiben.

Dagegen erscheint es als unausweichlich, den am obigen imaginären Beispiel angedeuteten Gedanken noch weiter auszubauen und seine Explikation in den Theorienbegriff miteinzubeziehen. Dazu muß man sich klarzumachen versuchen, welche Komponenten nach dem Konzept von KUHN *Invarianten* sind und welche Komponenten sich bei Gleichbleiben der Theorie *ändern* können. Die Invarianten zerfallen in zwei Teile. Der erste Teil besteht aus derjenigen mathematischen Teilstruktur der Theorie, die gleichbleiben muß, um von *derselben* Theorie reden zu können. Dies ist der *Strukturrahmen* sowie der *Strukturkern K*. Es genügt, K zu erwähnen, da der Strukturrahmen als Teilstruktur darin enthalten ist. *Diese Komponente kann rein logisch charakterisiert werden.* Der zweite Teil besteht aus der *paradigmatischen Beispielsmenge* I_0. Nach KUHN *ist für die Identität der Theorie im Zeitablauf das Festhalten an eben diesem* I_0 *wesentlich*. Da sich dieses Festhalten an I_0 aber in nichts anderem manifestieren kann als *in einem bestimmten Glauben an die Anwendbarkeit der Theorie auf* I_0, findet auch der Begriff des *Glaubens* selbst notwendig Eingang in den Kuhnschen Theorienbegriff. Was sich im Zeitablauf ändern kann, besteht ebenfalls aus einer rein logisch charakterisierbaren und einer nur pragmatisch beschreibbaren Komponente. Das erste besteht in den verschiedenen Kernerweiterungen E_i, das letztere in den physikalischen Systemen, die zu $I - I_0$ gerechnet werden. Wieder ist es *der Glaube an die Veränderlichkeit von* $I - I_0$, der irgendwie in den Theorienbegriff Eingang finden muß.

Zwei weitere pragmatische Bestimmungen treten hinzu, in denen die folgenden beiden Gedanken ihren Niederschlag finden: Es muß einen *Menschen* oder eine *Gruppe von Menschen* gegeben haben, der (die) mit K und I_0 den Anfang gesetzt hat, so daß durch diese Festlegung auch bereits die prinzipielle Entscheidung über die variablen und invarianten Teile der Theorie *im Zeitablauf* gefällt wurde.

Insgesamt scheint man also auf vier außerlogische Begriffe zurückgreifen zu müssen, um zu einer Charakterisierung des Theorienbegriffs im Sinn von

Kuhn zu gelangen, nämlich auf die Begriffe: *Mensch*, *Glaube* oder *Überzeugung*, *paradigmatische Beispielsmenge* und *Zeitablauf*. Schließlich wird sich zeigen, daß man auch die beiden früheren (schwächeren) Begriffe der Theorie (**D13**) und des Verfügens über eine Theorie (**D14**) benötigt. Damit finden auch alle pragmatischen Aspekte des Begriffs des Verfügens über eine Theorie im Sinn von Sneed nicht erst Eingang in den Begriff des *Verfügens* über eine Theorie im Sinn von Kuhn, sondern bereits *in den Begriff der Theorie im Sinn von Kuhn selbst*.

6.b Theorie und Verfügen über eine Theorie im Sinn von Kuhn.
Nach den vorbereitenden Überlegungen von 6.a soll mit den Explikationsversuchen begonnen werden. Die bisherigen Begriffe der Theorie und des Verfügens über eine Theorie haben einen Schönheitsfehler: Es wird darin stets Bezug genommen auf eine ‚platonische' Wesenheit I der ‚wahren' intendierten Anwendungen. Ein solcher Begriff paßt nicht in eine befriedigende Rekonstruktion der Auffassung von Kuhn. Zum Unterschied von Sneed befreien wir uns von diesem Platonismus durch die Forderung, daß I keine abgeschlossene, sondern eine *offene* Menge darstellen soll, von der zunächst nur verlangt wird, daß sie die paradigmatischen Beispiele einschließt, d.h. daß gelten soll: $I_0 \subseteq I$. (Diese Zusatzbestimmung ist in die übernächste Definition explizit aufgenommen worden.) Die Erweiterung über die Ausgangsmenge I_0 erfolgt später nach einer festen Regel, der Regel der Autodetermination.

Eine Alternative zu diesem Vorgehen bestünde darin, sich von der Bezugnahme auf eine Menge I völlig zu befreien. Als ‚Bezugspunkt' könnte dann statt dessen die durch den Kern festgelegte Klasse $\overline{A} = \overline{R}(Pot(M) \cap C)$ der Mengen intendierter Anwendungen gewählt werden.

Es empfiehlt sich, zunächst den Hilfsbegriff „Menge der intendierten Anwendungen einer Theorie, welche die Person p zu t annimmt" einzuführen[60].

D15 I_t^p ist *die Menge der Anwendungen der physikalischen Theorie* $T = \langle K, I \rangle$, *welche die Person p zur Zeit t annimmt* gdw gilt:

(1) die Person p verfügt zur Zeit t im Sneedschen Sinn über die Theorie T (vgl. **D14**, S. 194);
(2) p glaubt, daß $I_t^p \subseteq I$;
(3) es gibt eine Erweiterung E_t von K, so daß p zu t glaubt, daß E_t erfolgreich auf I_t^p anwendbar ist, d.h. p glaubt zu t an die Theorienproposition $I_t^p \in \mathbb{A}_e(E_t)$;
(4) für alle $X \subseteq I$, so daß es eine Erweiterung E_t^* von K gibt, für die p zu t glaubt, daß $X \in \mathbb{A}_e(E_t^*)$, gilt: $X \subseteq I_t^p$.

---
[60] Der Vorschlag zur Definition dieses Hilfsbegriffs geht auf Herrn C.-U. Moulines zurück.

(Die Zusatzbestimmung (4) gewährleistet, daß I_t^p eine *maximale* Menge von intendierten Anwendungen ist, welche p zur Zeit t kennt.)

Der Begriff I_t^p findet in der folgenden Weise Eingang in den Theoriebegriff im Sinn von KUHN: Für jede Person p und jede Zeit t muß gelten, daß die paradigmatische Beispielsmenge I_0 in allen derartigen Mengen I_t^p als Teilmenge vorkommt.

D16 *X ist eine physikalische Theorie im Sinn von* KUHN *gdw es ein K, I und I_0 gibt, so daß gilt:*

(1) $X = \langle K, I, I_0 \rangle$;

(2) $K = \langle M_p, M_{pp}, r, M, C \rangle$ ist ein Strukturkern für eine Theorie der mathematischen Physik;

(3) (a) $\vee p_0 \vee t_0 \vee E_0$ (die Person p_0 hat zu t_0 die Menge I_0 als paradigmatische Beispielsmenge für I gewählt und erstmals die Erweiterung E_0 von K erfolgreich auf I_0 angewendet[61]);

(b) $I_0 \subseteq I \subseteq M_{pp}$;

(c) $\wedge p \wedge t$ (wenn I_t^p die Menge der intendierten Anwendungen der physikalischen Theorie $T = \langle K, I \rangle$ ist, welche p zu t (im Sinn von **D15**) annimmt, dann glaubt p zu t, daß $I_0 \subseteq I_t^p$);

(4) jedes Element von I ist ein physikalisches System;

(5) wenn $\mathfrak{D}$ eine Klasse ist, die als Elemente genau die Individuenbereiche der Elemente von I enthält, so gilt für zwei beliebige Elemente D_i und D_j aus $\mathfrak{D}$: D_i ist mit D_j verkettet.

(6) I ist eine homogene Menge von physikalischen Systemen.

Die drei Bestimmungen (4) bis (6) dieser Definition sind identisch mit den Bestimmungen (3) bis (5) von **D13**. In diesen drei Hinsichten stimmt also der neue Theorienbegriff mit dem Begriff der Theorie im schwächeren Sneedschen Sinn wörtlich überein. Neu ist die *ausdrückliche Hervorhebung der paradigmatischen Beispielsmenge I_0*, von der außerdem verlangt wird, daß sie von dem ‚Erfinder der Theorie' angegeben worden ist und *daß dieser Erfinder die Theorie erstmals erfolgreich darauf angewendet hat*[62]. Damit ist der in der weiter oben benützten Wendung „Festhalten an der paradigmatischen

---

[61] E_0 kann die Nullerweiterung sein. Dadurch wird die Bestimmung sehr liberal. Wenn die fragliche Theorie z.B. die klassische Partikelmechanik ist und p_0 die Person NEWTON, so würde es genügen, wenn NEWTON nur den Strukturkern dieser Theorie angegeben hätte. Man könnte sich überlegen, ob diese Bestimmung nicht dahingehend zu verschärfen sei, daß der ‚Schöpfer der Theorie' eine starke Theorienproposition für mindestens eine nicht triviale, d.h. von der Nullerweiterung verschiedene Erweiterung E des Strukturkernes K der Theorie kannte.

[62] Auf die naheliegende formale Definition von „erstmals" haben wir zwecks größerer Übersichtlichkeit verzichtet.

Beispielsmenge im Zeitablauf" enthaltene Gedanke ausdrücklich in die Definition des Theorienbegriffs im Sinn von KUHN aufgenommen worden.

D17 *Die Person p verfügt zum Zeitpunkt t im Sinn von* KUHN *über die physikalische Theorie* $T = \langle K, I \rangle$ *gdw gilt:*

(1) $\langle K, I, I_0 \rangle$ ist eine physikalische Theorie im Sinn von KUHN;
(2) es gibt eine Erweiterung E_t von K, so daß p zur Zeit t glaubt, daß $I \in \mathbb{A}_e(E_t)$. Diese Erweiterung ist in dem Sinn die schärfste Erweiterung dieser Art von K, daß gilt:
$\wedge E$ [(E ist eine Erweiterung von K, so daß p zu t glaubt, daß $I \in \mathbb{A}_e(E)$ und p verfügt zur Zeit t über Beobachtungsdaten, welche diese Proposition stützen) $\rightarrow E_t \subseteq E$];
(3) p wählt I_0 als paradigmatische Beispielsmenge für I;
(4) p glaubt zu t, daß $\wedge t'$ (wenn $I_{t'}^p$ die Menge der Anwendungen der physikalischen Theorie $\langle K, I \rangle$ im Sinn von SNEED ist, dann ist $I_0 \subseteq I_{t'}^p$);
(5) p verfügt zur Zeit t über Beobachtungsdaten, welche die Proposition $I \in \mathbb{A}_e(E_t)$ stützen;
(6) p glaubt zur Zeit t, daß es eine Erweiterung E von K gibt, für die gilt:
  (a) $I \in \mathbb{A}_e(E)$;
  (b) $\mathbb{A}_e(E) \subset \mathbb{A}(_eE_t)$.

Die Bestimmungen (1), (2), (5) und (6) stimmen wörtlich mit den Bestimmungen (1) bis (4) im Begriff des Verfügens über eine Theorie im Sinn von SNEED überein (vgl. **D14**). Neu hinzugetreten sind die Bestimmungen (3) und (4). Sie besagen, daß die Person p selbst bereit ist, I_0 *als paradigmatische Beispielsmenge für I anzuerkennen* sowie daß p davon überzeugt ist, daß I_0 eine Teilmenge jeder Menge von intendierten Anwendungen ist, die *sie selbst* einmal in der Zukunft (im Sinn von **D15**) annehmen wird.

Durch die Aufnahme der neuen Bestimmungen wurde gewährleistet, daß *der historische Ursprung* der Theorie, welcher sich in der erstmaligen Wahl einer paradigmatischen Beispielsmenge I_0 sowie eines Strukturkernes äußerte, sowie *das Festhalten an der Menge der Paradigmen im geschichtlichen Ablauf* zu Bestandteilen des Begriffs der Theorie sowie des Verfügens über eine Theorie geworden sind.

Wir hätten die in **D13** und **D14** eingeführten Begriffe die Begriffe der physikalischen Theorie und des Verfügens über eine physikalische Theorie *im schwachen Sinn* nennen können, zum Unterschied von den in **D16** und **D17** eingeführten Begriffen, die dann als die der physikalischen Theorie und des Verfügens über eine physikalische Theorie im *starken Sinn* zu bezeichnen wären. Diese Terminologie wurde nur deshalb vermieden, weil dadurch eine Konfusion mit einem früheren Sprachgebrauch hervorgerufen worden wäre. Wir haben nämlich bereits in VIII Theorien im schwachen und im starken Sinn (und analog zwei Arten von Theorienpropositionen) unterschieden, je nach dem, ob die mathematische Struktur ein nicht erweiterter Strukturkern oder ein erweiterter Strukturkern ist. *Im gegenwärtigen Kapitel wird immer nur vom damaligen Begriff der Theorie im schwachen Sinn Gebrauch gemacht.*

7. Normale Wissenschaft und wissenschaftliche Revolutionen

7.a Der Verlauf der normalen Wissenschaft im Sinn von Kuhn. Die Regel der Autodetermination des Anwendungsbereiches einer Theorie.

Die in **D16** und **D17** eingeführten pragmatischen Begriffe enthalten zusammen mit den dazu gegebenen Erläuterungen im Wesen bereits eine Charakterisierung dessen, was KUHN „normale Wissenschaft" nennt. Dies ist dadurch möglich geworden, daß das Verfügen über ein und dieselbe Theorie verträglich ist *mit einer unübersehbaren Fülle voneinander divergierender Überzeugungen*. Die Theorienpropositionen, die mit Hilfe von geeigneten Erweiterungen des Strukturkernes vorgenommen werden, können von Person zu Person variieren. Ferner ist zu beachten, daß von einer Person p, die zu einer Zeit t über eine Theorie im Sinn von KUHN verfügt, *weder* behauptet wird, daß sie an dieser Theorie auch in Zukunft festhalten *wird, noch*, daß sie an dieser Theorie festhalten *soll*. Vielmehr verhält es sich so: Nur *soweit* und *solange* p an der Theorie, über die sie zu einer Zeit verfügt, auch in Zukunft verfügen wird (an ihr festhalten wird), bewegt sich ihr Denken im Rahmen des Ablaufs der normalen Wissenschaft. Sie kann natürlich einmal ihren Glauben an die Möglichkeit, Erweiterungen des Strukturkernes K erfolgreich auf durch die paradigmatische Beispielsmenge I_0 bestimmten Mengen I anzuwenden, verlieren und sich einer ganz neuen Theorie mit neuem Strukturkern und (oder) neuen paradigmatischen Beispielen zuwenden. Falls sie dies jedoch tut, hat sie aufgehört, ein ‚normaler Wissenschaftler' zu sein: *Sie ist zum wissenschaftlichen Revolutionär geworden.*

Das Wichtigste, was über den Begriff der normalen Wissenschaft ausgesagt werden kann, ist etwas, das prima facie am befremdlichsten wirkt, nämlich die geschilderte *Immunität einer Theorie gegen die Gefahr einer möglichen empirischen Widerlegung*. Wir kommen darauf weiter unten nochmals zurück.

Die pragmatischen Begriffe der Theorie und des Verfügens über eine Theorie wurden so eingeführt, daß der Zusammenhang mit sowie der Unterschied zu den schwächeren ‚logischen' Theorienbegriffen von **D13** und **D14** möglichst durchsichtig wird. Dieser Vorteil, so könnte nicht ganz mit Unrecht eingewendet werden, wurde mit dem weiter oben erwähnten Nachteil erkauft: die Menge I der ‚wahren' intendierten Anwendungen einer Theorie ist eine *absolute platonische Wesenheit*, die in einer Rekonstruktion des Kuhnschen Wissenschaftskonzeptes nichts zu suchen hat.

Auch in dieser Hinsicht wird jedoch durch die frühere Schilderung bereits nahegelegt, wie diesem Mangel abzuhelfen ist: Wir fassen I nicht als feste, ‚an und für sich festliegende' Menge auf, sondern als *eine potentiell offene Gesamtheit*, die durch ein genauer zu charakterisierendes Verfahren der Vergrößerung von I_0 zustande kommt. Schlagwortartig könnte man dieses Verfahren durch die bereits in 4.b gebrauchten Ausdrücke charakterisieren: *die Theorie wird dazu benützt, ihre eigenen Anwendungen zu bestimmen.* „Theorie" wird hierbei in einem vorexplikativen Sinn gebraucht. Gemeint ist: Der Strukturkern K und die im Verlauf der Zeit versuchten Erweiterungen E_i dieses Kernes bestimmen, was außer den Elementen von I_0 noch als intendierte Anwendung zu gelten hat. Physikalische Systeme, deren Hinzunahme zu I_0 zu einer Zeit t zu einer Menge I_t führt, so daß die verfügbaren Daten die Proposition $I_t \in A_e(E_t)$ für die zu t versuchte Erweiterung E_t hinlänglich stützen, werden zur Bildung von I zugelassen. Systeme, die sich solcher erfolgreichen Anwendung hartnäckig widersetzen, werden wieder herausgenommen. Wir haben uns bereits in 4.b klargemacht, daß diese Methode keine ‚Autoverifikation der Theorie' enthält. Dagegen könnte man von einer *Regel der Autodetermination von I mittels K bei paradigmatischer Ausgangsmenge* (kurz: Regel der Autodetermination von I durch die Theorie) sprechen.

Man könnte also versuchsweise die beiden letzten Definitionen durch die Bestimmung ergänzen, *daß* in einer Theorie im Sinn von KUHN sowie beim Verfügen über eine Theorie im Sinn von KUHN *die Menge der intendierten Anwendungen stets nach der Regel der Autodetermination von I durch die Theorie bestimmt wird.* Zumindest innerhalb solcher Entwicklungen, die KUHN zum Betrieb der ‚*normalen Wissenschaft*' rechnet — also solange *keine Theorienkonfrontationen* den Gegenstand der Betrachtung bilden —, wäre diese Regel zugrunde zu legen. Dadurch würden die beiden letzten Begriffsbestimmungen einen noch realistischeren Anstrich bekommen; insbesondere wäre damit der letzte ‚platonistische Rest' aus dem Theoriebegriff verbannt worden.

Was die Kritiker der Auffassungen von KUHN als besonders schockierend empfunden haben, ist die mit der Befolgung dieser Regel implizierte *Standfestigkeit und Immunität der Theorie*, die es als praktisch ausgeschlossen erscheinen läßt, daß eine Theorie aufgrund von ‚empirischen Gegenbeispielen' fallengelassen wird. KUHNs Versicherung, daß eine Theorie (ein ‚Paradigma' in seiner Sprechweise) immer erst dann preisgegeben werde, wenn eine andere Theorie (ein anderes ‚Paradigma') zur Verfügung steht, hat diesen Eindruck verstärkt.

Tatsächlich enthalten Behauptungen wie die letztere eine Übertreibung, zumindest dann, wenn keine qualifizierenden Erläuterungen hinzugefügt werden. Man kann zunächst zwei Typen von Fällen angeben, bei deren Eintreten ein praktischer Zwang zur Aufgabe der Theorie entstehen kann, *gleichgültig, ob eine Alternative zur Verfügung steht oder nicht.* Ferner läßt sich ein dritter Falltyp beschreiben, bei dem es zumindest *strittig* ist, ob die Theorie preisgegeben werden muß oder nicht.

Die *schrankenlose* Anwendung der Regel der Autodetermination müßte sich auf eine These von der Art stützen, daß wir überhaupt keine Apriori-Erwartungen darüber haben dürfen, worauf die Theorie im Fall ihrer Wahrheit anwendbar sein sollte. Keine Enttäuschung von Erwartungen darüber, worauf die Theorie anwendbar sein *sollte*, könnte dann die Konsequenz haben, die Theorie fallenzulassen. Aber diese schrankenlose Anwendung der besagten Regel ist wohl ein Hirngespinst. *Die Regel findet ihre absolute Schranke an den paradigmatischen Beispielen selbst*: Versagt sie diesen gegenüber, so *muß* sie preisgegeben werden, bei Strafe des totalen begrifflichen Zusammenbruchs dessen, was „Anwendungsbereich der Theorie" bedeuten könnte.

Völlig ausgeklammert werden soll hierbei die Frage, ob durch Einführung geeigneter Hilfshypothesen und durch sonstige ‚Immunisierungsstrategien' eine Theorie nicht *immer* ‚gerettet' werden kann. Eine Diskussion dieser Frage würde den gegenwärtigen Zusammenhang sprengen. Gewöhnlich wird die Frage im Kontext der Bestätigungs- und Testproblematik erörtert. Sie ist aber überhaupt kein Problem der Wissenschafts*theorie*, sondern ein Problem der Wissenschafts*moral*. Jede wissenschaftliche Tätigkeit ist in einen pragmatischen Kontext eingeordnet, über den zunächst einmal Klarheit geschaffen werden muß, und sei es durch noch so viele ‚Willkürentscheidungen', mit denen man sich gegenüber den anderen Teilnehmern an der Tätigkeit verpflichtet. Wenn man sich z.B. darauf geeinigt hat, eine statistische Hypothese *für die Zwecke einer bestimmten Untersuchung zu akzeptieren*, so muß man bei *dieser* Entscheidung bleiben, solange man *diese* Untersuchung durchführt. Verwendet man dabei z.B. die Hypothese für eine Prognose und ergibt die Überprüfung, daß sich etwas sehr Unwahrscheinliches ereignet, so verhält sich ein an diesen Untersuchungen Beteiligter *nicht irrational*, sondern *unanständig*, wenn er sich aufgrund dieses Resultates die Sache anders überlegt, die Hypothese in Frage stellt und damit gegen die vorangegangene Abmachung verstößt. Auch der Bruch eines Vertrages oder das Nichteinhalten eines Versprechens haben in der Regel nichts mit mangelnder Rationalität, dagegen meist etwas mit mangelnder Moral zu tun.

Eines muß allerdings selbst für diese Grenzfälle zugegeben werden; und damit nähern wir uns wieder stärker der Auffassung Kuhns: Der Begriff der *hartnäckigen Widersetzung gegenüber der Theorie* ist vermutlich keiner vollständigen logischen Präzisierung fähig, so daß immer eine *gewisse* Willkür verbleiben dürfte, wenn es um die Entscheidung darüber geht, ob die Theorie gegenüber einem paradigmatischen Beispiel keinen Erfolg hatte.

Um dies einzusehen, muß man sich daran zurückerinnern, daß durch die Theorie nur der Strukturkern *K* festgelegt ist und daß die Aufgabe, die über Erfolg oder Mißerfolg entscheidet, darin besteht, *eine geeignete Erweiterung E zu finden. Die Anzahl der Möglichkeiten für derartige Erweiterungen aber ist potentiell unendlich!* Da diese Gesamtheit nicht effektiv zu durchlaufen ist, *stützt sich jede Aussage über das Versagen der Theorie letztlich auf den Beschluß, die Suche nach neuen Erweiterungen als ein ‚praktisch hoffnungsloses Unterfangen' zu stoppen.* Trotz der Entscheidungskomponente, die in jeder derartigen negativen Feststellung über die Theorie enthalten ist, kann man keine zwingende Begründung dafür geben, daß die ‚Erkenntnis der praktischen Hoffnungslosigkeit' *nicht* kommen *kann* oder kommen *sollte*, bevor sich jemand eine neuartige Theorie ausgedacht hat. Die Berufung auf das historische Faktum, daß es in der Geschichte der Naturwissenschaften ‚immer so gewesen ist', ist keine Begründung. Umgekehrt aber läßt sich auch *keine* Behauptung von der Art begründen, daß ab einem bestimmten Punkt die Theorie endgültig als widerlegt betrachtet werden muß. Man kann hier wohl nicht mehr erreichen als sich das tatsächliche Verhalten der Wissenschaftler *verständlich* machen (vgl. dazu auch 7.c).

Auf der Grundlage solcher Überlegungen kann eine Äußerung von KUHN in [Revolutions], S. 43 f., kommentiert werden. Es wird dort gesagt, der Erfolg eines Paradigmas sei am Anfang weitgehend eine *Verheißung von Erfolg* und die normale Wissenschaft bestehe in der Verwirklichung dieser Verheißung. Wie aber, wenn dieser Erfolg ausbleibt? „Dann ist die Theorie gescheitert" lautet die typische Antwort auf diese Frage. Daß hier selbst dann ein Kurzschluß vorliegt, wenn sich die ‚Verheißung' auf Elemente der paradigmatischen Beispielsmenge *in unserem Sinn* bezieht, ist nach dem soeben Gesagten unmittelbar zu erkennen. Wir müssen dazu nur wieder den Kuhnschen Begriff des Paradigmas auf den rational rekonstruierbaren Teil spezialisieren, d.h. wir lesen „Strukturkern" statt „Paradigma". Die Verwirklichung bestünde im Auffinden geeigneter Erweiterungen. Wurden bis zu einem bestimmten Zeitpunkt keine gefunden, so kann man höchstens vermuten, aber *nicht* schließen, daß es keine gibt. *Man kann somit genau angeben, in welchem Sinn die erwähnte Erfolgsverheißung nicht widerlegbar ist.*

Nur nebenher sei erwähnt, daß sogar die bislang stets vorausgesetzte *scharfe* Abgegrenztheit der paradigmatischen Beispielsmenge in Frage gestellt werden könnte. Vielleicht gibt es selbst hier *Grenzfälle*, die man aus I herauszunehmen bereit wäre, wenn sich die Theorie auf alle übrigen Elemente von I_0, mit Ausnahme dieses einen, mit Erfolg anwenden läßt. Im Rahmen der Newtonschen Theorie bildeten durch lange Zeit hindurch die *Gezeiten* einen problematischen Grenzfall. Bis zu einem gewissen Grad ist dies sogar bis heute ein problematischer Grenzfall geblieben. Wenn man bedenkt, daß die erste ernst zu nehmende Theorie auf diesem Gebiet, die *Gleichgewichtstheorie* von D. BERNOULLI, erst mehr als 50 Jahre nach der ‚Entdeckung der gezeitenerzeugenden Kräfte durch NEWTON' aufgestellt wurde und daß auch diese Theorie noch in vielen Hinsichten vollkommen versagte; daß die Trägheit des Wassers erst beinahe 100 Jahre nach der Newtonschen Entdeckung in der *dynamischen Theorie* von P. S. LAPLACE berücksichtigt werden konnte; daß die Coriolis-Kraft sogar erst ca. 200 Jahre später in die *dynamische Theorie* von S. S. HOUGH Eingang fand; daß die Bestimmung der von NEWTON postulierten gezeitenerzeugenden Kräfte erst in diesem Jahrhundert A. T. DOODSON glückte — wenn man diese und andere Stadien im mühsamen Kampf mit dem Problem der Gezeiten berücksichtigt, für die der heutige Physiker die pauschale Zusammenfassung gibt, ‚daß die komplizierte Gestalt der Ozeane eben große mathematische Schwierigkeiten bereitet', dann erscheint es zumindest als *denkbar*, daß die Fachleute die Geduld verloren hätten, um sich einer ganz anderen, nicht-Newtonschen Behandlung des Gezeitenproblems zuzuwenden, *ohne* dabei gleichzeitig diese Theorie als eine für die übrigen ‚paradigmatischen Fälle' geeignete Theorie fallenzulassen.

Ein zweiter interessanter Falltyp, der in einer Preisgabe der Theorie einmünden könnte, wird von SNEED in [Mathematical Physics] auf S. 291 erwähnt. Um ihn in einfacher Weise schildern zu können, nehmen wir an, die Methode der Autodetermination werde gemäß der folgenden Regel dafür benützt, um *eine hinreichende Bedingung für die Zugehörigkeit zu I* zu gewinnen: „Jedes physikalische System x, um welches man I_0 zu einer Menge $I_0 \cup \{x\}$ so erweitern kann, daß der Strukturkern K darauf erfolgreich anwendbar ist[63], gilt eo ipso als Element von I." Dann kann folgendes passieren: Für zwei physikalische Systeme x_1 und x_2 erweist sich, daß sie *zwar einzeln, nicht jedoch zusammen* zu den Elementen von I_0 hinzugefügt werden können, um eine erfolgreiche Anwendung von K zu liefern; d. h. also, K ist erfolgreich anwendbar auf $I_0 \cup \{x_1\}$ sowie auf $I_0 \cup \{x_2\}$, nicht jedoch auf $I_0 \cup \{x_1\} \cup \{x_2\}$. Hier zeigt sich übrigens wieder eine besondere Leistung der Nebenbedingungen; denn sie allein ermöglichen eine derartige Situation. Vom inhaltlichen Standpunkt wäre dieses Ergebnis folgendermaßen zu deuten: Die Menge der intendierten Anwendungen der Theorie kann über die Menge der paradigmatischen Beispiele hinaus *auf zwei miteinander unverträgliche Weisen* ausgedehnt werden. Da sich somit einerseits die Theorie ‚in zwei einander ausschließende Richtungen' weiterentwickeln kann, andererseits die obige Regel zwischen diesen Richtungen keine Differenzierung vornimmt und den Einschluß *beider* Systeme verlangt, *sind wir gezwungen, die Theorie fallenzulassen.* Wieder aber ist es wichtig zu erkennen, warum es höchst irreführend wäre, diesen Zwang zur Preisgabe *Falsifikation* zu nennen. Denn der Zwang besteht ja *nur relativ zu der als angenommen vorausgesetzten Regel in der oben formulierten scharfen Fassung.*

Zum dritten Falltyp gelangt man, wenn man die Methode der Autodetermination dafür benützt, *eine notwendige Bedingung für die Zugehörigkeit zu I zu gewinnen.* Danach wird ein physikalisches System *nur dann* als Element von I anerkannt, wenn sich I_0 um dieses System so erweitern läßt, daß K auf die dergestalt vergrößerte Menge erfolgreich anwendbar wird. Man beachte, daß es hierbei überhaupt keine Rolle spielt, ob und in welchem Grad eine ‚inhaltliche Ähnlichkeit' mit den Elementen von I_0 besteht. Was bei ‚rationalistischen' Kritikern in erster Linie auf Protest stoßen wird, ist *diese Verwendung* der Autodeterminationsmethode zur Formulierung einer *notwendigen Bedingung* der Zugehörigkeit zu I.

Betrachten wir dazu ein konkretes Beispiel: die Brownsche Bewegung. Dieses Beispiel möge unter einer fiktiven sowie unter zwei stark idealisierten Annahmen betrachtet werden. Die fiktive Annahme lautet: „angenommen, die klassische Partikelmechanik hätte gegenüber der Auf-

---

[63] Wenn immer wir von der erfolgreichen Anwendung von K auf eine Menge Q sprechen, so meinen wir natürlich, daß eine Erweiterung E von K gefunden wurde, so daß die Proposition $Q \in \mathbb{A}_e(E)$ durch die empirischen Daten gestützt wird.

gabe, diese zitternden Bewegungen kleiner, in Flüssigkeit suspendierter Teilchen zu erklären, vollkommen versagt". Die beiden anderen Annahmen betreffen die mutmaßliche Stellungnahme zu diesem Fall einerseits vom Standpunkt eines ‚idealisierten Rationalisten' der herkömmlichen Art (sei es einer mehr Popperschen, sei es einer nicht-Popperschen, ‚induktivistischen' Denkweise), anderseits vom Standpunkt eines ‚idealen Vertreters der Autodeterminationsmethode', der in radikaler Weise die Kuhnsche Position verficht.

Der Rationalist herkömmlicher Prägung würde etwa sagen: „Wenn wir die fiktive Annahme als richtig unterstellen, so wäre es ein Gebot intellektueller Ehrlichkeit, daraus den Schluß zu ziehen, daß die klassische Partikelmechanik als falsifiziert (,deduktivistische' Interpretation) oder als außerordentlich unwahrscheinlich (,induktivistische' Deutung) anzusehen ist. Jede rational zu rechtfertigende Testtheorie, d. h. jede Theorie mit rational zu begründenden Annahme- und Verwerfungsregeln, würde daher die Verwerfung der klassischen Partikelmechanik verlangen."

Der ideale Vertreter der Autodeterminationsmethode (im Sinn dieses dritten Falltyps) würde selbstverständlich einen ganz anderen Schluß ziehen, nämlich: „Dieses Versagen der klassischen Partikelmechanik zeigt nichts weiter, als daß die Brownschen Bewegungen aus der Menge der intendierten Anwendungen der klassischen Partikelmechanik herausfallen." Der abermalige Protest seiner rationalistischen Gegner über diesen ‚Willkürbeschluß' würde ihn völlig unberührt lassen. Denn worauf beruht denn diese *angebliche* Willkür? Etwa in einer Überlegung von folgender Art: „Die Brownschen Bewegungen *sind doch* Bewegungen kleiner Partikel; also müssen sie, *ganz unabhängig von der Leistungsfähigkeit der klassischen Partikelmechanik*, zur Menge der intendierten Anwendungen dieser Theorie gehören." In dieser Antwort zeige sich ganz deutlich, so könnte man kontern, daß der ‚rationalistische' Protest als Grundlage nichts weiter enthalte als ein *subjektives Gefühl*, nämlich das subjektive Gefühl einer hinreichenden Ähnlichkeit der Brownschen Bewegungen mit Partikelbewegungen, welches einen zwinge, Vorgänge der ersten Art unter den Begriff von Vorgängen der zweiten Art zu subsumieren. Die Berufung auf derartige Gefühle, die nun umgekehrt nach Auffassung des Vertreters der Autodeterminationsmethode *ein vollkommen irrationaler Prozeß* ist, wurde in der obigen Regel für die Benützung dieser Methode als einer notwendigen Bedingung für die Zugehörigkeit zu I explizit ausgeschlossen. Zur Untermauerung der Behauptung, daß seine Position nicht nur rational, sondern darüber hinaus *historisch angemessen* sei, könnte unser ‚Kuhnianer' auf die bereits erwähnte analoge Situation bezüglich der Newtonschen Emissionstheorie des Lichtes verweisen: Als sich NEWTONS Vermutung, optische Vorgänge seien als Partikelbewegungen im Sinne der Partikelmechanik zu deuten, nicht bestätigte, hat man dies nicht zum Anlaß genommen, die Theorie NEWTONS als erschüttert zu bezeichnen, sondern, um dem Licht die Eigenschaft abzusprechen, aus Partikeln zu bestehen. Und worin sollte sich denn unser fiktives von diesem historischen Beispiel unterscheiden? Der ‚Autodeterminist' würde sagen: „in *überhaupt nichts*, wenn man auf jeden Appell an subjektive Gefühle der Ähnlichkeit und Unähnlichkeit verzichtet".

Bei der obigen Ankündigung der drei Typen von Fällen, in denen eine Preisgabe der Theorie nahegelegt werden *könnte*, haben wir diesen dritten Typ als einen Typ *strittiger Fälle* bezeichnet. Gemeint ist damit, daß man nur unter den eben zugrunde gelegten Idealisierungen gewisser Grundpositionen *immer* zu einer eindeutigen Ja-Nein-Entscheidung gelangen wird[64]. Eine *wirklichkeitsnähere* Analyse, welche keine derartigen Standpunktsidealisierungen zugrunde legt, wird vermutlich zu differenzierteren Beurteilungen gelangen: In *vielen* Fällen wird man zwar nach der Regel der Autodetermination vorgehen; in *einigen* Fällen von ‚überwiegender anderweitiger Ähnlichkeit' von physikalischen Systemen mit Elementen aus I_0 hingegen wird man das Versagen der Theorie gegenüber diesen Systemen der Theorie selbst anlasten. Im Bereich dessen, was KUHN die normale Wissenschaft nennt, dürften dies aber die seltenen Ausnahmefälle sein.

Die in den letzten Absätzen skizzierten Gedanken haben hoffentlich ein deutlicheres und differenzierteres Bild von der schon früher begründeten Immunität der Theorie gegenüber ‚aufsässiger Erfahrung' geliefert. Wir haben einsehen gelernt, *wie begrenzt die Möglichkeiten sind, eine Theorie während der Periode der normalen Wissenschaft im Sinn von* KUHN, d. h. während einer Periode des Verfügens über eine Theorie im Sinn **D17**, *aufzugeben*. Selbst für die extremen Grenzfälle, die wir uns zuletzt überlegt haben, zeigte sich, daß so etwas wie ein *Zwang zur Preisgabe der Theorie* immer nur *relativ auf* den Beschluß zur Annahme bestimmter Methodenregeln besteht, deren Rationalität und Sinnhaftigkeit man in einer durchaus ernst zu nehmenden Weise in Frage stellen kann.

Wollte man eine einprägsame Formel für die Grundhaltung der Wissenschaftler suchen, deren Forschungen in eine Periode der normalen Wissenschaft hineinfallen, die also, präziser gesprochen, über eine Theorie im Sinn von KUHN verfügen, so könnte man dafür die Kurzformel wählen, welche nach den vorangegangenen Betrachtungen *nicht mehr mißverständlich sein sollte*:

In dubio pro theoria

Nun *sind* Schlagworte aber immer mißverständlich. Es ist daher vielleicht nicht ganz überflüssig, sich an den Ausgangspunkt und *die Art unserer Behandlung der in diesem Ausgangspunkt vorkommenden Begriffe* zurückzuerinnern: Es ging uns vor allem darum, zu klären, *in welchem Sinn man von sich ständig ändernden Überzeugungen von Wissenschaftlern innerhalb einer Zeitperiode sprechen kann, während der sie über ein und dieselbe Theorie verfügen*. Der Begriff

---

[64] Vgl. dazu auch die interessanten Bemerkungen von SNEED, a.a.O., S. 292.

„Verfügen über eine Theorie im Sinn von KUHN" sollte diesen Grundgedanken explizieren. Dabei ist es außerordentlich wichtig, nicht zu vergessen, was alles in den ‚Wandel der Überzeugungen' einzubeziehen ist. Nicht nur die Entdeckung neuer Phänomene, der Einschluß physikalischer Systeme in und ihr Ausschluß aus I, die Verbesserung experimenteller Methoden usw. gehören zur ‚Verwirklichung der Verheißung von Erfolg', in der sich nach KUHN die normale Wissenschaft manifestieren soll. *Der Wandel bezieht auch die Annahme neuer spezieller Nebenbedingungen und Gesetze sowie ihre Preisgabe ein*. Denn das, was *nach herkömmlicher Sprechweise* als Akzeptieren und als Preisgeben von Gesetzen bezeichnet wird, findet im Rahmen unseres begrifflichen Apparates seinen Ausdruck in der *Variabilität erweiterter Strukturkerne*. Die sukzessiven Verschärfungen und Liberalisierungen von erweiterten Strukturkernen aber lassen den Strukturkern K, *dessen* Erweiterungen sie sind, vollkommen untangiert und damit lassen sie auch sowohl den ‚abstrakten' Theorienbegriff (im schwachen Sinn) von VIII sowie die beiden inhaltlich und pragmatisch verschärften Begriffe der Theorie im Sinn von SNEED sowie im Sinn von KUHN unberührt. Nur die Theorien *im starken Sinn* von VIII und dementsprechend *die Theorienpropositionen im starken Sinn* (die propositionalen Gegenstücke zu zentralen empirischen Sätzen von Theorien) sind in der ‚normalen Wissenschaft' einem Wandel unterworfen. Dies bildet auch die Rechtfertigung dafür, Prozesse von dieser Art nicht bloß unter einen Begriff der Glaubens- oder Überzeugungsdynamik, sondern der *Theoriendynamik* zu subsumieren.

7. b Eine erste Art von wissenschaftlichen Revolutionen: Der Übergang von einer Prätheorie zu einer Theorie. Unterscheidung zwischen drei Begriffen von „theoretisch". Die Aussagen von KUHN über wissenschaftliche Revolutionen sollen hier in Anknüpfung an das Vorgehen von SNEED spezialisiert und differenziert werden. Die Spezialisierung erfolgt wieder durch die alleinige Berücksichtigung *physikalischer* Theorien. Die Differenzierung soll mittels der folgenden Unterscheidung vorgenommen werden:

(I) Das *erstmalige Auftauchen* einer physikalischen Theorie zur ‚Erklärung eines Bereiches der Wirklichkeit', wo vorher noch keine Theorie oder zumindest noch keine physikalische Theorie existierte.

(II) Die *Preisgabe* einer bisher benützten Theorie — d. h. einer Theorie, über welche die Wissenschaftler während einer bestimmten Zeitperiode im Sinn von KUHN verfügten — *zugunsten einer anderen*.

Eine warnende Feststellung soll vorangestellt werden: Die revolutionäre Theoriendynamik ist ein Phänomen, bei dem die wissenschaftstheoretische Analyse an eine sozusagen ‚natürliche Grenze' stößt. Viele unter den Aspekten dieses Phänomens, die ein historischer Betrachter interessant finden wird, entziehen sich entweder exakten Beschreibungen oder würden derartige Beschreibungen mit stark hypothetischen Komponenten versehen, die zwar der Wissenschaftshistoriker, nicht jedoch der Analytiker verantworten kann. Auf der anderen Seite wird vielen dasjenige, was sich hier präzise beschreiben läßt, nicht als außerordentlich interessant vorkommen. Es dürfte also sehr schwierig sein, zu Ergebnissen zu gelangen, die sowohl *richtig* als auch *interessant und wichtig* als auch *exakt* sind.

Nicht alles, was zu dem Thema gesagt werden kann, soll hier zur Sprache kommen. Soweit es sich um Aspekte des Problems der Prüfung und Bestätigung handelt, wird eine Zusammenfassung unter dem Titel „Holismus" im nächsten Abschnitt gegeben werden. In diesem Unterabschnitt befassen wir uns nur mit dem Thema (I), also mit dem *erstmaligen Auftauchen von Theorien*.

Eine der aufregendsten und zugleich rätselhaftesten Erscheinungen im Verlauf der ‚Evolution des Universums' ist die Entstehung von Wesen, die nicht nur ein Großhirn und ein ‚Bewußtsein' besitzen, sondern denen es auch gelingt, sich vom Druck des Trieblebens so weit zu befreien, daß in ihnen die schon von ARISTOTELES beobachtete und beschriebene ‚entpersönlichte' Neugierde und ‚das Streben nach objektiver Erkenntnis' entfacht wird. Wissenschaftliche Theorien bilden die uns bislang bekannte ‚höchste' und ‚reinste' Form dieses entsubjektivierten Verlangens nach Wissen. Physikalische Theorien, die nicht auf bereits vorhandenen Theorien aufbauen oder solche verdrängen, nennen wir *Primärtheorien*. Unsere erste Frage lautet, ob man über das Auftauchen von Primärtheorien etwas wissenschaftstheoretisch Relevantes aussagen kann.

Es wäre jedenfalls eine Voreiligkeit, gegenüber den Primärtheorien die Haltung einzunehmen, daß die noch greifbaren geschichtlichen Ansätze *allein* den Gegenstand historischer Studien bilden und daß der noch weiter zurückliegende Beginn des Wissens das Objekt eines Spezialgebietes der Evolutionstheorie bilden müßte; der Philosoph müsse sich mit der resignierenden Feststellung begnügen, daß sich die ersten Ursprünge der Erkenntnis im ungreifbaren Dunkel der Vorzeit verlieren.

Gehen wir von der folgenden irrealen Fragestellung aus: Wäre es *im Prinzip* möglich gewesen, daß jemand die Newtonsche Theorie 1000 Jahre vor der Zeit, da NEWTON wirklich lebte, entwickelt hätte? Die Antwort *scheint* nur davon abzuhängen, wie das „im Prinzip möglich" zu verstehen ist und daher so lauten zu müssen: „Wenn unter der Möglichkeit die *logische* Möglichkeit zu verstehen ist, dann muß die Antwort selbstverständlich bejahend ausfallen. Wenn hingegen die Möglichkeit in irgendeinem nicht ‚wirklichkeitsfremdem' Sinn von *psychologisch-realer* Möglichkeit gemeint ist, dann ist die Antwort negativ; denn für die Erbringung dieser Leistung zu einem so frühen Zeitpunkt und ohne die Vorarbeiten von Leuten wie KEPLER, GALILEI usw. müßte man eine falsche psychologische Hypothese über menschliche Fähigkeiten zugrunde legen."

Diese Art von Antwort ist jedoch nicht adäquat. Es ist sehr wichtig einzusehen, *warum* sie nicht adäquat ist. Die Beantwortung der Frage nach der realen Möglichkeit hängt nämlich keineswegs *nur* von dem psychologischen Problem ab, was ein Mensch an physikalischen Denkleistungen zu erbringen vermag. Vielmehr beruht die Fragestellung selbst auf einer falschen Präsupposition, so daß die adäquate Reaktion auf die obige Frage *im Aufzeigen der Fehlerhaftigkeit dieser Präsupposition besteht*.

Dazu gehen wir auf die modelltheoretische Charakterisierung des Strukturkernes K dieser (oder einer anderen) physikalischen Theorie zurück. Obwohl K *alle* für die Theorie wesentlichen Faktoren enthält, neigt man dazu, nur an drei dieser Faktoren ausdrücklich zu denken: an die Menge M_p derjenigen Entitäten, auf welche die ‚eigentlichen Axiome' angewendet werden, nämlich die *potentiellen Modelle*; ferner an die mathematische Grundstruktur, die durch das Axiomensystem festgelegt und extensional durch die *Menge M der Modelle* repräsentiert wird; und schließlich an die *Menge C der Nebenbedingungen*, welche die theoretischen Funktionen ‚quer' über die verschiedenen möglichen Anwendungen zusammenhalten und mehr oder weniger starken einschränkenden Bedingungen unterwerfen.

Wie steht es mit den ‚*denkmöglichen Modellen*' M_{pp}, aus denen die Menge I der intendierten Anwendungen als Teilmenge herausisoliert wird? Bezüglich dieser Entitäten fallen wir leicht in einen ‚naiven Realismus' zurück und geben uns gern einer Vorstellung hin, die sich in Worten zwar recht vage, aber doch zutreffend etwa so beschreiben läßt: „Die Elemente von M_{pp}, also die partiellen potentiellen Modelle, sind ‚*die Dinge, die da draußen in der Welt herumliegen*' und aus denen diejenigen herausgesucht werden müssen, welche die Theorie wirklich zu erklären vermag."

Daß eine solche Denkweise auf einer Fehlintuition beruht, wird deutlich, wenn man sich daran erinnert, daß partielle potentielle Modelle nicht bloße Individuenbereiche sind, sondern *physikalische Systeme*, also Mengen von Individuen *zusammen mit gewissen numerischen Funktionen*, welche für die Individuen reelle Werte annehmen. Dies zeigt, daß schon eine bestimmte Art von ‚theoretischer Behandlung' vorgenommen worden sein muß, damit man von einer Menge intendierter Anwendungen überhaupt sinnvollerweise sprechen kann. An dieser Stelle muß man einen Gedanken aufgreifen, der von mehreren Autoren, insbesondere von KUHN und FEYERABEND, ausgesprochen worden ist, nämlich *daß man, um beurteilen zu können, ob etwas (auch nur ‚denkmögliche') Anwendung einer physikalischen Theorie ist, eine andere Theorie benötigt*.

Anmerkung. Dieser Gedanke wird oft in einem anderen Kontext vorgebracht, etwa um auf die ‚Theorienbeladenheit der Beobachtungssprache' hinzuweisen und vor der Fiktion zu warnen, in der ‚Beobachtungssprache' würden Tatsachen ‚unabhängig von jeder Theorie' beschrieben. Dieser Aspekt ist bereits in VIII, Abschnitt 1 zur Sprache gekommen.

Bisweilen werden solche Ideen auch im Zusammenhang mit *holistischen Thesen* vorgebracht (vgl. dazu Abschnitt 8). Feststellungen von dieser Art sind scharf zu trennen von solchen, in denen das Problem der *theoretischen Terme* zur Diskussion steht. Während T-theoretische Tatsachenbeschreibungen in der Sprache *derselben* Theorie geliefert werden, *für die* Tatsachen vorliegen, muß bei der Erörterung der uns gegenwärtig beschäftigenden Frage, ob man bei der Entscheidung darüber, ob etwas Anwendung einer Theorie sei, selbst wieder eine Theorie benötige, natürlich *nicht auf dieselbe Theorie* Bezug genommen werden, sondern *auf eine andere Theorie*. Häufige Verwechslungen entstehen dadurch, daß Autoren nicht berücksichtigen, daß man in Erörterungen, die zum gegenwärtigen Kontext gehören, auf *andere* Theorien verwiesen wird und nicht auf dieselbe Theorie, die zur Diskussion steht.

Der oben formulierte Gedanke wird etwas anschaulicher, wenn man sich ausdrücklich auf das bezieht, was mit den vorgegebenen Funktionen getan wird, nämlich *Tatsachenbeschreibungen in quantitativer Sprache* zu liefern. Für die obige These könnte man daher die folgende Paraphrase geben: „Was eine physikalische Theorie vor allem leisten soll, ist nicht die Erklärung ‚reiner, uninterpretierter Tatsachen', was immer dies heißen möge. Ihre Aufgabe ist vielmehr die Erklärung *metrisch bestimmter Tatsachen*. Da quantitative Beschreibungen nur mit Hilfe von Funktoren gegeben werden können, die Benützung von Funktoren aber nur im Rahmen einer Theorie möglich ist, hängt die Frage, ob eine Tatsache X eine Tatsache für die Theorie T ist, davon ab, wie die Tatsache X durch eine *andere* Theorie T^* bestimmt worden ist." Hält man sich diese Rückverweisung auf eine *andere* Theorie vor Augen, so entsteht sofort der Eindruck eines unendlichen Regresses.

Um hier klarer zu sehen und auch um die Vagheit verschiedener Wendungen in der Paraphrase des obigen Gedankens, wie z.B. „‚Tatsache für'", nach Möglichkeit zu beseitigen, machen wir eine dreifache Fallunterscheidung. Die vorgegebene Theorie werde T genannt. Sie braucht nicht als präzise rekonstruierte Theorie vorzuliegen. Die partiellen potentiellen Modelle dieser Theorie geben wir in Anknüpfung an die frühere Symbolik wieder durch geordnete $n+1$-Tupel $\langle D, f_1, \ldots, f_n \rangle$, wobei die auf D definierten Funktionen f_i T-*nicht-theoretische* Funktionen sind. Die angekündigte Fallunterscheidung ergibt sich jetzt in zwangloser Weise aus der Beantwortung der Frage, wie man für ein vorgegebenes $x \in D$ einen Wert $f_i(x)$ ermittelt:

(A) Es liegt bereits eine *physikalische* Theorie T^* vor, so daß f_i eine T^*-theoretische Funktion ist und die Wertebestimmung von $f_i(x)$ eine Aufgabe der theoretischen Berechnung innerhalb von T^* bildet.

(B) Es liegt zwar ebenso wie im vorigen Fall eine andere Theorie vor, auf welche sich die Werteberechnung stützt. Aber diese Theorie ist *keine physikalische* Theorie.

(C) Es liegt überhaupt noch keine Theorie vor, sondern nur ein ‚*prätheoretisches Denkstadium*'.

(*A*) ist der idealste Falltyp, der auch einer präzisen Analyse fähig ist. Allerdings würde eine solche Analyse aus einem gleich ersichtlichen Grund die Fähigkeiten unseres gegenwärtigen Begriffsapparates übersteigen. Physikalische Theorien werden nicht unabhängig voneinander, sondern in der Regel *in einer bestimmten Ordnung* eingeführt. T^* sei eine in dieser Ordnung früher vorkommende Theorie (z. B. die klassische Partikelmechanik), T eine in dieser Ordnung darauf folgende Theorie (z. B. die Thermodynamik). In diesem Fall werden zwar alle T^*-nicht-theoretischen Funktionen auch T-nicht-theoretisch sein; hingegen können einige oder sogar alle T-nicht-theoretischen Funktionen T^*-theoretisch sein. (Diese eben formulierte Relation müßte vermutlich einen Bestandteil der präzisen Definition von „in der Ordnung aufeinander folgen" bilden.) Ein Beispiel wäre die thermodynamisch nicht-theoretische Funktion *Druck*, deren Werte in der klassischen Partikelmechanik über die *KPM*-theoretische Funktion *Kraft* berechnet werden.

Eine Aufgabe für die Zukunft wird es sein, die hier angedeutete *Theorienhierarchie* genauer zu analysieren und die wesentlichen Aspekte davon zu präzisieren. Im Augenblick kommt es nur darauf an, sich die Abhängigkeit von dem, was Tatsache für eine Theorie ist, von einer anderen Theorie für den Fall zu verdeutlichen, wo beide Theorien *physikalische* Theorien sind. Eine analoge Situation wird in (*B*) nochmals wiederkehren, wenn die vorgegebene Theorie z. B. eine Theorie der Messung ist[65].

Die Frage, wie die durch die vorgegebene Theorie T zu erklärenden ‚Beobachtungsdaten' überhaupt die Gestalt partieller potentieller Modelle für T, bestehend aus ‚quantitativ bestimmten Tatsachen', annehmen können, haben wir jetzt beantwortet: Verfahren zur numerischen Beschreibung von Tatsachen werden durch *eine andere physikalische Theorie* zur Verfügung gestellt, technisch gesprochen: Um herauszubekommen, ob $\langle D, f_1, \ldots, f_n \rangle \in I$, muß man für jedes $x \in D$ die Werte $f_i(x)$ der bezüglich T nicht-theoretischen Funktionen ermitteln können. Diese Ermittlung erfolgt durch eine Theorie T^*, in bezug auf welche die f_i theoretisch sind[66].

---

[65] Warum eine Theorie der Messung keine physikalische Theorie ist, wird dort begründet werden.

[66] Die Frage, wie man denn wissen könne, daß die nicht-theoretischen Funktionen einer Theorie *dieselben Funktionen* sind wie die theoretischen Funktionen einer anderen, wird bei SNEED, [Mathematical Physics], auf S. 252 genauer erörtert. SNEED macht für die Deutung dieser Frage eine doppelte Fallunterscheidung. Nach der ersten Deutung — die man als *metatheoretisch* bezeichnen könnte, da sie die Arbeit des Wissenschaftstheoretikers betrifft — kann ein sicheres Wissen überhaupt nicht erzielt werden. Vielmehr handelt es sich um eine *empirische* Annahme über die fraglichen Theorien, die rekonstruiert werden sollen. Nach der zweiten, ‚theoretischen' Deutung handelt es sich um die Frage, wie *der Theoretiker selbst* die Identität feststellt. Diese Frage beantwortet sich trivial durch den Hinweis, daß dies eben davon abhängt, *wie der Theoretiker seine intendierten Anwendungen*

Fortsetzung auf Seite 236

Der nächste Schritt im Aufbau der Primärtheorie T besteht in der *Vervollständigung des Strukturkernes K von T*. Gewöhnlich wird in dieser Frage eine *instrumentalistische Auffassung* bevorzugt. Danach kann ‚jede denkmögliche theoretische Funktion' und jede beliebige Nebenbedingung für theoretische Funktionen in den Strukturkern aufgenommen werden, sofern dies nur dazu beiträgt, zwei Ziele in optimaler Weise zu verwirklichen: erstens zu einer *möglichst einfachen mathematischen Struktur* für die aufzubauende Theorie zu führen und zweitens zu gestatten, daß die Werte der nicht-theoretischen Funktionen *in möglichst bequemer Weise berechnet* werden können. Man könnte diese Denkweise anschaulich als das ‚Marsbild vom Aufbau einer physikalischen Theorie' bezeichnen. Ein solches Vorgehen würde dem Fall entsprechen, wo Wesen aus einem fernen Planetensystem auf der Erde landen und uns den Gebrauch einer neuen Theorie beibringen, ohne dabei irgendwelche Rücksichten auf die vorwissenschaftlichen und außerwissenschaftlichen menschlichen Erfahrungen zu nehmen, über welche diese Wesen ja nicht verfügen. Es ist zwar nicht ausgeschlossen, daß begabte Naturforscher schließlich eine derartige Theorie begreifen und anwenden lernen. Es ist aber unrealistisch anzunehmen, daß unsere Theorien nur unter den genannten beiden ‚instrumentalistischen Leitideen' entstanden sind. Zweckmäßigerweise soll die genaue Erörterung dieses Punktes auf den Fall (*C*) verschoben werden, da das Problem der ‚*historischen Verankerung der theoretischen Begriffe in der spezifisch irdisch-menschlichen Erfahrung*', wie man dies nennen könnte, eine Kardinalfrage ist, welche das Verhältnis von Prätheorie zur Theorie betrifft.

Der Falltyp (*B*) betrifft das Auftreten von Primärtheorien, die sich noch nicht auf andere physikalische Theorien stützen können. Solche Theorien wollen wir *physikalische Anfangstheorien* nennen. Dieser Falltyp ist historisch interessanter, aber wissenschaftstheoretisch schwieriger zu behandeln; denn die für die numerische Beschreibung der zu den partiellen potentiellen Modellen der Theorie benötigten Funktionen liegen hier ja noch gar nicht vor. Die Schwierigkeit ist die, daß einerseits auch der Anwendungsbereich einer physikalischen Anfangstheorie *in numerischer Gestalt* vorliegen muß, daß wir aber andererseits für die Beantwortung der Frage: „wie werden denn die ‚rohen Erfahrungsdaten' in eine quantitative Form gebracht?"

Fortsetzung von Seite 235

beschreibt und dadurch eine Identifizierung herstellt. Zwar kann auch hier noch die Schwierigkeit auftreten zu erkennen, ob eine Liste von geordneten Paaren, bestehend aus Individuen und Funktionswerten, *wirklich die von ihm beschriebene Funktion darstellt*. Aber dies ist ein rein praktisches Problem, das sich, wie Sneed hervorhebt, nicht wesentlich davon unterscheidet herauszubekommen, ob jemand der älteste Sohn von Hans ist, wenn man bereits über das Wissen darüber verfügt, daß der älteste Sohn von Hans rothaarig ist.

nicht auf eine schon verfügbare physikalische Theorie zurückgreifen können, welche diese Vorarbeit leistet. Eine rationale Rekonstruktion muß hier davon ausgehen, daß eine oder mehrere Theorien der Messung (Metrisierung) vorliegen, welche die gewünschten Funktionen einzuführen gestatten. Wenn wir uns auf den wichtigsten Fall der *extensiven* Größen beschränken, so muß ein *extensives System* $\langle B, R, \circ \rangle$ vorliegen[67], welches mittels eines Isomorphie- oder Homomorphiekorrelators h zu einem *extensiven Skalensystem* $\langle B, R, \circ, h \rangle$ erweitert wird. Während mit der Einführung der Funktion h die Metrisierungsaufgabe gelöst ist, besteht die Vorarbeit dafür im Aufbau eines extensiven Systems. Daß es dafür keineswegs genügt, geeignete Festsetzungen zu treffen und in möglichst geschickter Weise Definitionen einzuführen, sondern daß dafür zahlreiche *empirische Hypothesen aufgestellt und getestet* werden müssen, ist in Kap. I ausführlich dargelegt worden. Der Grund, warum wir eine solche ‚zugrunde liegende Theorie der Metrisierung' nicht als *physikalische* Theorie bezeichnen können, besteht darin, daß nach unserer Definition eine solche Theorie überhaupt keine qualitativen Prädikate, sondern *nur numerische Funktionen* enthalten darf: *Alle Beschreibungen im Rahmen einer physikalischen Theorie sind Beschreibungen in quantitativer Sprache*. Ein extensives System enthält jedoch die *nichtmetrische Relation R* sowie die *nichtmetrische Kombinationsoperation* $\circ$.

Nehmen wir als Beispiel an, daß die einzuführende Funktion die *Längenfunktion* ist. Die Theorie der Länge, welche das extensive Skalensystem aufbaut, werde L genannt. Hier wiederholt sich auf ‚niedrigerer Ebene' im Prinzip all das, was wir auf ‚höherer Ebene' für physikalische Theorien feststellten: Wir haben das mengentheoretische Prädikat „x ist ein extensives System" eingeführt, für welches Modelle gesucht werden. Diese Modelle werden sich teilweise überschneiden und zwar auch in nichttrivialer Weise, d. h. so, daß die Vereinigung der Individuenbereiche zweier derartiger Modelle *nicht* einen Individuenbereich eines Modelles bildet. Diese Modelle in ihrer Gesamtheit bilden die partiellen potentiellen Modelle für das mengentheoretische Prädikat „x ist ein extensives Skalensystem". Die *empirische Behauptung der Theorie* der Länge kann dann im wesentlichen auf die Behauptung reduziert werden, daß es eine Möglichkeit gibt, alle diese partiellen potentiellen Modelle durch Hinzufügung einer Funktion h so zu ergänzen, *daß wir Modelle für das Prädikat „ist ein extensives Skalensystem" gewinnen*.

Damit aber hat die Funktion h genau denselben Status erlangt wie die T-theoretischen Funktionen einer physikalischen Theorie T. Der einzige Unterschied ist der, daß die fragliche Theorie L keine *physikalische Theorie*

---

[67] Die Axiome, die ein solches System charakterisieren, sind angeführt in Bd. IV, 2. Halbband, S. 406. Vgl. auch SNEED [Mathematical Physics], S. 18f. sowie S. 86ff.

in unserem Sinn ist. Nun haben wir uns aber bereits in VIII,3.b, (IX) klargemacht, daß das Kriterium der Theoretizität auch auf außerphysikalische Theorien übertragbar ist (ja sogar auf nichtmetrische Begriffe, was aber hier keine Rolle spielt, da h selbst eine Funktion darstellt). *Es ist daher berechtigt, die Länge eine L-theoretische Größe zu nennen.*

Wir können somit *zwei Begriffe von T-theoretisch im starken Sinn* gewinnen, *T-theoretisch in einem physikalischen Sinn* und *T-theoretisch in einem nichtphysikalischen Sinn.* Vom starken Sinn von „theoretisch" sprechen wir deshalb, weil in beiden Fällen das Kriterium für Theoretizität von SNEED angewandt wird. (Auf den *schwachen Begriff von* „theoretisch",von dem erstmals in Kap. IV die Rede war, kommen wir unter (*C*) nochmals zu sprechen.)

Die Antwort auf die zentrale Frage von (*B*): „*Woher nehmen die physikalischen Anfangstheorien die für die Bestimmung ihrer Anwendungen erforderlichen numerischen Beschreibungen ‚der in der Welt herumliegenden Tatsachen'?*" findet damit eine analoge Antwort wie im Falltyp (*A*): Diese numerischen Beschreibungen erfolgen mit Hilfe von Funktionen, die bezüglich der physikalischen Anfangstheorie *T*-nicht-theoretisch sind, jedoch *theoretisch bezüglich einer T ‚zugrunde liegenden' Theorie der Messung*. Wiederum also wird die entscheidende ‚numerische Vorarbeit' *durch eine andere Theorie* erbracht, nur daß diese andere Theorie diesmal, zum Unterschied vom Falltyp (*A*), keine physikalische Theorie ist.

Die klassische Partikelmechanik liefert eine gute Illustration für *beide* Falltypen: Die Funktionen *Kraft* und *Masse* sind *KPM*-theoretisch, die *Ortsfunktion* hingegen ist *KPM*-nicht-theoretisch. Da es sich um eine Anfangstheorie in unserem Wortsinn handelt, ist die letztere Funktion nicht mit einer Funktion identisch, welche bezüglich einer *physikalischen* Theorie theoretisch ist. Sie ist jedoch *L-theoretisch*, wenn wir unter *L* wieder die Theorie der Längenmessung verstehen.

Kehren wir jetzt auf die eingangs gestellte Frage zurück, ob NEWTON seine Theorie auch 1000 Jahre früher hätte entwerfen können. Die Antwort lautet: Wenn man *nur* seine physikalisch-mathematische Genialität voraussetzt *und nichts weiter*, so hätte er diese Leistung *nicht* erbringen können. Die Formulierung einer derartigen Theorie setzt nicht nur *spezielle* Vorarbeiten auf seinem Gebiet durch Leute wie KEPLER und GALILEI voraus, sondern beruht auf der zusätzlichen Annahme, *daß die mühsame, sich durch mehrere Jahrhunderte erstreckende Kleinarbeit der Umformung qualitativer Phänomene in quantitative Daten bereits erbracht ist.* Mit einer bejahenden Antwort der gestellten Frage müßte man also voraussetzen, daß NEWTON zusätzlich zu seinen physikalischen Fähigkeiten *außerdem* die übermenschlichen geistigen Kräfte zur Verfügung gestanden wären, diese Arbeit von *Jahrhunderten* selbst zu vollbringen.

Wenden wir uns zuletzt einigen wissenschaftstheoretisch interessanten Aspekten des Falltyps (*C*) zu! Wir können dafür gleich an die oben erwähnte Theorie der Länge oder allgemeiner: an eine Theorie extensiver Größen anknüpfen. Diese kann man auffassen als eine *nichtphysikalische Anfangstheorie, welche aus einem prätheoretischen Denkstadium hervorgegangen ist*. Bezüglich dieser Theorie treten analoge Fragen zu denen, die wir oben für die numerischen nicht-theoretischen Funktionen einer physikalischen Theorie und einer Theorie der Messung aufstellten, für die *nicht-numerischen Begriffe* auf, die in einer solchen Theorie Verwendung finden, also z.B. für die Relation R und für die Kombinationsoperation ○. Auch hier muß man sagen, daß es eine extreme Vereinfachung wäre zu sagen, diese Begriffe seien ‚dem alltäglichen Denken entnommen'.

Um von *alltäglichen*, in bezug auf jede Art von rekonstruierbarer Theorie *prätheoretischen* Begriffen, wie „ist kürzer als", „ist mindestens so lang wie" zu einer Relation R sowie zu einer Kombinationsoperation ○ über einem Bereich B zu gelangen, so daß die Axiome für extensive Systeme erfüllt sind und eine zum extensiven Skalensystem führende numerische Funktion eingeführt werden kann, bedarf es ganz *außerordentlich starker Idealisierungen*. Diese Idealisierungen müssen insbesondere so weit gehen, um z.B. die Theorie der Länge auf eine Weise interpretieren zu können, daß alle bekannten empirischen Verfahren zur Bestimmung des Wahrheitswertes von R-Sätzen dazu dienen, *eine und dieselbe Eigenschaft* zu bestimmen. Sie müssen ferner so weit reichen, daß bestimmte mathematische Erfordernisse erfüllt werden, die den systematischen Begriff von der alltäglichen Denkbasis zumindest in einem psychologischen Sinn sehr weit entfernen kann, wie etwa die Forderung, daß die Ortsfunktion eine *zweimal nach der Zeit differenzierbare Funktion* sein muß. (Die Wendung „zumindest in einem psychologischen Sinn" ist etwa so zu verstehen, daß jemandem, der sich noch nie mit exakten Theorien beschäftigt hat, der ‚Abstand' zwischen den Begriffen, mit deren Hilfe er in seinem Alltag Bewegungsvorgänge beschreibt, und einer zweifach differenzierbaren Ortsfunktion als viel größer erscheinen wird denn der Unterschied zwischen der Ortsfunktion auf der einen Seite, den Funktionen *Kraft* und *Masse* auf der anderen.)

Der Leser wird unschwer erkennen, daß es sich um genau diejenigen Aspekte handelt, die in Kap. IV, Abschnitt 1 bis 3, als Motive dafür angegeben wurden, ‚theoretische' Begriffe anzunehmen, die sich nicht ‚auf die Beobachtungssprache zurückführen' lassen. Solche Begriffe wollen wir als *theoretisch im schwachen Sinn* bezeichnen.

Wir können jetzt erstmals einen Zusammenhang herstellen zwischen den Betrachtungen dieser letzten beiden Kapitel und dem, was wir dort die Zweistufenkonzeption der Wissenschaftssprache nannten. Außerdem können wir jetzt den Grund für das ambivalente Gefühl erkennen, daß diese Konzeption *in gewissen Hinsichten adäquat ist, in anderen Hinsichten aber ein noch immer viel zu primitives Bild vom Aufbau einer modernen Naturwissenschaft liefert*. Das Zweistufenkonzept stellt im Prinzip ein adäquates Hilfsmittel für den Wissenschaftstheoretiker dar, *um Primärtheorien im Sinn von Anfangstheorien und ihr Verhältnis zur vorwissenschaftlichen Basis des alltäglichen Denkens und Sprechens zu beschreiben.* Die Idealisierungen und begrifflichen Identifizierungen, welche in diese Theorien eingehen, *bilden den aus der ‚Erfahrungs-‘ oder ‚Beobachtungsebene‘ herausragenden Teil des theoretischen Begriffsnetzes.* Die Glieder dieses Netzes sind die *theoretischen Terme* oder die *theoretischen Begriffe im schwachen Sinn.*

Für die *ausgereifte Wissenschaft,* die das Stadium einer Anfangstheorie längst verlassen hat, ist dieses Bild nicht mehr angemessen. Hier arbeitet die Wissenschaft mit Theorien, *die T-theoretische Terme im starken (Sneedschen) Sinn enthalten.* Vergessen wir dabei nicht, daß es sich hierbei keineswegs auch wieder nur um einen ‚graduellen Unterschied gegenüber dem früheren‘ handelt, sondern *um etwas so radikal Neues, daß eine vollkommene Umkehr im ‚Denken über Theorien‘ erzwungen wird:* Die Einsicht, daß moderne physikalische Theorien mit theoretischen Funktionen *im starken Sinn* arbeiten, war es, die das Problem der theoretischen Terme erzeugte, dessen Lösung zum 'non-statement view' von Theorien führte. *Der Begriff des theoretischen Terms im starken Sinn erzwingt den Übergang vom Denken an Theorien als an Klassen von Sätzen zum Denken an Theorien als an komplizierte mathematische Strukturen, ergänzt durch* (in der Regel nur) *paradigmatisch festgelegte Mengen von intendierten Anwendungen, die zu jedem Zeitpunkt nur dafür benützt werden, um einen einzigen unzerlegbaren Satz:* den zentralen empirischen Satz der Theorie (oder das propositionale Gegenstück dazu: *eine starke Theorienproposition* $I \in \mathbb{A}_e(E)$), *zu behaupten.*

Die in Kap. IV, 1—3, beschriebenen Gründe dafür, den Boden des früheren Empirismus zu verlassen, sind also weiterhin in Geltung. *Aber sie reichen nicht aus.* Was durch die dortigen Überlegungen gezeigt worden ist, sollte im Rückblick so gedeutet werden, daß bereits für die *primitivsten* Formen von Theorien das ‚Einstufenmodell‘ des Frühstadiums des Empirismus nicht angemessen ist, weil bereits in diesen Theorien theoretische Terme im schwachen Sinn vorkommen. Wie das Bild einer *ausgereiften* Theorie in Umrissen zu analysieren ist, sollte in VIII, 5—8, sowie in diesem Kapitel in den Abschnitten 3 und 6 geschildert werden. Es möge dabei nicht übersehen werden, daß wir, soweit von *qualitativen* Primärtheorien die Rede ist, auf einen intuitiven Begriff von „Theorie" zurückgreifen müssen, der durch die Explikationen in VIII.7 nicht mehr erfaßt wird.

Bereits zweimal sind wir auf die axiomatischen Theorien der Messung zu sprechen gekommen. Sie enthalten die besten heute verfügbaren rationalen Rekonstruktionen der Einführung quantitativer Größen, die zu den verschiedensten Skalentypen führen. Es soll aber nicht verschwiegen werden, daß *ein* Aspekt der Quantifizierung dabei praktisch immer unter den Tisch fällt: Es wird innerhalb dieser Theorien zwar genauestens angegeben, welche Bedingungen qualitative Relationen erfüllen müssen, um die Einführung von Größen zu gestatten. Damit ist aber überhaupt noch nichts darüber ausgesagt, ob es sich um ‚*zweckmäßige und interessante*' Metrisierungen handelt. Dieser zweifellos außerordentlich wichtige Gesichtspunkt hat selbst zwei Aspekte, einen, der ‚rückwärts' gerichtet ist auf den intuitiven Ursprung, und einen, der ‚vorwärts' gerichtet ist auf die Theorie, von der man empirischen Fortschritt und Erfolg erwartet. Das erste könnte man den Aspekt der *Vertrautheit*, das zweite den Aspekt der *Fruchtbarkeit* nennen. Der Begriff der *Beschleunigung* der klassischen Mechanik entfernte sich nicht nur von den vertrauten Vorstellungen über Bewegungsvorgänge; er bildete auch einen relativ ‚unvertrauten' Begriff, unvertraut nämlich in bezug auf die im Prinzip *rein geometrischen* ‚theoretisch-vorklassischen' Methoden der Beschreibung von Bewegungen. Dennoch ist es vielleicht gerade eine Eigenart dieses Begriffs, einiges mit den vertrauten Begriffen ‚zu tun zu haben' und trotzdem eine wichtige Rolle in einer Theorie zu spielen, die Erfolg haben sollte.

Der Begriff der Beschleunigung könnte, nebenbei bemerkt, den Anlaß geben für einen kritischen Vergleich des theoretischen Niveaus von Naturwissenschaften und systematischen Sozialwissenschaften. In der Geldtheorie spielt der Begriff der *Umlaufgeschwindigkeit* des Geldes eine zentrale Rolle. Ihm kann man einen präzisierten Begriff der *Umlaufbeschleunigung* an die Seite stellen. Diese Unterscheidung könnte von großer praktischer Bedeutung sein. Bekanntlich dauert es immer einige Jahrzehnte, bis theoretische Erkenntnisse der Nationalökonomie von Praktikern ernst genommen werden. Innerhalb der in den dreißiger Jahren dieses Jahrhunderts entwickelten Gleichgewichts- und Beschäftigungstheorie von J. M. KEYNES, die erst seit kurzem auch von Praktikern anerkannt wird, spielt die Geldschöpfung als Mittel zur Erhaltung der Vollbeschäftigung eine entscheidende Rolle. Es könnte sein, daß KEYNES ein Denkfehler unterlaufen ist, insofern nämlich, als die von ihm propagierte Methode der Erreichung der Vollbeschäftigung nicht nur, wie er meinte, mit einer gewissen mäßigen und konstanten Inflations*geschwindigkeit* verbunden ist, sondern mit einer konstanten Inflations*beschleunigung*, deren verheerende Nebenwirkungen den positiven Effekt der Methoden für das Beschäftigungsniveau mehr als aufheben könnten.

Die Bemerkung über die Beschleunigung bietet einen Anlaß, abschließend eine kritische Anmerkung zu der eingangs erwähnten ‚instrumentalistischen Deutung' der theoretischen Begriffe zu machen. Nach dieser Deutung erfolgt die Vervollständigung des Strukturkernes einer Theorie durch die Aufnahme beliebiger theoretischer Funktionen, vorausgesetzt, ‚sie leisten für die Theorie gute Dienste'. SNEED bringt in [Mathematical Physics], auf S. 297 ff. dagegen das Argument vor, daß hier etwas übersehen wird. Man könnte es den *Wunsch* nennen, *theoretische Erklärung und intuitives Verständnis soweit wie möglich miteinander in Einklang zu bringen*. Das Streben nach Erfüllung dieses Wunsches ist es, welches *unsere* Mechanik von einer ‚Marsmechanik' unterscheidet. Durch dieses Bedürfnis findet ein spezifisch *irdisch-menschlicher Charakterzug* Eingang zwar keineswegs in *alle* theoretischen Begriffe, wohl aber in die theoretischen Begriffe einer physikalischen

Primärtheorie wie der klassischen Partikelmechanik. Ältere naturphilosophische Abhandlungen, in denen z.B. auf das subjektive Erleben der Kraft als Quelle für ein rechtes Verständnis dieses Grundbegriffs der Mechanik hingewiesen wird, erweisen sich, von hier aus betrachtet, nicht als ‚völlig überholt' oder gar als ‚albern'. Die *Masse* als ‚den Widerstand, den ein Körper leistet, wenn er in Bewegung gesetzt wird' hat jeder Mensch unzählige Male erfahren, sowohl in einem Fall wie dem, wo er einen Tisch gerade noch verrücken konnte, als in Situationen von der Art, wo es ihm nicht mehr gelang, ein Klavier von der Stelle zu bewegen. Ebenso hat er subjektive Kraftanstrengungen unzählige Male erfahren und er gebraucht auch heute das Wort „Kraft" ständig, selbst wenn er noch nie etwas von Mechanik gehört haben sollte. Aber *wenn* er dann die klassische Partikelmechanik studiert und sieht, wie diese speziellen Typen von Bewegungen erklärt, da empfindet er ein Gefühl der Befriedigung und sagt: „Ach ja, das verhält sich gerade so, *wie ich es erwartet habe*; das *verstehe* ich."

Der menschliche Wunsch nach *Verständlichkeit* und nach *verständlichen Erklärungen* ermöglicht uns somit ein gewisses *metatheoretisches* Verständnis für den Zusammenhang zwischen prätheoretischen Vorstellungen und *T*-theoretischen Begriffen einer Primärtheorie *T*, also z.B. für die historische Kontinuität zwischen dem ‚vortheoretischen Nachdenken über Bewegungsphänomene' und den ‚Erklärungen sich bewegender Massen mit Hilfe *KPM*-theoretischer Begriffe'.

Der zuletzt erwähnte Punkt darf natürlich auch nicht überschätzt werden. Einmal betrifft er nur *Primärtheorien*, nicht jedoch Theorien, ‚die in der Theorienhierarchie später folgen'. Zum Begriff der *Entropie* und erst recht zu einem Begriff wie *Isospin* gibt es kein prätheoretisches Pendant. Zum anderen darf man auch nicht zu der Ansicht verleitet werden, als hingen dem ‚Primärtheoretiker' die intuitiven Vorfahren seiner *T*-theoretischen Begriffe wie ein Klotz am Bein. Er hat sowohl in bezug auf die ‚*reichliche Verwendung mathematischer Idealisierungen*', wie Stetigkeit, Differenzierbar- und Integrierbarkeit, große Bewegungsfreiheit als auch in bezug darauf, *wie er den genauen Zusammenhang zwischen den theoretischen und den nicht-theoretischen Funktionen konstruiert*. Das zweite Newtonsche Gesetz, die zentrale Komponente des Strukturkernes der klassischen Partikelmechanik, kann als ein Versuch angesehen werden, die zur Behandlung von Bewegungsphänomenen im Umlauf befindlichen Begriffe ‚durch gesetzgeberische Verfügung in einen geordneten Zusammenhang zu bringen'. Schließlich ist von vornherein zu erwarten, daß der Zusammenhang mit prätheoretischen Merkmalen bei *nicht-theoretischen* Funktionen alles in allem ein viel stärkerer sein wird als bei *theoretischen* Funktionen; denn die nicht-theoretischen Funktionen sind nur idealisierte Darstellungsformen derjenigen Merkmale, ‚zu denen wir unmittelbaren empirischen Zugang haben'. Bei den *theoretischen* Funktionen dagegen besteht trotz des erwähnten Zusammenhanges der historischen Kontinuität mit einer prätheoretischen Basis kein unmittelbarer Zugang zu den Funktionswerten. Dies ist wieder nur eine Folge dessen, wie diese Funktionen *als theoretische Funktionen* gehandhabt werden.

Daß der ‚freie Verfügungsspielraum' bei theoretischen Funktionen tatsächlich größer sein *muß* als bei nicht-theoretischen, zeigt sich besonders deutlich bei der Betrachtung des Verlaufs der normalen Wissenschaft: Verschiedene Erweiterungen E_t und $E_{t'}$ desselben Strukturkernes zu verschiedenen Zeitpunkten t und t' werden in der Regel für gewisse Individuen des Bereiches *verschiedene* Werte der theoretischen Funktionen liefern, so daß man sagen kann, *daß sich* bei jener Form der Dynamik, bei der die Theorie konstant bleibt und die Überzeugungen sich ändern, *die Extensionen der theoretischen Funktionen laufend ändern*[68]. Nur in jenem Grenzfall, wo der Verlauf ‚geradlinig' erfolgt und zu sukzessiven Verschärfungen der Art: $A_e(E_1) \supset A_e(E_2) \supset \cdots \supset A_e(E_i) \supset \cdots$ führt, dürfte man sagen, daß *ein und dieselbe* theoretische Funktion genauer und genauer bestimmt wird.

Einige Leser werden jetzt vielleicht das Gefühl haben, daß sich die obigen Bemerkungen über den Eingang spezifisch-menschlicher Vorstellungen in die theoretischen Begriffe einer Primärtheorie mit diesen zuletzt getroffenen Feststellungen nicht vertragen. Der Einklang wird wieder hergestellt durch die Feststellung, *daß die prätheoretischen Vorstellungen vor allem in den Nebenbedingungen ihren Niederschlag finden, die man den theoretischen Funktionen auferlegt.* So etwa wurde das Gewicht in der vor-Newtonschen Ära, wo es begrifflich nicht vom Trägheitswiderstand geschieden worden ist, als *innere* Eigenschaft von Körpern aufgefaßt. Ähnliches gilt von der Kraft. Im Aufbau der Theorie hat dies seinen Niederschlag gefunden in der Annahme der Nebenbedingung $\langle \approx, = \rangle$. Auch die Nebenbedingung, welche verlangt, daß die Masse eine extensive Größe sei, kann man als Niederschlag prätheoretischer Vorstellungen über die ‚Quantität der Materie' auffassen. Wir haben gesehen, *daß an diesen allgemeinen Nebenbedingungen mit größter Hartnäckigkeit festgehalten werden kann und auch festgehalten wird:* Wenn eine Theorie $\langle K, I \rangle$ dazu benützt wird, um mittels einer Kernerweiterung E eine möglichst starke Theorienproposition $I \in A_e(E)$ zu bilden und diese empirische Behauptung an der Erfahrung scheitert, *so werden die theoretischen Gesetze dafür verantwortlich gemacht und nicht die Nebenbedingungen. Man opfert die theoretischen Gesetze, um die den theoretischen Funktionen auferlegten Nebenbedingungen bewahren zu können.* Würde jemand in einem derartigen Konfliktfall z.B. nicht ein spezielles theoretisches Gesetz über die Masse preisgeben, sondern behaupten: „die Masse ist gar keine extensive Größe", so wäre die mutmaßliche Reaktion auf diesen Änderungsvorschlag: „Der will uns ja einreden, eine völlig neuartige Theorie aufzubauen!"

---

[68] Analoges gilt auch, wie man sich leicht überlegt, wenn sich die Zugehörigkeit zu I ändert.

7.c Eine zweite Art wissenschaftlicher Revolutionen: Theorienverdrängung durch eine Ersatztheorie: Bislang haben wir zwei Typen von dynamischen Prozessen analysiert: das erstmalige Auftauchen einer Theorie und den Verlauf der normalen Wissenschaft. Als *wissenschaftlichen Fortschritt* kann man den ersten Fall *immer* bezeichnen und den zweiten Fall unter gewissen Voraussetzungen, entsprechend den *zwei Möglichkeiten normalwissenschaftlichen Wachstums*: der Entdeckung neuer Elemente von I (d.h. $I_t \subset I_{t'}$ für $t < t'$) und der Verschärfung mittels Kernerweiterungen (d.h. $\mathbb{A}_e(E_{t'}) \subset \mathbb{A}_e(E_t)$ für $t < t'$), die gehaltstärkere zentrale empirische Sätze bzw. Theorienpropositionen ermöglichen. Es handelt sich bei den letzten beiden Fällen um diejenigen Erscheinungsformen des wissenschaftlichen Wachstums, bei denen *sich ständig ändernde Überzeugungen der Wissenschaftler bei Festhalten an ein und derselben Theorie* vorkommen.

Einen dritten Typ von Fortschritt bilden die wissenschaftlichen Revolutionen i.e.S., *in denen eine bereits verfügbare Theorie zugunsten einer neu aufgetauchten Ersatztheorie preisgegeben wird*. Kuhn bemerkt in [Revolutions] auf S. 97, daß im Prinzip nur drei Arten von Fällen denkbar sind, in denen neue Theorien entwickelt werden können: Erstens jene, wo bereits eine Theorie verfügbar ist, welche die empirischen Phänomene gut erklärt. Zweitens jene Fälle, in denen die Natur dieser Phänomene durch die Theorie zwar ‚angedeutet‘ wird, die Einzelheiten aber erst durch eine weitere Ausarbeitung der Theorie verstanden werden können. Und drittens diejenigen Arten von Fällen, in denen gehäuft ‚Anomalien‘ auftreten, die sich einer Erklärung durch die verfügbare Theorie hartnäckig widersetzen[69]. Und Kuhn fügt hinzu, *daß nur der dritte Typ wirklich neue Theorien entstehen läßt*; denn in den ersten beiden Typen von Fällen fehlen entweder die Motive, nach einer neuen Theorie zu suchen, oder, wenn eine solche Theorie doch gefunden wird, fehlt der Anlaß, sie zu akzeptieren.

Diese Kuhnschen Bemerkungen zu den ersten beiden Falltypen kann man innerhalb unseres begrifflichen Rahmens präzisieren. Die erste Art von Fällen umfaßt jene, wo ein normalwissenschaftliches Wachstum im Sinne des vorletzten Absatzes stattgefunden hat. Hier besteht tatsächlich kein Anlaß, nach Neuem Ausschau zu halten, da die verfügbare Theorie mit Erfolg zur Vergrößerung ihrer Anwendungen führte und die speziellen Probleme durch geeignete Erweiterungen des Strukturkernes erfolgreich gelöst werden konnten. Den zweiten Falltyp kann man mit denjenigen Fällen identifizieren, in denen zwar der Strukturkern sowie die paradigmatische Beispielsmenge der intendierten Anwendungen vorliegen, der normalwissenschaftliche Fortschritt aber erst stattfinden soll: Es ist der Zustand der

---

[69] An allen Stellen, wo hier von Theorien die Rede ist, spricht Kuhn von ‚Paradigmen‘. Diese Terminologie ist irreführend, da es sich im gegenwärtigen Kontext nicht um die paradigmatisch festgelegte Menge der intendierten Anwendungen, sondern um die *mathematische Struktur* der Theorie handelt.

normalen Wissenschaft ‚im Stadium der Verheißung'. Nun: Solange man nicht feststellen konnte, ob sich die Verheißung erfüllen oder ausbleiben wird, hat man abermals keinen Anlaß, eine neue Theorie zu suchen, mit der ja zu Beginn *auch* nichts anderes verknüpft werden könnte als eine derartige Erfolgs*verheißung*.

So scheint tatsächlich nur der dritte Fall als wichtiger und ernst zu nehmender Fall übrig zu bleiben, nämlich jener Fall des gehäuften Versagens einer bestehenden Theorie. Wenn viele Kritiker von Kuhns Auffassung trotzdem auch hierin wieder einen Appell an Irrationales erblicken, so dürfte dies zwei Gründe haben: erstens weil Kuhn die Preisgabe einer Theorie *mit der Annahme einer neuen Theorie koppelt;* zweitens weil nach seinen Ausführungen eine *Präzisierung der Umstände, unter denen ein derartiger Übergang erfolgen muß, ausgeschlossen zu sein scheint.*

Wieder macht man sich leicht klar, daß zwar bei Zugrundelegung des 'statement view' der Vorwurf der Irrationalität berechtigt erscheint, daß er hingegen für den 'non-statement view' entweder gegenstandslos wird oder sich höchstens auf diejenigen Kritik*möglichkeiten* reduziert, die in 7.a angeführt worden sind: An die Elemente einer falsifizierten Satzklasse zu glauben, erscheint uns höchstens in dem Sinn als weniger widervernünftig denn an einer nachweislich inkonsistenten mathematischen Theorie festzuhalten, als die ‚falsifizierende Basis' falsche Tatsachenbehauptungen enthalten könnte. Wenn hingegen eine Person über eine Theorie im Kuhnschen Sinn verfügt (**D17**), so kann es zu keinem Zeitpunkt, wie wir gesehen haben, zwingende empirische Gründe geben, diese Theorie fallenzulassen: die Theorie *war* ja *erfolgreich*, sie *hat sich* bei der Formulierung zentraler empirischer Sätze (**VI**) bzw. für die Behauptung von Theorienpropositionen *bewährt*. Wenn der normalwissenschaftliche Fortschritt plötzlich unterbrochen wird, so kann nichts den Forscher davon abhalten, diese Stagnation als einen *vorläufigen Rückschlag* anzusehen, der einmal wieder durch ‚bessere Zeiten' abgelöst werden wird, die denen ähnlich sind, da er oder seine Vorfahren diese Theorie mit Erfolg benützten.

Wir wissen, warum in einer solchen Art von Reaktion absolut nichts ‚Irrationales' liegt. Selbst dann, *wenn der Forscher die Unrichtigkeit seiner hypothetischen Annahmen ausdrücklich zugibt*, braucht er die Theorie, über die er verfügt, *nicht* preiszugeben. Denn wir müssen streng unterscheiden zwischen dem *Verfügen über eine Theorie* einerseits, den *empirischen Sätzen der Gestalt* (**VI**) oder starken *Theorienpropositionen*, die von einem über diese Theorie verfügenden Forscher *hypothetisch angenommen* werden, andererseits. Nur die Propositionen sind es, die als falsch erwiesen worden sind, nicht die Theorie. Diese besteht in ihrer nicht-empirischen Komponente aus einem mathematischen Begriffsgerüst K, das in der Vergangenheit gute Dienste bei der Behandlung eines Teiles der empirischen Komponente (der paradigmatischen Anwendung I_0 und vielleicht einer Erweiterung I_t von I_0)

geleistet hat. Warum sollte sie nicht trotz gewisser Rückschläge in Zukunft wieder ähnliche Dienste leisten?

Das von KUHN zitierte Sprichwort ([Revolutions], S. 80): „Das ist ein schlechter Zimmermann, der seinem Werkzeug die Schuld gibt" erhält hier eine ebenso zwanglose Deutung wie seine Feststellung (a.a.O. S. 79), *daß die einzige Art von Preisgabe einer Theorie, zu der Gegenbeispiele führen können, in der Ablehnung der Wissenschaft zugunsten eines anderen Berufes besteht.* Vorausgesetzt wird dabei, daß es sich um einen ‚normalen' Wissenschaftler handelt, der nicht über die Gaben verfügt, eine wissenschaftliche Revolution einzuleiten. Das zitierte Sprichwort könnte man daher durch die Worte ergänzen: „und um ein ganz *neues* Werkzeug zu schaffen, muß man mehr sein als ein bloßer Zimmermann". Ein Zimmermann wird zunächst immer versuchen, auftretende Mängel mit dem Werkzeug, das ihm und seinen Kollegen bisher so gute Dienste leistete, selbst zu beheben, bevor er nach einem Erfinder Umschau hält, der für ihn ein neues und besseres Werkzeug schafft. Und wenn er *weder* diese Mängel trotz längerer Bemühungen mit dem althergebrachten Werkzeug zu beheben vermag *noch* den Erfinder trifft bzw. sich selbst zu einem solchen entwickelt, *was bleibt ihm da anderes übrig als ein Berufswechsel?*

Das eine ist richtig: Wenn die ‚statistische Dichte des Scheiterns mit einer Theorie', also die Häufigkeit des Mißerfolgs mit versuchsweise akzeptierten Propositionen $I_t \in \mathbb{A}_e(E_t)$ bei ihm und seinen Kollegen zunimmt, so wird die Situation für den Wissenschaftler zunehmend ungemütlicher. Und mit der anwachsenden Unerfreulichkeit seiner Tätigkeit wird in einer derartigen Krisensituation die Bereitschaft wachsen, es mit einer neuen Theorie, sofern sich eine solche anbietet, zu versuchen. Die geschilderte Situation macht es außerdem *verständlich, warum es keineswegs ein bloßer historischer Zufall ist, daß die Entscheidung, eine Theorie abzulehnen, immer eine Entscheidung zugunsten einer neuen Theorie ist,* wie KUHN so nachdrücklich betont. Eine Theorie ist — zum Unterschied von einer wahren oder falschen Theorienproposition bzw. von einer richtigen oder unrichtigen zentralen empirischen Behauptung einer Theorie — ein kompliziertes Gerät, das man benützt, um zu sehen, ‚wie weit man damit kommt'. Man kann es *verstehen,* daß ein solches Gerät nicht weggeworfen wird, solange kein besseres da ist. Man kann es, wie gesagt, verstehen; aber man kann für diese Einstellung *keine logische Begründung* geben, einfach deshalb, weil es hier nichts mehr logisch zu begründen gibt. Es ist ja auch kein ‚historischer Zufall', daß einem Menschen ein Haus, durch dessen Dach es hindurchregnet, lieber ist als gar kein Haus oder einem Schiffbrüchigen ein gebrochenes Ruder lieber als gar kein Ruder. *Solche Fälle sind unserem Fall völlig analog.* Und daher haben wir für jeden dieser Fälle brauchbare *psychologische Erklärungen* für dieses menschliche Verhalten parat. Aber wir würden erstaunt aufblicken und den Kopf schütteln, wenn man uns auffordern sollte *zu beweisen, daß sich der Mensch immer so verhalten muß,* oder gar, daß er sich immer so verhalten *sollte.*

Mehr kann man also auch in unserem Fall nicht erwarten: Die klassische Partikelmechanik hatte sich in zahllosen Fällen als erfolgreich erwiesen, wo es darum ging, die Bewegungen von Körpern vorauszusagen und zu erklären, die eine *mittlere Größe* besitzen und die sich *mit mäßigen Geschwindigkeiten* bewegen. Bezüglich elektrisch geladener Körper, die sich mit hohen Geschwindigkeiten bewegten, geriet die Theorie in Schwierigkeiten. Trotzdem ist es *verständlich*, daß man ‚mit ihr weiter schuftete', bis man eine neue mathematische Struktur, bekannt unter dem Namen „Relativitätstheorie", entdeckt hatte, die überall dort erfolgreich war, wo sich die alte als erfolgreich erwiesen hatte, und bezüglich welcher man die begründeten Erwartungen haben konnte, auch bei der Behandlung derjenigen Phänomene erfolgreich zu sein, bei denen die alte Theorie versagt hatte.

Diesen Worten der Verteidigung müssen wir aber diesmal leider *zwei wesentliche Kritiken* hinzufügen: die Kuhnschen Ausführungen über diejenige Art von wissenschaftlichen Revolutionen, die wir *die Theorienverdrängung durch eine Ersatztheorie* nennen wollen, enthalten eine Übertreibung und einen Fehler.

Eine sogar *maßlose Übertreibung* ist in der Behauptung enthalten, die Problematik der Bestätigungstheorien verschwinde aufgrund dieser neuen Deutung der Theoriendynamik; die (auf REICHENBACH zurückgehende) Unterscheidung zwischen dem Kontext der Entdeckung und dem Kontext der Rechtfertigung werde gegenstandslos. Hier wird der Fehler der Anhänger des 'statement-view' nur sozusagen dualisiert. Daß hier irgendwo ein Fehler stecken *muß*, sollte eigentlich auf der Hand liegen, sobald man sich vor Augen hält, daß der 'non-statement view' von Theorien nicht zu der absurden Annahme verleiten darf, ‚als stellten Physiker überhaupt keine Behauptungen auf'. Nach unserer Rekonstruktion ist der empirische Gehalt einer physikalischen Theorie sogar in einer einzigen, unzerlegbaren und daher *besonders gehaltreichen* und *gegenüber empirischer Prüfung besonders empfindlichen* Aussage enthalten. Es ist nur *die Theorie selbst*, in bezug auf welche die Bestätigungsproblematik im üblichen Sinn verschwindet — was KUHNS Gegner übersehen. Bezüglich des *zentralen empirischen Satzes* und seines propositionalen Gehaltes: *der starken Theorienproposition* hingegen gilt nach wie vor die Bestätigungsproblematik *in vollem Umfang* — wofür die ‚Kuhnianer' anscheinend blind sind. Über Erfolg oder Mißerfolg der Theorie entscheidet letzten Endes einzig und allein die Frage, *ob sich Theorienpropositionen* $I_t \in \mathbb{A}_e(E_t)$,*an der Erfahrung bewähren*' oder nicht. Sollten *statistische Gesetze* in die Klasse G der Gesetze des erweiterten Strukturkernes E_t mit aufgenommen worden sein (oder sollten solche Gesetze, wie in der Quantenphysik, sogar schon in der Komponente M des Strukturkernes K selbst vorkommen), so fällt dieses Bewährungsproblem *in die Kompetenz der statisti-*

schen Stützungs- und Testtheorie. Bestehen die Kerngesetze in *M* sowie die speziellen Gesetze in *G* hingegen aus *deterministischen Annahmen*, so sind wir mit dem wiederauflebenden Streit zwischen ‚Induktivisten' und ‚Deduktivisten' konfrontiert, *der gelöst werden muß* — und zwar auf dem Wege über eine präzise Explikation des Bestätigungsbegriffs —, *wenn man zu einem rationalen Beurteilungskriterium für einen nicht-statistischen Ramsey-Sneed-Satz einer Theorie gelangen will.* Diejenigen unter den ‚Kuhnianern', die meinen, die traditionellen Diskussionen über diese Fragen gehörten auf den Misthaufen, haben viel zu früh frohlockt.

Liegt bei der Ablehnung der Bestätigungsproblematik nur die geschilderte Übertreibung vor, so steckt in der von KUHN mit solchem Nachdruck betonten *These, daß einander ablösende Theorien nicht nur unverträglich, sondern inkommensurabel seien*, ein logischer Fehler. Es ist nicht ganz leicht, diesen Fehler zu lokalisieren. Hat man ihn aber einmal entdeckt, so wird es (wieder einmal!) *verständlich*, wieso KUHN und seine Nachfolger ihn begingen. Viele Details, die KUHN vorbringt, haben einerseits den hier begangenen Fehler verdeckt, andererseits bei seinen Kritikern, *diesmal mit Recht*, den Eindruck verstärkt, daß die Verdrängung von Theorien durch neue in der Kuhnschen Denkweise als ein ganz und gar irrationaler Prozeß zu deuten sei. Es sei nur an solche Formulierungen erinnert, wie: daß jede Argumentation zugunsten eines Paradigmas (lies: zugunsten einer Theorie $\langle K, I_0 \rangle$) im Grunde immer *zirkulär* sei; daß die Vertreter verschiedener Theorien sich mangels Bestehens einer neutralen Metasprache überhaupt *nicht verständigen* könnten; daß Kämpfe zwischen miteinander konkurrierenden Theorien *religiösen Glaubenskämpfen* oder *politischen Kämpfen* zwischen miteinander unvereinbaren Lebensweisen einer sozialen Gemeinschaft ähnlich seien; und daß daher auch die Lösung des Konfliktes nicht durch Argumente, also auf rationalem Wege, sondern durch Propaganda, Überredung einschließlich ‚Aussterben' der Anhänger des ‚alten Paradigmas' erfolge.

Zwei Punkte bleiben innerhalb der Kuhnschen Darstellung unverständlich: Erstens wieso die durch eine Ersatztheorie verdrängte ältere Theorie *erfolgreich* gewesen ist. Zweitens wieso wir im Fall wissenschaftlicher Umwälzungen von *Fortschritt* sprechen. Dieser letztere Ausdruck müßte *ausschließlich* den beiden geschilderten Entwicklungsformen im Verlauf der *normalen* Wissenschaft vorbehalten bleiben. Vorgänge der Theorienverdrängung dürften dagegen *nur* Umwälzungen genannt werden.

Man kann den konstruktiven Kern der Kritik von I. LAKATOS am Kuhnschen Konzept in [Research Programmes] so interpretieren, *daß auf diese beiden Rationalitätslücken hingewiesen und gleichzeitig versucht wird, sie durch den Begriff des Forschungsprogramms zu schließen.* Wir wollen hier an die *scheinbar* ganz andersartige Auffassung von SNEED anknüpfen, um dann in 7.d zu zeigen, daß sich die Theorie von LAKATOS so rekonstruieren läßt, daß sie sich im wesentlichen Punkt mit dieser Auffassung deckt.

Es läßt sich in ganz knapper Form angeben, was für eine Relation zwischen einer verdrängten Theorie und der sie verdrängenden Ersatztheorie bestehen muß, damit gleichzeitig der relative Erfolg der alten und die Überlegenheit der neuen verständlich werden:

Die verdrängte Theorie ist auf die Ersatztheorie reduzierbar.

Dies scheint von KUHN und in ähnlicher Weise auch von FEYERABEND, explizit geleugnet zu werden. In [Revolutions], S. 101, findet sich die vermutlich einzige Stelle im Kuhnschen Werk, wo so etwas wie eine *Skizze einer logischen Beweisführung* gegeben wird. KUHN gibt dort im einzelnen die Gründe dafür an, warum man *nicht* davon sprechen darf, daß die Newtonsche Dynamik aus der relativistischen Dynamik *ableitbar* ist. Diese Argumentation ist ein Treppenwitz: KUHN benützt hier das wissenschaftstheoretische ‚Paradigma' seiner Gegner, um die Inkommensurabilitätsthese zu untermauern. Für den 'statement-view' ist die Zurückführung des Reduktionsproblems auf ‚Ableitbarkeitsbeziehungen zwischen Klassen von Sätzen' die einzige Möglichkeit. *Statt aber von der Unableitbarkeit auf die Unreduzierbarkeit zu schließen, argumentieren wir umgekehrt, nämlich daß ein adäquater Reduktionsbegriff nicht durch den Ableitbarkeitsbegriff zu definieren ist.*

Es handelt sich hier, so könnte man sagen, um einen typischen Fall von *Kompetenzüberschreitung*. Eine Analogie möge das Gemeinte verdeutlichen: Wenn ein Fachmann für Geschichte der Mathematik behaupten sollte, es sei unmöglich, einen konstruktiven Widerspruchsfreiheitsbeweis für die Zahlentheorie zu erbringen, ergo ‚kann auch G. GENTZEN in Wahrheit einen solchen Beweis nicht erbracht haben', so wird man ihm mit Recht entgegenhalten, daß er nicht kompetent sei, solche Behauptungen aufzustellen. Man wird von ihm verlangen, er solle Metamathematik studieren und die angeblichen Fehler bzw. die angeblichen nichtkonstruktiven Denkschritte im Beweis von GENTZEN aufdecken. Ähnlich kann man hier sagen: Die Entscheidung darüber, ob eine Theorie auf eine andere reduzierbar ist oder nicht, fällt nicht in die Kompetenz eines Wissenschaftshistorikers, auch nicht eines solchen, der ein neuartiges wissenschaftstheoretisches Konzept vorzutragen hat. Die Aufgabe der Explikation eines geeigneten Reduktionsbegriffs ist eine logische Aufgabe und zwar, wie wir gesehen haben, eine *außerordentlich schwierige* logische Aufgabe. Ihre Durchführung muß man geeigneten Fachleuten überlassen. Ein paar Gedanken über ‚die Nichtableitbarkeit gewisser Sätze aus anderen' sind absolut unzureichend.

Wie das Problem anzugehen ist, hat E. W. ADAMS in [Rigid Body Mechanics] aufgezeigt. Bereits sein Reduktionsbegriff ist ein wesentlich komplexerer und subtilerer Begriff als der, an den KUHN an der oben angegebenen Textstelle appelliert. Daß und warum auch dieser Begriff nicht ausreicht, ist in VIII,9 angegeben worden: ADAMS arbeitete nur mit einer *einfachen* mathematischen Grundstruktur (der „charakteristischen Eigenschaft" in seiner Terminologie), die durch das mengentheoretische Prädikat der axiomatisierten Theorie festgelegt ist. Die Sneedsche Konzeption, welche zusätzlich den *Unterschied zwischen theoretischen und nicht-theoretischen Funktionen*, das Faktum *verschiedener intendierter Anwendungen*, die sehr wichtigen *allgemeinen und speziellen Nebenbedingungen* sowie außer den Grundgesetzen *spezielle Gesetze* berücksichtigt, führt, wie wir in VIII,9 gesehen haben, zu einer nochmaligen, und zwar diesmal sehr einschneidenden Verfeinerung in der Struktur des Reduktionsbegriffs. Für uns ist es im Augenblick nur wichtig, die Einsicht festzuhalten, daß mit Hilfe dieses Begriffs *die beiden Rationalitätslücken geschlossen* werden können. Er macht es verständlich, wieso sich eine verdrängte Theorie in gewissen Situationen als erfolgreich erweisen konnte, aber auch, wieso die verdrängende Ersatztheorie in denselben Situationen *und darüberhinaus in den neuen Situationen* erfolgreich und daher in diesem Sinn ‚fortschrittlich' sein kann.

Abschließend sei auf etwas hingewiesen, was man *den Kantischen Aspekt der revolutionären Theoriendynamik* nennen könnte. Wir können davon ausgehen, daß zumindest eine *formale Analogie* zwischen der hier gegebenen Rekonstruktion des Verhältnisses zwischen ‚Theorie und Erfahrung' auf der einen Seite und der Kantischen Theorie besteht. Auch nach KANT besteht ein begriffliches Grundgerüst: das System der ‚reinen Verstandesbegriffe', welches von den Änderungen im Erfahrungsbereich nicht tangiert wird, ebensowenig wie die von diesem Grundgerüst hergeleiteten ‚metaphysischen Grundsätze der Erfahrung'. In *einer* wesentlichen Hinsicht besteht allerdings ein Unterschied: Für KANT war das Apriori-Gerüst überzeitlich gültig und keinem potentiellen Wandel unterworfen. *Sein Apriori war ein absolutes, kein zeitlich relativiertes; nur eine Art, Naturwissenschaft zu betreiben, sollte theoretisch möglich sein.* Viele Nachfolger und Verehrer KANTS haben diese Starrheit in der Kantischen Apriori-Auffassung bedauert und sind für eine Art von zeitlicher Relativierung oder zeitlicher Auflockerung eingetreten, am entschiedensten vielleicht E. CASSIRER. Daß dieser Gedanke einer ‚Liberalisierung der theoretischen Philosophie KANTS' kaum einen wissenschaftstheoretischen Effekt hatte, wird verständlich, wenn man bedenkt, daß die moderne Wissenschaftstheorie vom modernen *Empirismus* ihren Ursprung nahm und daß der Empirismus in *keiner* seiner Spielarten auch nur mit einer ‚relativierten' Kantischen Konzeption etwas anzufangen wußte. Nach empiristischer Auffassung muß sich *alles*, was ein Theoretiker leistet, vor dem Tribunal der Erfahrung verantworten. *Nichts* ist immun gegen empirische Kontrolle.

Auch die Kuhnsche Auffassung von der Entwicklung der Wissenschaft legt zunächst den Gedanken an eine Analogie zu einem liberalisierten Kantischen Konzept nicht nahe. Dies liegt aber allein an der Vielschichtigkeit des Kuhnschen Paradigmenbegriffs. Wenn man den Ausdruck „Paradigma" auf das beschränkt, wofür allein er eigentlich angemessen ist: für die durch paradigmatische Beispiele charakterisierte Menge *I* der intendierten Anwendungen einer Theorie, so ist diese Komponente gerade *nichts Apriorisches*, nicht einmal in einem zeitlich relativierten Sinn, sondern etwas ‚*Empirisches*', das sich mit zunehmender (‚normalwissenschaftlicher') Erfahrung verändert. Nein: Will man den Kantischen Grundgedanken auf den gegenwärtigen Fall übertragen, so darf man nicht das Zweitglied I einer Theorie $T = \langle K, I \rangle$ betrachten — das man in diesem Zusammenhang die *empirische* Komponente der Theorie nennen könnten—, sondern das Erstglied K, das in einem jetzt genauer präzisierbaren Sinn als *die apriorische Komponente einer Theorie* bezeichnet werden darf. Dieser genau präzisierbare Sinn ist der folgende: Solange Personen über *diese* Theorie verfügen, bleibt *diese* Komponente unverändert; sie *ist* immun gegenüber den Stürmen in der Erfahrungswelt und braucht nicht erst durch ‚konventionalistische Raffinessen' dagegen immunisiert zu werden. Als *relatives Apriori* thront der Strukturkern einer Theorie über den ‚Kämpfen um die Gunst der Erfahrung', die sich auf ‚niedrigerer' Ebene abspielen. Innerhalb des hier entwickelten Rahmenwerkes sind dies die Rivalitäten zwischen zentralen empirischen Sätzen bzw. zwischen Theorienpropositionen, die im günstig gelagerten Grenzfall die Form ‚geradliniger normalwissenschaftlicher Entwicklung' annehmen können: Beim Übergang von $I_t \in \mathbb{A}_e(E)$ zu einer *an empirischem Gehalt stärkeren* Proposition $I_{t'} \in \mathbb{A}_e(E)$ mit $I_t \subset I_{t'}$ oder $I_t \in \mathbb{A}_e(E^*)$ mit $\mathbb{A}_e(E^*) \subset \mathbb{A}_e(E)$.

Während diese Änderungen auf empirischer Ebene bei konstant bleibendem Apriori-Kern K den Weg der normalen Wissenschaft kennzeichnen, kann man im Ausbruch einer Krise und der darauf folgenden wissenschaftlichen Revolution eine Verlagerung der ‚Machtkämpfe' von der empirischen Ebene auf die Apriori-Ebene erblicken. *Empirische Rivalitäten weichen den Apriori-Gefechten*. Und Sieger bleibt in diesem Kampf — trotz der betörenden Reden von KUHN und FEYERABEND — nicht der, mit dem beim wissenschaftlichen und sonstigen Pöbel die beste Propaganda gemacht wird, sondern der, welcher alles leistet, was sein Vorgänger leistete, darüber hinaus aber noch weiteres. Und da er *auch dasselbe* leistet, ist das Bild von der Verdrängung in einer Hinsicht wieder recht irreführend (wie ja bildhafte Vergleiche *immer* in irgendeiner Hinsicht hinken). Um das Verhältnis zwischen der Apriori-Komponente einer Theorie und der des sie ablösenden Nachfolgers richtig zu begreifen, muß man das Denken in Bildern wieder verlassen und auf das begriffliche Instrumentarium der präzisierten *Reduktionsbegriffe* von VIII.9 zurückgreifen.

Noch einmal aber soll das Bild aufgegriffen werden zwecks deutlicher Abgrenzung des *relativen* vom *absoluten* Apriori. Daß wir *immer* nur von einem relativen Apriori werden sprechen können, hat seinen Grund darin, daß *kein* noch so ausgefeilter und verbesserter Strukturkern, der zu noch so vielen erfolgreichen Kernerweiterungen geführt hat, eine Gewähr dafür bietet, nicht selbst einmal in einen Apriori-Konflikt mit einem künftigen

Opponenten zu geraten und von seinem Gegner niedergerungen zu werden, weil dieser ‚mit Anomalien fertig wird, an denen er versagte'.

Wir haben oben ausdrücklich nur von einer *formalen* Analogie zur theoretischen Philosophie KANTs gesprochen. Auch die ‚zeitliche Relativierung des Apriori' sollte nicht darüber hinwegtäuschen, daß in inhaltlicher Hinsicht fundamentale Unterschiede bestehen bleiben. Davon kann man sich am raschesten durch einen Blick auf das modelltheoretische Begriffsgerüst aus VIII,6 überzeugen. Wenn wir erweiterte Strukturkerne im Sinn von SNEED so wie dort durch 8-Tupel $\langle M_p, M_{pp}, r, M, C, G, C_G, \alpha \rangle$ wiedergeben, so verläuft der Schnitt zwischen dem ‚relativen Apriori' und der ‚empirischen' Komponente zwischen dem fünften und sechsten Glied. Denn die nichtempirische Invariante im Prozeß der normalen Wissenschaft ist der Strukturkern $K = \langle M_p, M_{pp}, r, M, C \rangle$. Die ‚empirische Komponente' besteht hingegen nicht nur aus den drei Restgliedern G, C_G und α, sondern daneben zu jedem Zeitpunkt auch aus der Menge I_t, welche im Fall der paradigmatischen Festlegung die Bedingung $I_0 \subseteq I_t$ erfüllt. Was von den ‚Stürmen des Erfahrungswechsels' heimgesucht wird, sind also die Glieder des Quadrupels $\langle G, C_G, I_t, \alpha \rangle$. (Daß wir auch α dazurechnen, ergibt sich daraus, daß diese Relation die *speziellen* Gesetze aus G den *speziellen* Anwendungen zuordnet, in denen diese Gesetze hypothetisch als geltend angenommen werden; die Extension von α kann also sowohl bei einer Änderung der Klasse G als auch bei einer Änderung der intendierten Anwendungen variieren.) Der ‚relativ apriorische' Strukturkern K enthält drei Komponenten, *zu denen es keine inhaltliche Entsprechung im Denken KANTs gibt*: die Unterscheidung *theoretisch—nicht-theoretisch*[70], die *Nebenbedingungen* sowie die für den Begriff der Nebenbedingungen vorausgesetzte *Unterscheidung mehrerer, sich teilweise überschneidender intendierter Anwendungen* einer Theorie.

KANT hatte für seine Theorie in Anspruch genommen, Rationalismus und Empirismus, die apriorische und die empirische Komponente im Wissenschaftsprozeß miteinander versöhnt zu haben. Die Rekonstruktion der Kuhnschen Theoriendynamik im Begriffsgerüst von SNEED ist vielleicht der bessere Kandidat für einen solchen Anspruch.

Bildliche Zusammenfassung

Eine ausgereifte physikalische Theorie, die nicht nur das prätheoretische Stadium, sondern auch das Stadium nichtphysikalischer qualitativer Theorienbildung hinter sich gelassen hat und daher mindestens eine physikalische Anfangstheorie darstellt, bietet ein ganz anderes Bild als das eines ‚Systems von Sätzen, die durch deduktive und induktive Relationen mit-

---

[70] Es ist klar, daß bei der hier vollzogenen Abgrenzung zwischen dem ‚relativ apriorischen' und dem ‚empirischen' Teil der Unterschied zwischen theoretischen und nicht-theoretischen Funktionen *nicht* mit einem Unterschied zwischen apriorischen und aposteriorischen begrifflichen Bestandteilen gleichgesetzt werden kann.

einander verknüpft sind'. Sie ist ein seltsames Gebilde mit einem starren Zentrum und organisch wachsenden und sich ändernden Gliedern. Das Zentrum besteht aus einer mehr oder weniger komplizierten, relativ stabilen *mathematischen Struktur*, die sich in verschiedene Feinstrukturen untergliedern läßt. Klarheit über ihre nichtstabilen Teile gewinnt man erst, wenn man sich nicht mit zeitlich punktuellen Momentphotographien von ihr begnügt, sondern ihren dynamischen Lebensweg ‚von der Wiege bis zur Bahre' verfolgt. Unähnlich irdischen Wesen ist ihre Grundverfassung oder geistige Substanz, der Strukturkern, zugleich ihr stählernes Skelett. Dieses ist ihr bereits in die Wiege gelegt. Die wechselnden organischen Teile sind dagegen nicht prädeterminiert, sondern Art und Mannigfaltigkeit sowie Entwicklung dieser Teile ist dadurch bestimmt, wie und mit welchem Erfolg die Theorie von ihren Schöpfern zur Systematisierung der Erfahrung: der systematischen Beschreibung, Erklärung und Voraussage, benützt wird. Das Wachstum des organischen Überbaus vollzieht sich in amöbenhafter Weise. Zum Unterschied von irdischen Organismen können sich bereits ausgebildete Organe: die ‚Gesetze' und Verbindungen zwischen ihnen: die ‚Gesetzes-Constraints' wieder ganz zurückbilden, wenn die ‚widerstreitende Erfahrung' dies verlangt, um dem Herauswachsen neuer Gebilde ähnlicher Art Platz zu machen. Die Grundverfassung dagegen ist als relatives Apriori den Stürmen der Erfahrung *nicht* ausgesetzt; es ist durch empirische Verletzungen nicht verwundbar. Von Verletzungen, einschließlich Gliedamputationen, wird nur die organische Hülle heimgesucht, doch immer nur so, daß ihr *Gesamtwachstum:* das ‚normalwissenschaftliche Wachstum', nicht behindert wird. Dies ändert sich erst, wenn sich die empirischen Heimsuchungen zu häufen beginnen. Aber auch da ist nicht die angeblich ‚falsifizierende Erfahrung', sondern erst eine neue Theorie mit neuer geistiger Grundverfassung der Nagel zum Sarg der alten Theorie, die in einem Apriori-Konflikt durch den Geist ihres Nachfolgers niedergerungen wird. Doch der Beginn ist nicht ein völlig neuer; Altes wird bewahrt. Das heißt nicht, daß die Wiege der neuen Theorie groß genug sein muß, um den Sarg der alten aufzunehmen. Über Palingenese und Metempsychose erfährt der Geist der alten eine Reinkarnation im Leib der neuen, welche diese nicht nur zu vorher noch niemals vollbrachten schöpferischen Leistungen beflügelt, sondern auf sie alle Leistungen der überwundenen Theorie mit überträgt: der Übergang ist nicht ‚bloßer Wandel', sondern ‚echter', ‚revolutionärer Fortschritt'. Da nicht nur der Erfolg des normalwissenschaftlichen Wachstums einer Theorie von der Fähigkeit zur Anpassung an die ‚objektive Realität' abhängt, sondern die Leistungsfähigkeit dieser Realität gegenüber *auch* über Sieg und Niederlage in Apriori-Gefechten zwischen Theorien entscheidet, ist sowohl der normalwissenschaftliche als auch der revolutionäre Fortschritt kein ‚bloßer Wandel in den Überzeugungen', sondern echtes *Wachstum* des Wissens nach objektiven Maßstäben.

7.d ‚Forschungsprogramme' und ‚geläuterter Falsifikationismus' nach I. Lakatos. Zwei Alternativen zur Schließung der Rationalitätslücke in Kuhns Darstellung der Theorienverdrängung. Innerhalb unserer kritischen Diskussion des Kuhnschen Bildes von der Theorienverdrängung durch eine Ersatztheorie in 7.c ist auf eine *Rationalitätslücke* bei KUHN hingewiesen worden. Die Bedeutung dieser Rationalitätslücke kann leicht unterschätzt werden. Um sie uns vor Augen zu führen, machen wir uns, am besten mittels eines Vergleichs mit den beiden anderen Fällen von ‚Theoriendynamik', klar, in welchem Sinn eine Lücke besteht. Innerhalb des Verlaufs der normalen Wissenschaft gibt es, wie wir gesehen haben, fortschrittliche Entwicklungen sowie Rückschläge. Wir können hier genau sagen, was „Fortschritt" und was „Rückschlag" heißt. Grob gesprochen, besteht ein *normalwissenschaftlicher Fortschritt* entweder in einer echten Erweiterung der intendierten Anwendungen der Theorie, über die verfügt wird, oder in einer erfolgreichen Verwendung einer ‚verschärften', d.h. einer mit zusätzlichen speziellen Gesetzen oder (und) Nebenbedingungen versehenen Erweiterung des Strukturkernes K der Theorie. Beide Formen des normalwissenschaftlichen Fortschrittes könnten in unserer makrologischen Sprechweise durch die bündige Feststellung beschrieben werden: „es wurde eine Proposition $I \in A_e(E)$ gefunden, die gehaltstärker ist als alle ihre Vorgänger und die sich außerdem empirisch bewährt hat." Das duale Gegenstück dazu ist der *normalwissenschaftliche Rückschlag*, der sich entweder in einem Ausschluß von physikalischen Systemen aus der bisher angenommenen Menge der intendierten Anwendungen oder in der Preisgabe von Kernerweiterungen äußert. Für den Fall des erstmaligen Auftauchens von Theorien wurde zwar kein Fortschrittsbegriff explizit eingeführt, doch kann hier in *jedem* Fall von einem Fortschritt gegenüber dem vorhergehenden ‚theoriefreien' Zustand gesprochen werden. Denn nach Definition liegt eine Verfügung über eine Theorie erst vor, wenn der Strukturkern oder eine Erweiterung von ihm mindestens einmal *erfolgreich* angewendet worden ist. Und *dieser* Erfolg ist trivialerweise ein Fortschritt in bezug auf einen Zustand, wo man über keine Theorie verfügte und daher erst recht keinen ‚Erfolg' vorweisen konnte.

Diese beiden Arten des Fortschrittes können im Rahmen der von KUHN gegebenen Darstellung von Theorienverdrängung durch eine Ersatztheorie nicht durch einen Begriff des Fortschrittes dritter Art ergänzt werden. Die Kuhnsche Inkommensurabilitätsthese schließt jeden logischen Vergleich zwischen der ursprünglichen Theorie und der sie verdrängenden Ersatztheorie aus und *macht damit das Reden vom Fortschritt unmöglich.* Es kann höchstens von einem *Wandel* gesprochen werden. Dies ist ein intuitiv unbefriedigendes Resultat, sowohl in logischer als auch in historischer Hinsicht. In *logischer* Hinsicht deshalb, weil doch der Fall, daß Theorienverdrängung ‚Fortschritt' bedeutet, wenigstens *denkbar* sein sollte. In *historischer* Hinsicht deshalb, weil wohl nicht zu leugnen ist, daß gewisse tatsächliche Theorienverdrängungen ‚mit Fortschritt verbunden waren'. *Dieses* Fortschrittsphänomen gilt es nicht zu leugnen, sondern aufzuklären.

Wieso hatte die Kuhnsche Theorie diese seltsame Konsequenz, die das Reden von einem ‚revolutionären Fortschritt' dieses Typs unmöglich macht? Der Vergleich mit unserer Schließung dieser ‚Rationalitätslücke' in 7.c fördert den Grund dafür zutage: Wir konnten sagen, die Überlegenheit der neuen Theorie bestehe darin, daß diese Theorie nicht nur ‚Probleme löst, welche die alte nicht zu lösen vermochte', sondern daß darüber hinaus die neue Theorie überall dort erfolgreich ist, wo die alte erfolgreich war, *weil die alte auf die neue reduzierbar ist.* Dabei wurde der durch SNEED erweiterte und verbesserte Begriff der Reduktion ADAMS benützt. KUHN stand dieser Reduktionsbegriff nicht zur Verfügung, *so daß er eine Anleihe beim ‚Denken in Ableitbarkeitsbeziehungen zwischen Sätzen' machen mußte* ([Revolutions], S. 101 ff.). Die sich darauf gründende Überlegung stützte seine Inkompatibilitätsbehauptung.

Nun kann es natürlich der Fall sein, daß einmal eine Theorienverdrängung stattfindet, die man nur *irrtümlich* für einen Fortschritt hält, während sie in Wahrheit keinen Fortschritt beinhaltet. Dieser Fall läge vor, wenn man nur irrtümlich glaubt, die alte Theorie sei auf die neue reduzierbar. Es geht uns hier keineswegs darum, die Existenz solcher Fälle von ‚revolutionärem Rückschlag', wie man in Analogie zu normalwissenschaftlichem Rückschlag sagen könnte, zu leugnen. (Ob und wann so etwas vorgekommen ist, wäre nur durch eine Kombination von logischen und wissenschaftshistorischen Untersuchungen herauszubekommen.) Der springende Punkt ist vielmehr der, *daß wir zwischen diesen beiden Fällen: Theorienverdrängung mit und Theorienverdrängung ohne Fortschritt scharf unterscheiden können, während der Kuhnsche Begriffsapparat keine derartige Differenzierung gestattet.*

Bereits in 7.c haben wir darauf hingewiesen, daß diese Rationalitätslücke bei KUHN auch von LAKATOS festgestellt worden ist. Bei ihrer Schließung knüpften wir jedoch an die Darstellung von SNEED an, von der dort gesagt wurde, sie *scheine* in keiner Beziehung zur Methode von LAKATOS zu stehen. Es soll jetzt versucht werden zu zeigen, daß hier tatsächlich *nur* ein Schein vorliegt und daß man zumindest die Äußerungen von LAKATOS zu diesem Punkt auf solche Weise präzisieren kann, daß sie auf dasselbe hinauslaufen, nämlich auf Reduktion.

Zunächst zwei kurze Vorbemerkungen: (1) Die Ausführungen von LAKATOS enthalten eine große Fülle von systematischen Ansätzen und von historischen Detailstudien. Wir greifen nur zwei spezielle Punkte heraus: *einen Aspekt seines Begriffs des Forschungsprogramms* sowie seine *Neuformulierung des Falsifikationsbegriffs.* Damit ist bereits gesagt, daß kein Anspruch auf Präzisierung aller ihm selbst als wichtig erscheinenden Gesichtspunkte erhoben wird. Insbesondere soll der ‚methodologische Aspekt', auf den

LAKATOS so großen Wert legt, hier nicht berücksichtigt werden. (2) Soweit LAKATOS neue Begriffe einführt, geschieht dies auf intuitiver Basis. Der 'statement view' bildet dabei die unausgesprochene Hintergrundvoraussetzung. Bei der ‚Übersetzung' in die Sprache unserer Begriffe werden wir seinem Begriff von Theorie je nach Kontext *zwei verschiedene Begriffe* zuordnen. Dies ist eine Konsequenz dessen, daß das, was nach der Aussagenkonzeption „Theorie" genannt wird, innerhalb des 'non-statement view' entweder als *Theorie* oder als *Theorienproposition* konstruiert werden muß.

Daß diese Übersetzung nicht auf Grund von Willkür erfolgen soll, wird sich sofort beim *Begriff des Forschungsprogramms* zeigen. Den Gegenstand der Betrachtung bilden hier nicht einzelne ‚Theorien' im Sinn von LAKATOS, sondern ganze *Folgen von* ‚Theorien'. Wie LAKATOS selbst hervorhebt[71], erinnert die ‚Kontinuität', welche die Glieder einer derartigen Folge zu einem Forschungsprogramm zusammenschweißt, an KUHNs Begriff der normalen Wissenschaft. Wenn wir an diese Bemerkung anknüpfen, so ergibt sich für uns zwangsläufig die Notwendigkeit, eine derartige Folge *nicht* als Folge von Theorien in unserem Sinn, sondern als Folge von *Sätzen* oder von *Propositionen* zu konstruieren. Denn für den Verlauf der normalen Wissenschaft im Sinn von KUHN ist es ja im Rahmen unserer Rekonstruktion charakteristisch, daß die Theorie immer *dieselbe* bleibt und nur die Überzeugungen wechseln, die sich mit Hilfe von zentralen empirischen Sätzen oder ihren propositionalen Gegenstücken formulieren lassen. Der Einfachheit halber arbeiten wir nicht mit linguistischen Entitäten, sondern nur mit starken Theorienpropositionen. Allerdings muß *auch* auf eine Theorie bzw. genauer: auf das *Verfügen über eine Theorie* bezug genommen werden; denn jede starke Theorienproposition enthält Kernerweiterungen des Strukturkernes einer Theorie sowie Mengen partieller potentieller Modelle *dieser* Theorie. Es spielt im gegenwärtigen Zusammenhang keine Rolle, ob dabei der schwächere Begriff des Verfügens über eine Theorie im Sinn von **D14** oder der pragmatisch verschärfte Begriff des Verfügens über eine Theorie im Sinn von KUHN gemäß **D17** zugrundegelegt wird.

Da LAKATOS es vermutlich nicht lieben würde, zu starke Zugeständnisse an spezielle Vorstellungen von KUHN zu machen, wird man eher erwarten können, im Einklang mit seinen Auffassungen zu bleiben, wenn man den *schwächeren* Begriff des Verfügens über eine Theorie im Sinn von SNEED zugrundelegt (immer natürlich vorausgesetzt, daß er den gegenwärtigen begrifflichen Rahmen für eine Präzisierung seiner Begriffe überhaupt akzeptiert).

Genauer machen wir die folgende Annahme: Eine Person oder Personengruppe p verfüge während eines Zeitabschnittes, der durch eine Folge von diskreten Zeiten $t_1, t_2, \ldots, t_i, \ldots$ aufzufassen ist, über ein und dieselbe Theorie $T = \langle K, I \rangle$. *Person (Personengruppe) sowie Theorie werden also festgehalten.* Die Erweiterungen von Strukturkernen, von denen die Rede sein

---

[71] [Research Programmes], S. 132.

wird, sind daher immer Erweiterungen dieses einen Kernes K. Ferner sollen die jeweils angenommenen intendierten Anwendungen Teilmengen von I sein.

Als Glieder einer Folge, die ein Forschungsprogramm repräsentieren, wählen wir starke Theorienpropositionen von der Gestalt $I_{t_i} \in \mathbb{A}_e(E_{t_i})$. Eine Folge, bestehend aus n Gliedern $\Phi_1, \Phi_2, \ldots, \Phi_n$, symbolisieren wir durch $\langle \Phi_i \rangle_{i \in \mathbb{N}_n}$, wobei $\mathbb{N}_n$ für die Menge der natürlichen Zahlen steht, die kleiner oder gleich n sind.

LAKATOS sagt, daß ein Forschungsprogramm einen *theoretischen Fortschritt* verkörpere, wenn jeder ‚Schritt' zu einer Vergrößerung des empirischen Gehaltes führt[72]. Diesen Gedanken können wir ohne Mühe präzisieren, indem wir direkt auf die beiden Formen normalwissenschaftlichen Fortschrittes Bezug nehmen (vgl. 7.c erster Absatz).

In diesem Begriff des theoretischen Fortschrittes ist die epistemische Komponente noch nicht berücksichtigt. Dies geschieht durch die Forderung, der Fortschritt solle außerdem einen *empirischen* Fortschritt darstellen. Die einfachste Form, diesen Gedanken auszudrücken, besteht im Rückgriff auf die Forderung, daß sich jeder Schritt des Programms bewährt. Zwecks terminologischer Kontinuität mit den früheren Definitionen verwenden wir hier wieder den *undefinierten* Begriff der Stützung[73].

D18 p verfüge während eines Zeitraumes Z, bestehend aus den diskreten Zeiten $t_1, t_2, \ldots, t_n$, über die Theorie $T = \langle K, I \rangle$ (im Sinn von SNEED oder im Sinn von KUHN oder in einem noch zu präzisierenden dritten Sinn). Wir sagen dann:
p verfügt über ein theoretisch und empirisch fortschrittliches n-gliedriges Forschungsprogramm im normalwissenschaftlichen Sinn gdw es eine Folge $\langle I_{t_i} \in \mathbb{A}_e(E_{t_i}) \rangle_{i \in \mathbb{N}_n}$ von starken Theorienpropositionen gibt, wobei jedes E_{t_i} eine Erweiterung von K ist und für jedes $i \in \mathbb{N}_n$ gilt, daß $I_{t_i} \subseteq I$ sowie daß p zu t_i an das i-te Glied dieser Folge glaubt und daß gilt:

(1) für jedes $k < n$ ist entweder
  (a) $I_{t_k} \subset I_{t_{k+1}}$
  oder
  (b) $\mathbb{A}_e(E_{t_{k+1}}) \subset \mathbb{A}_e(E_{t_k})$
  oder beides;

(2) für jedes k, $1 \leq k \leq n$, verfügt p über Beobachtungsdaten, welche, je nach Lage des Falles, (1) (a) oder (1) (b) stützen.

---

[72] a.a.O., S. 134. Die Zuschreibung eines empirischen Gehaltes bildet übrigens für uns ein weiteres und unabhängiges Motiv dafür, die Glieder der Folge als Theorien*propositionen* und nicht als *Theorien* zu konstruieren.

[73] Was diesen letzten Punkt betrifft, so sind die Aussagen von LAKATOS nicht eindeutig. Alternativmöglichkeiten sollen weiter unten angedeutet werden.

Läßt man die Bedingung (2) fort, so erhält man den Begriff des *theoretischen* Forschungsprogramms. Die Bedingung (2) wurde so formuliert, daß mit jedem Schritt eine ‚Überschußbewährung' ("excess corroboration") im Sinn von LAKATOS verbunden ist.

Anmerkung. Die gleichzeitige Bezugnahme auf einen Glauben (eine Überzeugung) einerseits und auf bestätigende Daten andererseits könnte man — ebenso wie übrigens bereits bei den Definitionen **D14** und **D17** — in der Weise vereinfachen, daß man einen Begriff des *Wissens* einführt. „*p* weiß *X* zu *t*" wäre danach eine Abkürzung für „*p* glaubt zu *t*, daß *X* und außerdem verfügt *p* zu *t* über Beobachtungsdaten, die *X* stützen".

Der so definierte deskriptive Begriff des Forschungsprogramms führt *nicht* aus dem Rahmen des Kuhnschen Konzeptes in der Rekonstruktion der Abschnitte 6 und 7.a—7.c hinaus. Wie ein Blick auf die Bestimmungen (1) (a) und (b) der obigen Definition lehrt, handelt es sich dabei um nichts anderes als um einen *‚geradlinigen', nicht von Rückschlägen heimgesuchten Verlauf der normalen Wissenschaft im Sinn von* KUHN.

Einige Andeutungen von LAKATOS legen Liberalisierungen nahe. An einer Stelle auf S. 134 verlangt er z.B. nur, daß die einzelnen Glieder der Folge sich *im Rückblick* bewährt haben müssen ("retrospectively corroborated"). Dadurch werde, so fügt er hinzu, gewährleistet, daß ein Programm mit „prima facie ‚Widerlegungen' " verträglich sei. Falls wir dies in unserer Übersetzung so deuten dürfen, daß die einzelnen Glieder der obigen Folge auch *erschüttert* sein können, d.h. daß zu gewissen Zeitpunkten *erfolglose Kernerweiterungen* vorgenommen werden, so hätte dies den Effekt, daß „Forschungsprogramm" und „normale Wissenschaft" zu *synonymen Ausdrücken* würden. Diese letzte Feststellung gilt natürlich nur bei der hier allein benützten *deskriptiven* Deutung des Ausdrucks „Forschungsprogramm". Die Frage der normativen Entscheidungsdirektiven, mit denen LAKATOS seine Forschungsprogramme verknüpft sehen will, steht auf einem ganz anderen Blatt.

Führt somit der Begriff des ‚normalwissenschaftlichen' Forschungsprogramms nicht aus dem Rahmen des Verfügens über eine Theorie im Kuhnschen oder in einem schwächeren Sinn hinaus, so verhält es sich anders bei jenen Textstellen, in denen ein *Fortschrittsbegriff auf der Grundlage* des ‚geläuterten Falsifikationismus' ('sophisticated falsificationism') entwickelt wird. Die Art und Weise, wie LAKATOS den neuen Begriff der Falsifikation als Relationsbegriff einführt, legt es diesmal nahe, diesen Begriff auch in unserem Sinn *als eine Relation zwischen Theorien*, und nicht bloß zwischen Theorienpropositionen, zu verstehen. Da es sich außerdem um eine Relation handelt, die genau dann besteht, wenn in unserem Sinn eine *Theorienverdrängung* vorliegt, ist damit der Boden der ‚normalen Wissenschaft' verlassen und eine Zuwendung zur ‚revolutionären Wissenschaft' erfolgt.

LAKATOS gibt drei Bedingungen an, durch die der neue Begriff der Falsifikation charakterisiert sein soll. Wie aus dem Zusammenhang klar hervorgeht, besteht das grundsätzlich Neue gegenüber dem ursprünglichen Popperschen Begriff der Falsifikation darin, daß dieser Begriff *als eine Relation zwischen Theorien* zu konstruieren ist. Wegen der in diesem Begriff enthaltenen pragmatischen Komponenten ist es zweckmäßig, eine ausdrückliche Bezugnahme auf eine Person (Personengruppe) sowie auf eine Zeit mit aufzunehmen. Die zu präzisierende Relation $Fals(T, p, t_0, T')$ kann daher so gelesen werden: „Die Theorie T ist für p zur Zeit t_0 durch die Theorie T' falsifiziert". Wir beginnen mit der zweiten Bestimmung, die im gegenwärtigen Zusammenhang die wichtigste ist. Danach wird gefordert, daß T' den ‚früheren Erfolg von T erklärt'[74]. Wenn wir uns die Überlegungen von 7.c sowie die in VIII.7 präzisierten Gedanken nochmals vergegenwärtigen, so erkennen wir unschwer, *daß die Bestimmung des neuen Falsifikationsbegriffs im wesentlichen auf die Aussage hinausläuft, daß T auf T' reduzierbar ist*[75]. Es soll versucht werden, zunächst diese Komponente allein zu präzisieren. Das Explikat möge *schwache Falsifikation* genannt werden.

Zunächst führen wir zwei Hilfsbegriffe ein. Unter Benützung des Prädikates „$EK_T(X)$" für „X ist ein erweiterter Strukturkern der Theorie T" von VIII,7 werde die fünfstellige Relation „I ist die Menge der von p zur Zeit t bekannten Anwendungen des erweiterten Strukturkernes E_t der Theorie T" durch die Bestimmung definiert (zwecks Abkürzung verwenden wir dabei den in der obigen Anmerkung eingeführten Ausdruck „wissen, daß"):

$Anw(I, p, t, E_t, T)$ gdw $EK_T(E_t) \wedge I \neq \emptyset \wedge p$ weiß zu t, daß $I \in \mathbb{A}_e(E_t)$.

Wir benötigen noch die Verschärfung dieses Begriffes zu dem der *maximalen* Menge der p zu t bekannten Anwendungen des Strukturkernes. $MaxAnw(I, p, t, E_t, T)$ gdw $Anw(I, p, t, E_t, T) \wedge \wedge I' [Anw(I', p, t, E_t, T) \rightarrow I' \subseteq I]$.

D19 $Fals_{sch}(T, p, t_0, T')$ gdw T und T' eine Theorie ist und wenn gilt: $\wedge I \wedge E_{t_0} \{MaxAnw(I, p, t_0, E_{t_0}, T) \rightarrow \vee I' \vee E'_{t_0} \vee \varrho [MaxAnw(I', p, t_0, E'_{t_0}, T') \wedge rd(\varrho, M_p, M'_p) \wedge \langle I, I' \rangle \in \bar{\sigma}_\varrho \wedge p$ weiß zu t, daß $RED(\varrho, E_{t_0}, E'_{t_0})]\}$.

Hierbei ist ϱ die *Reduktionsrelation* von VIII,9, „RED" ist das Prädikat für *strenge theoretische Reduktion* und σ_ϱ ist die durch diese strenge theoretische Reduktion ϱ induzierte *empirische Reduktion*.

---

[74] "T' explains the previous success of T"; LAKATOS [Research Programmes], S. 116.

[75] Die Anregung, die in der vorigen Fußnote zitierte Bedingung von LAKATOS mittels des Reduktionsbegriffs zu explizieren, verdanke ich Herrn C.-U. MOULINES.

Daß die Theorie T für p zu t_0 im schwachen Sinn falsifiziert ist, kann ausgedrückt werden durch:

$$\bigvee T' \ Fals_{sch}(T, p, t_0, T').$$

Es wird vielleicht im ersten Augenblick Befremden erregen, daß dieser Falsifikationsbegriff, zum Unterschied vom Popperschen, nicht explizit Bezug nimmt auf *empirische Daten*. Doch solche Daten werden im Definiens ausdrücklich erwähnt, nämlich mit der Wendung, daß p für jede Erweiterung des Kernes T darum *weiß, daß* diese im strengen theoretischen Sinn reduzierbar ist auf eine geeignete Erweiterung des Kernes von T'.

Die beiden anderen Bestimmungen, welche LAKATOS in den neuen Falsifikationsbegriff aufnimmt, verlangen erstens, daß die ‚falsifizierende' Theorie T' in dem Sinn einen Überschußgehalt gegenüber T besitzt, daß sie *neue* Tatsachen voraussagt[76]; zweitens daß sich etwas von diesem Überschußgehalt von T' bewährt hat[77]. Diese beiden Gedanken können *nicht* in analoger Weise präzisiert werden wie in **D18**; denn dort handelte es sich um Theorien*propositionen*, während wir es jetzt mit *Theorien selbst* zu tun haben. Wir können den Grundgedanken von LAKATOS jedoch zwanglos in die bereits in der vorigen Definition benützte makrologische ‚Sprache der Reduktionsrelation' einbauen, indem wir verlangen, *daß es partielle potentielle Modelle gibt, die zwar unter die ‚falsifizierende' Theorie T', nicht jedoch unter die ‚falsifizierte' Theorie T subsumierbar sind und daß p außerdem um diesen Sachverhalt weiß*. Der dabei benützte intuitive Begriff der Subsumtion kann in naheliegender Weise mittels der Anwendungsoperation $\lambda_x \mathbb{A}_e(x)$ ausgedrückt werden: „y ist unter T subsumierbar" besagt z.B. dasselbe wie „es gibt eine Kernerweiterung E des Strukturkernes von T, so daß $y \in \mathbb{A}_e(E)$".

Wir gelangen somit zu der folgenden Definition von „die Theorie T ist für p zur Zeit t_0 durch die Theorie T' im *starken Sinn* falsifiziert" (der Definitionsbestandteil von **D19** muß dabei nochmals angeschrieben werden, weil sich die neue Definition von der vorigen nur durch das zusätzliche Vorkommen von Konjunktionsgliedern im Schlußglied unterscheidet):

D20 $Fals_{st}(T, p, t_0, T')$ gdw T und T' eine Theorie ist und wenn gilt: $\bigwedge I \wedge E_{t_0} \{MaxAnw(I, p, t_0, E_{t_0}, T) \rightarrow \bigvee I' \bigvee E'_{t_0} \bigvee \varrho [MaxAnw(I', p, t_0, E'_{t_0}, T') \wedge rd(\varrho, M_p, M_{p'}) \wedge \langle I, I' \rangle \in \bar{\sigma}_\varrho \wedge p$ weiß, daß $RED(\varrho, E_{t_0}, E'_{t_0}) \wedge p$ weiß, daß $\Phi]\}$; dabei ist Φ eine Abkürzung für: $\bigvee I' \bigvee x' \{x' \in I' \wedge I' \subseteq M_{pp} \wedge I' \in \mathbb{A}_e(E'_{t_0}) \wedge \neg \bigvee x \bigvee I \bigvee E [x \in I \wedge EK_T(E) \wedge \langle x, x' \rangle \in \sigma_\varrho \wedge I \subseteq M_{pp} \wedge I \in \mathbb{A}_e(E_{t_0})]\}$[78].

---

[76] "T' has excess empirical content over T': that is, it predicts *novel* facts ...".

[77] "... some of the excess content of T' is corroborated".

[78] Einige Definitionsbestandteile, wie z.B. „$I \subseteq M_{pp}$", könnten weggelassen werden, da sie bereits in anderen Bestandteilen implizit enthalten sind. Sie wurden nur größerer Suggestivität halber ausdrücklich angeführt.

Hier ist x' die *neue Tatsache* ("novel fact"), von der LAKATOS spricht. Inhaltlich besagt Φ etwa folgendes: „es gibt eine Menge partieller potentieller Modelle I' von T', auf die eine Kernerweiterung (nämlich E'_{t_0}) von T' richtig angewendet wird, und dieses I' enthält ein Element x', zu dem es kein Element (partielles potentielles Modell) x einer Menge I von partiellen potentiellen Modellen von T gibt, so daß $\langle x, x' \rangle$ in der durch ϱ induzierten empirischen Reduktionsrelation steht und I zur Menge der korrekten Anwendungen einer Kernerweiterung E_{t_0} von T gehört".

Es sei nun ein Fall der Theorienverdrängung im Sinn von 7.c gegeben; T sei die verdrängte Theorie und T' die Ersatztheorie. Wir können dann die Bestimmung hinzufügen:

Für alle Personen p und alle Zeiten t, zu denen p über T' verfügt, ist die Theorie T für p zu t durch die Theorie T' falsifiziert.

Wenn man die Gültigkeit dieser Zusatzbestimmung annimmt, so ist damit die von uns bemängelte Rationalitätslücke in der Schilderung der Theorienverdrängung durch KUHN behoben. Da die entscheidende neue Komponente des verbesserten Falsifikationsbegriffs im Reduktionsbegriff von VIII,9 besteht, ist damit zugleich die frühere Behauptung erhärtet, *die Schließung der Rationalitätslücke bei* KUHN à *la* LAKATOS *lasse sich so rekonstruieren, daß sie im wesentlichen auf dasselbe hinausläuft wie die Schließung dieser Rationalitätslücke durch* SNEED. Ein Unterschied besteht nur insofern, als diesmal durch geeignete Zusatzbestimmungen *außerdem* noch *der Gedanke einer sich bewährenden größeren Leistungsfähigkeit der neuen Theorie* explizit eingebaut ist. Das letztere könnte einen veranlassen, der Verbesserung des Kuhnschen Gedankens mit Hilfe des in **D20** eingeführten Begriffs den Vorzug zu geben. Denn jetzt ist alles an einem ‚fortschrittlichen revolutionären Wandel' Wesentliche präzisiert worden: erstens *daß die neue Theorie alles leistet, was die alte zu leisten vermochte*; zweitens *daß die neue Theorie mehr leistet als die alte* (d.h. Anwendungen besitzt, denen in der alten Theorie keine Anwendungen entsprechen); und drittens *daß man um diese beiden Tatsachen weiß*.

Allerdings dürfte es auch im Rahmen der Denkweise von LAKATOS gar nicht erforderlich sein, *für diesen speziellen Zweck* den neuen Falsifikationsbegriff zugrunde zu legen. Vielmehr könnte man dafür unmittelbar an die in [Research Programmes] auf S. 118 angeführten Begriffe des *theoretischen und empirischen Fortschritts* anknüpfen, diese Begriffe präzisieren und die obige Forderung durch die andere ersetzen, *daß im Fall der Theorienverdrängung ein empirischer Fortschritt vorliegen muß*. Wir deuten die Präzisierungsmöglichkeit an, wobei wir sofort eine epistemische Relativierung vornehmen und die beiden Definitionen simultan anschreiben, indem wir die Verstärkung für den Fall des empirischen Fortschritts in Klammern anfügen. (Tatsächlich unterscheidet sich der zweite Begriff vom ersten nur dadurch, daß an einer Stelle „glaubt" durch „weiß" zu ersetzen ist.)

D21 *T′ ist für p zu t theoretisch (empirisch) fortschrittlicher als T gdw*
$\wedge E_{t_0} \{ EK_T(E_{t_0}) \to \vee E'_{t_0} \vee I' \vee \varrho [EK_{T'}(E'_{t_0}) \wedge I' \in \mathbb{A}_e(E'_{t_0}) \wedge$
p glaubt (weiß) zur Zeit t, daß

(a) $RED(\varrho, E_{t_0}, E'_{t_0})$
und

(b) $\neg \vee I (I \in \mathbb{A}_e(E_{t_0}) \wedge \langle I, I' \rangle \in \bar{o}_\varrho)]\}$.

Auch die Benützung dieses Begriffs des empirischen Fortschrittes zur Schließung der erwähnten Rationalitätslücke läuft ‚im wesentlichen' auf die Benützung des Reduktionsbegriffs hinaus.

Als wir oben in 4.b erstmals auf die Immunität von Theorien der ‚normalen Wissenschaft' im Sinn von KUHN zu sprechen kamen, sagten wir, daß vom Kuhnschen Standpunkt aus betrachtet die Opponenten dieser Auffassung nicht einem *kritischen*, sondern einem *überspitzten* oder gar *überspannten* Rationalismus huldigen. Die späteren Ausführungen, insbesondere die Betrachtungen in 7.a, *schienen* KUHN recht zu geben. In 7.c mußten wir jedoch erkennen, daß KUHNs Analyse der Theorienverdrängung in der Tat eine unzulässige Lücke aufweist, die sich unter wesentlicher Bezugnahme auf den Reduktionsbegriff schließen läßt. Wir müssen somit differenzieren: Versteht man unter „*rationalistischen Kritiken*" solche, die gegen die früher geschilderte Immunität von Theorien im normalwissenschaftlichen Verlauf polemisieren, so sind diese Kritiken tatsächlich *unberechtigt*. Versteht man unter „*rationalistischer Kritik*" aber nichts weiter als eine Kritik der Rationalitätslücke in der Kuhnschen Schilderung wissenschaftlicher Revolutionen, verbunden mit einem Versuch, diese Lücke in adäquater Weise zu schließen, so ist eine solche Kritik *vollkommen zutreffend*. Da die *meisten* ‚rationalistischen Kritiker' — meist nicht explizit, sondern nur implizit — *beides* bemängeln, wird man auch zu den *meisten* Kritiken sagen müssen, *daß sie teils berechtigt und teils unberechtigt sind*. Die Diskussion in 4.b, 6 und 7.a zeigt genau auf, was an solchen Kritiken unberechtigt ist; die Diskussion in 7.c sowie in diesem Unterabschnitt hatte die Aufgabe, den Punkt genau zu bestimmen, an dem die Kritiker im Recht sind.

Selbst wenn man für die Schließung der Rationalitätslücke im Sinn von LAKATOS die zweite obige Alternative wählt, ist die Präzisierung des Falsifikationsbegriffs im Rahmen des ‚geläuterten Falsifikationismus' nicht überflüssig. Sie dürfte, zusammen mit den anderen Begriffsbestimmungen, dazu beitragen *eine mögliche Illusion zu zerstören*, nämlich die Illusion, *als werde mit dem ‚geläuterten Falsifikationismus' die ganze Bestätigungsproblematik gegenstandslos*.

Davon kann natürlich überhaupt keine Rede sein. In allen obigen Begriffsbestimmungen, welche die Wendung „wissen, daß" enthalten, *wird ein adäquater Bestätigungsbegriff vorausgesetzt*. Hier gilt genau dasselbe, was in 7.c in bezug auf KUHN gesagt wurde. Auch von KUHN wird ein derartiger

Begriff stillschweigend vorausgesetzt, weil Theorienpropositionen im Verlauf der normalen Wissenschaft nur *aufgrund von empirischen Befunden* für gut oder für schlecht bestätigt gehalten und aufgrund solcher Beurteilungen *angenommen oder verworfen* werden. Vermutlich genügt, soweit keine statistischen Hypothesen im Spiel sind, als Explikat ein deduktiver Bestätigungsbegriff von der Art des Popperschen Begriffs der Bewährung.

Ich möchte nochmals auf die mehrfache Unklarheit der Gegenüberstellung „deduktivistisch — induktivistisch" hinweisen, wie ich dies bereits in [Induktion] getan habe. Erstens ergibt sich oft ein anderes Resultat, je nachdem, ob man *die intuitive Ausgangsbasis* oder *die explizite Definition* des Begriffs zugrunde legt. Außerdem ist die intuitive Basis oft schwer zu beurteilen. Ein Beispiel bildet das Bestätigungskriterium von NICOD in der Hempelschen Rekonstruktion. Ist NICODs Begriff deduktivistisch oder induktivistisch? Es ist sicherlich richtig, daß bei NICOD *Ausdrücke* wie „Induktion", „Wahrscheinlichkeit einer Hypothese" usw. vorkommen. Aber derartige Begriffe finden keinen Eingang in die technische Definition. Und man kann schließlich NICOD, der lange Jahre vor dem Erscheinen der *Logik der Forschung* gestorben ist, nicht den Vorwurf machen, *daß er nicht die Poppersche Sprechweise benützte*. Vielleicht hätte er nach der Lektüre dieses Buches gesagt, daß er bezüglich des Begriffs der Bewährung mit dem ‚Popperschen Deduktivismus' übereinstimme. Daß HEMPELs Kriterium, obwohl in der Sprache der *deduktiven* Logik formuliert, oft zum induktivistischen Trend gerechnet wird, hat vermutlich zwei Gründe: erstens den, daß HEMPEL seine Ausführungen mit einer Darstellung und Kritik des Nicodschen Kriteriums begann, *das man sich induktivistisch zu nennen gewöhnt hat*; zweitens den, daß CARNAP in seiner *Induktiven Logik* — irrtümlich (!) — das Hempelsche Kriterium für ein qualitatives Analogon zu seinem Begriff des Bestätigungsgrades hielt. Das quantitative Gegenstück bei CARNAP ist in Wirklichkeit CARNAPs Begriff der *Relevanz*. Angenommen, CARNAP hätte den durchaus vernünftigen Vorschlag befolgt, den Hempelschen Begriff weiterhin als qualitativen Bestätigungsbegriff zu bezeichnen, dieselbe Bezeichnung aber auch für sein quantitatives Gegenstück, nämlich den Relevanzbegriff zu wählen, *wäre CARNAP unter diesen Umständen zum Deduktivisten geworden?*

Die Unklarheit der üblichen Gegenüberstellung hat mehrere Wurzeln, die teils in der Vagheit der intuitiven Basis begründet liegt, teilweise in der Art des Bezugspunktes bei der Deutung von Explikationen. Wenn man z.B. im quantitativen Fall nur dann eine Theorie *induktivistisch* nennt, wenn sie mit einem Begriff der *Hypothesenwahrscheinlichkeit* arbeitet, der die Kolmogoroff-Axiome erfüllt, so sollte man doch nicht *alle übrigen* Bestätigungsbegriffe als deduktivistisch bezeichnen, sondern nur jene, die wirklich *in der Sprache der deduktiven Logik allein* formuliert sind. Dann ergibt sich daraus aber sofort die Konsequenz, daß die Gegenüberstellung „deduktivistisch — induktivistisch" *keine vollständige Alternative* darstellt. Wenn man, wie dies in Bd. IV, Teil III, versucht wurde, den Likelihood-Begriff zum Schlüsselbegriff eines Stützungsbegriffs für statistische Hypothesen macht, so muß von einer solchen Theorie gesagt werden, daß sie *weder deduktivistisch noch induktivistisch* sei.

Zusammenfassend können wir sagen: Die Rekonstruktion des *deskriptiven* Gehaltes verschiedener Begriffe bei LAKATOS liefert

(1) für den normalwissenschaftlichen Fall (,*Forschungsprogramme im Sinn der normalen Wissenschaft*') gegenüber KUHN nichts wesentlich Neues, sondern je nach Art der Präzisierung dasselbe bzw. etwas Ähnliches wie den

Begriff des Verfügens über eine Theorie im Sinn von KUHN oder den mit „normalwissenschaftlicher Fortschritt ohne Rückschläge" charakterisierbaren Unterfall;

(2) für den Fall der Theorienverdrängung zwei Alternativmöglichkeiten zur Schließung der in der Kuhnschen Darstellung vorkommenden Rationalitätslücke, einen mittels eines *‚geläuterten' relationalen Begriffs der Falsifikation einer Theorie relativ auf eine zweite Theorie* und einen mittels eines Begriffs des *empirischen Fortschritts*. Das Bestätigungsproblem bleibt dabei in *allen* Varianten ein *offenes Problem* bzw. es wird *als gelöst vorausgesetzt*. (Vollkommen abstrahiert wurde von der Deutung der methodologischen Regeln als *normativer Verhaltensdirektiven für Wissenschaftler,* die nach LAKATOS dem Wissenschaftler sagen, welche ‚Wege der Forschung' er vermeiden und welche er verfolgen solle[79]. Auf diesen normativen Aspekt kommen wir in Abschnitt 10 kurz zurück.)

Eine terminologische Anmerkung über den Gebrauch des Wortes „Falsifikation" bei LAKATOS. Man kann verschiedene Gründe dafür angeben, die dagegen sprechen, diesen Ausdruck für die von LAKATOS vorgeschlagenen Begriffe, die wir in einer schwachen und in einer starken Variante zu präzisieren versuchten (**D19** und **D20**), zu gebrauchen:

(1) Der Übergang von dem, was LAKATOS den *dogmatischen Falsifikationismus* nennt, zu dem, was er als *naiven Falsifikationismus* bezeichnet, ist nur dadurch charakterisiert, daß die Annahme einer ‚absolut sicheren Verwerfungsbasis' preisgegeben wird. Der Poppersche Begriff der Falsifikation als einer Relation zwischen Daten und Hypothese wird dabei nicht geändert. Beim Übergang zum Begriff der Falsifikation im Sinn von LAKATOS hingegen erfährt der Ausdruck „Falsifikation" *einen außerordentlich starken Bedeutungswandel*. Dies lehrt bereits ein Blick auf die beiden Definitionen sowie eine Reflexion auf deren intuitiven Hintergrund. Die neuen Begriffe sind *wesentlich komplexer* als der alte und von diesem auch *strukturell verschieden,* da es sich jetzt nicht mehr um eine *Relation zwischen Hypothesen und Daten* handelt, sondern um eine *Relation zwischen Theorien*.

(2) Der Begriff der Falsifikation war *als ‚negative Entsprechung'* zum Begriff der Bewährung gedacht bzw. der letztere als ‚positives Korrelat' zum ersten. Eine solche Entsprechung fällt hier fort. Ja man kann überhaupt nicht mehr sagen, daß der neue Begriff etwas ‚Negatives' beinhalte; denn der ‚negativen' Teilaussage über die alte Theorie steht eine *‚positive' Teilaussage über die neue Theorie* gegenüber.

(3) Nicht nur ist der neue Falsifikationsbegriff kein ‚negatives Gegenstück' zu dem der Bewährung. Er setzt sogar den Begriff der Bewährung (oder einen anderen ‚deduktiven Bestätigungsbegriff') voraus. (Wie wir feststellten, wird das ‚traditionelle Bestätigungsproblem' nicht etwa gegenstandslos, sondern es wird nur an eine andere Stelle verlagert: von den Theorien auf die Theorienpropositionen oder empirischen Behauptungen einer Theorie.) Wie die obigen Definitionen lehren, wird ein Explikat dieses Begriffs auch von LAKATOS vorausgesetzt.

Diese Gründe zusammen mit der Überlegung, daß durch die Falsifikationsbegriffe von LAKATOS der Gedanke präzisiert werden soll, ‚daß die neue Theorie alles leistet, was die alte zu leisten vermochte, darüber hinaus aber noch mehr',

---

[79] Vgl. z.B. [Research Programmes], S. 132: "The programme consists of methodological rules: some tell us what paths of research to avoid *(negative heuristic),* and others what paths to pursue *(positive heuristic)*."

legen es nahe, die Leseart „die Theorie T ist für p zu t_0 durch die Theorie T' falsifiziert" im schwachen Fall (**D19**) zu ersetzen durch: „*die Theorie T ist für p zu t_0 durch die Theorie T' überholt*" und im starken Fall (**D20**) durch: „*die Theorie T ist für p zu t_0 durch die leistungsfähigere Theorie T' überholt*". Die größere Leistungsfähigkeit ist hier im prognostischen bzw. im explanatorischen Sinn zu verstehen.

7.e Theoriendynamik und Wissenschaftsdynamik. Daß die Wissenschaften ‚sich entwickeln', ist zunächst eine nichtssagende Trivialität. Informativ beginnt eine solche Feststellung erst dann zu werden, wenn sich damit die Erkenntnis verbindet, daß Entwicklung für die empirischen Wissenschaften etwas ganz anderes bedeutet als für die mathematischen Disziplinen. *Es ist ein wesentlicher Mangel der bisherigen Philosophie des Empirismus, die Eigenart der Entwicklung empirischer Wissenschaften nicht zum Gegenstand der Analyse gemacht zu haben.* Man beschränkte sich auf ‚Momentaufnahmen' von der Struktur einer empirischen Wissenschaft und meinte, diese müßten alles Wesentliche enthalten. Es ist zwar richtig, daß eine Einsicht in diese Struktur dem Verständnis der Theoriendynamik vorangehen muß. Aber einmal mehr bewährt sich die Aristotelische Weisheit, daß das der Sache nach Frühere das für uns Spätere ist. So bildet es keinen Zufall, daß die Struktur physikalischer Theorien von KUHN selbst *nur intuitiv erfaßt* worden ist, während er bereits wichtige und zutreffende wissenschaftshistorische Beiträge zur Deutung des dynamischen Prozesses der Wissenschaften lieferte, und daß die Entdeckung und bisher beste Klärung der Strukturen, die diesem Prozeß zugrunde liegen, durch SNEED erst nachfolgte. Nichts könnte die Notwendigkeit einer Rückkopplung wissenschaftstheoretischer Analysen auf wissenschaftshistorische Untersuchungen besser demonstrieren, nichts aber auch die außerordentliche Wichtigkeit rationaler Rekonstruktionen als Mittel zur Gewinnung eines echten Verständnisses deutlicher vor Augen führen als *dieser historische Vorgang innerhalb der Wissenschaftsphilosophie selbst*.

Es ist aber auch kein Zufall, daß die empiristische Philosophie, und nicht nur sie allein, hinter den Ideen von KUHN einen Obskurantismus vermutete, der mit jeder rationalen Deutung der empirischen Wissenschaften unvereinbar sei. Es fehlte die intellektuelle Vorbereitung, in der neue Strukturen sichtbar gemacht worden wären, damit ein scheinbar ‚irrationaler Prozeß' *als rationales Geschehen* hätte verständlich gemacht werden können. Zu sehr hatte man sich bereits an das metamathematische Analogiebild gewöhnt, wonach Theorien *unendliche Satzklassen* darstellen und die *gesamte Struktur* auf *logische Beziehungen* zwischen den Elementen dieser Klassen reduzierbar ist.

Daß der Verzicht auf eine Analyse des *dynamischen Aspektes* der empirischen Wissenschaften einen wirklichen Mangel darstellt, wird klar erkennbar, wenn man die eingangs aufgeworfene Frage auf der Grundlage der bisherigen Überlegungen beantwortet. Der rational rekonstruierbare dynamische Aspekt der empirischen Wissenschaften hat überhaupt keine Ähnlichkeit mit dem rational rekonstruierbaren dynamischen Aspekt mathematischer Disziplinen. Solange dies nicht erkannt ist, kann man nicht den Anspruch erheben, die empirischen Wissenschaften *als empirische Wissenschaften* verstanden zu haben. Zwar könnte man auch für die Mathematik versuchen, eine Analogiekonstruktion zur ‚normalen‘ und zur ‚revolutionären‘ Wissenschaft zu errichten; ebenso könnte man ein prätheoretisches praktisch-kalkulatorisches von einem theoretischen Stadium unterscheiden. Doch die ‚normale Wissenschaft‘ bestünde hier z. B. in solchen Dingen wie dem Auffinden einfacherer Beweise für bereits bekannte Lehrsätze, in der Herleitung neuer Theoreme in einer bereits errichteten Theorie, in einer neuen Axiomatisierung einer Theorie. Hier fehlt vollkommen die Analogie zu dem erstmals von KUHN herausgearbeiteten Grundmerkmal der normalen Wissenschaft: *daß eine Gruppe von Forschern über ein und dieselbe Theorie verfügt, obwohl sich ihre Überzeugungen bezüglich dieser Theorie ständig ändern.* Ebenso *fehlt das Analogon zur Immunität von Theorien gegen mögliche empirische Widerlegung.* (Das Analogon müßte in einer Immunität gegen logische Widerlegung bestehen; aber so etwas gibt es nicht.) Der normalwissenschaftliche mathematische Fortschritt ist ein linearer, akkumulativer Prozeß der Wissensvermehrung, der normalwissenschaftliche Fortschritt einer empirischen Theorie ist weder linear, noch notwendig akkumulativ. Analoges gilt von den ‚revolutionären Stadien‘: Neue mathematische Theorien werden zu den vorher bekannten *hinzugefügt*, dagegen gibt es *keine Analogie zum Phänomen der Theorienverdrängung.* (Man könnte zwar auch in der Mathematik von ‚Verdrängung einer Theorie durch eine andere‘ sprechen, doch hätte diese Wendung hier andere Bedeutungen, darunter etwa die, daß eine Theorie *statt einer anderen zur Grundlegung* für eine weitere Disziplin *benützt* wird, z. B. die Maßtheorie statt der Kombinatorik als Grundlagendisziplin der Wahrscheinlichkeitsrechnung.)

8. Erste Schritte zu einer Entmythologisierung des Holismus

8.a Die ‚Duhem-Quine-These‘. Ihre Verschärfung durch Kuhn und Feyerabend.

Die Bezeichnung „Duhem-Quine-These" soll hier im selben Sinn gebraucht werden wie von LAKATOS in [Research Programmes], S. 184ff., der sie nach meinem Wissen dort erstmals eingeführt hat. Nach einer vorbereitenden intuitiven Skizze werden wir versuchen, diese These in zwei Kernsätzen auszudrücken. Eine wesentliche Verschärfung dieser These, die auf Ideen fußt, welche von KUHN und FEYERABEND geäußert worden sind, soll dann in einem dritten Kernsatz und später in einem damit zusammenhängenden vierten Kernsatz festgehalten werden. Alles zusammen könnte man unter den Begriff *moderner Holismus* subsumieren. Sofern man die Duhem-Quine-These von der erwähnten Verschärfung abgrenzen will, könnte man die Konjunktion der ersten beiden Kernsätze als *Holismus im gemäßigten Sinn* und die Konjunktion aller vier Kernsätze als *Holismus im strengen Sinn* bezeichnen.

Blickt man auf die üblichen Schilderungen, so gewinnt man den Eindruck, der Holismus im schwachen Sinn sei etwas, das nur in einer verschwommenen und bildhaften Weise vorgetragen werden kann. Der dritte Kernsatz schließlich scheint etwas so Irrationales zu behaupten, daß es einen nicht wundern darf, wenn Philosophen, die sich einer rationalen Denkweise verpflichtet fühlen, glauben, gegen dieses ‚mythologische Bild von der Wissenschaft' ankämpfen zu müssen.

In 8.b wird die holistische Auffassung kritisch diskutiert werden. Zum Unterschied von den herkömmlichen ‚rationalistischen' Kritiken wird diese Diskussion nicht in *Verwerfung*, sondern in eine *Neuinterpretation* einmünden. Diese Neuinterpretation wird die holistischen Thesen mit einem präzisen Sinn versehen, wobei sich allerdings gelegentlich verschiedene voneinander abweichende Deutungsmöglichkeiten anbieten werden. Schließlich wird sich herausstellen, daß bei Zugrundelegung von jeweils einer ganz bestimmten Interpretation der Kernsätze der Holismus eine nicht nur klar formulierbare, sondern sogar *eine rational begründbare Position* darstellt. Es ist diese rationale Rekonstruktion, die in der angekündigten *Deutung und Rechtfertigung* besteht, welche wir als Entmythologisierung des Holismus bezeichnen. Es geht uns also um eine Klärung dessen, was *eigentlich* hinter den ‚holistischen Äußerungen' steckt. Es ist derselbe Sinn von ‚eigentlich', den wir verwenden, wenn wir sagen: ARISTOTELES versuchte als erster Mensch herauszubekommen, was wir *eigentlich* meinen, wenn wir Ausdrücke wie „also", „daher", gebrauchen. Es besteht natürlich insofern ein wesentlicher Unterschied, als es ARISTOTELES um die Klärung eines Aspektes menschlichen Theoretisierens schlechthin ging, während es sich für uns nur um die Klärung eines Aspektes *metatheoretischer Aussagen über das Theoretisieren* handelt.

Die ersten drei Kernsätze, auf welche sich die ganze spätere Diskussion bezieht, werden, von geringfügigen Änderungen abgesehen, in dieser Form von SNEED in [Mathematical Physics] auf S. 90 formuliert. (Unglücklicherweise wird das Problem des Holismus dort an einer Stelle erörtert, an der es überhaupt nicht in den Kontext hineinpaßt. Denn SNEED diskutiert in diesem Kapitel noch immer die Frage, auf welche Weise die Ramsey-Darstellung einer Theorie verbessert werden kann.) Die angekündigte rationale Rekonstruktion, die in analoger Weise auf der Grundlage der herkömmlichen Vorstellung von Theorien als Satzklassen kaum durchführbar sein dürfte, wird sich ganz wesentlich auf den ‘non-statement view' stützen. Die beiden Schlüsselbegriffe werden dabei die folgenden sein: der Begriff des *zentralen empirischen Satzes* einer Theorie (im Sinn von VIII,4.g) sowie der korrespondierende Begriff der *Theorienproposition im starken Sinn* (vgl. VIII,6.c).

Der Grundgedanke des gemäßigten Holismus ist erstmals von P. DUHEM ausgesprochen worden. Danach wird zwar jede Theorie mit der Erfahrung konfrontiert — insofern ist der Holismus zumindest mit einem liberalen Empirismus verträglich —, doch sind es nicht *einzelne* Sätze, die zum Gegenstand einer empirischen Nachprüfung gemacht werden können, sondern stets nur *die Theorie als Ganze*. In neuerer Zeit hat W. V. QUINE diesen Gedanken aufgegriffen und eine qualifizierende Erläuterung zu dieser These gegeben, vor allem in [Two Dogmas], Abschnitt 6, und in der Einleitung der [Grundzüge]. Auf diese beziehen wir uns in den folgenden drei Absätzen.

Das System unserer Behauptungen über die äußere Welt wird zwar mit der Erfahrung verglichen, aber es ist als ganzes bezüglich „Erfahrung unterbestimmt", da auch *ganz andere* Satzsysteme mit *derselben* Erfahrung verträglich sind. Eine Überprüfung des *Gesamtsystems* ist allerdings möglich. Denn das Ziel der Wissenschaft besteht darin, künftige Erfahrungen mit Hilfe vergangener Erfahrungen vorauszusagen. Und da kann es sich erweisen, daß tatsächlich andere als die vorausgesagten Erfahrungen gemacht werden. Dies gestattet uns jedoch noch lange nicht, einzelne Behauptungen des Systems für die Fehlprognose verantwortlich zu machen. Vielmehr können wir zunächst nur eine schwache Folgerung ziehen: „Wenn sich solche Voraussagen über Erfahrung als falsch herausstellen, muß das System irgendwie geändert werden. Aber es bleibt uns große Freiheit in der Wahl, welche Sätze des Systems erhalten bleiben und welche geändert werden sollen"[80]. Diese Wahlfreiheit, so könnte man hinzufügen, macht einen ganz wesentlichen Unterschied aus zwischen *logischer Argumentation* auf der einen Seite, *empirischer Prüfung* auf der anderen Seite[81]. Innerhalb einer mathematischen Beweisführung werden *bestimmte Sätze* bewiesen oder widerlegt; analog werden in metatheoretischen Argumentationen z. B. *bestimmte Sätze* als unentscheidbar (als weder beweisbar noch widerlegbar) erkannt oder *spezielle Axiome* entweder als überflüssig, d. h. aus dem restlichen Axiomensystem herleitbar, oder als aus den übrigen Axiomen unableitbar (z. B. das Parallelenpostulat in der euklidischen Geometrie; das Auswahlaxiom in der axiomatischen Mengenlehre). Empirische Prüfung hingegen kann immer nur das *ganze* System unserer Behauptung in Frage

---

[80] QUINE, [Grundzüge], S. 19.
[81] QUINE selbst bezieht in seine holistische Auffassung auch das System der logischen und mathematischen Sätze mit ein. Da dies aber auf der speziellen Quineschen Theorie über das Verhältnis von Logik, Mathematik und Erfahrung beruht, die von anderen ‚Holisten' nicht (oder jedenfalls nicht ausdrücklich) vertreten wird, soll im gegenwärtigen Kontext von dieser Besonderheit der Quineauffassung vollkommen abstrahiert werden.

stellen: „Unsere Sätze über die äußere Realität stehen dem Tribunal der Sinneserfahrung nicht einzeln gegenüber, sondern als ein zusammenhängendes Ganzes."[82] Welche Konsequenzen soll man daraus ziehen?

LAKATOS schildert in [Research Programmes] auf S. 184ff. zwei mögliche Reaktionen innerhalb dieser Quineschen Version des Holismus: die schwache Interpretation und die starke Interpretation[83]. Nach der *schwachen Interpretation* wird die Möglichkeit der empirischen *Widerlegung* einer *speziellen* Komponente (eines *bestimmten* Satzes) des theoretischen Systems geleugnet. Nach der *starken Interpretation* wird die Möglichkeit einer *rationalen* Auswahl aus den unendlich vielen Alternativmöglichkeiten, das System wieder mit der Erfahrung in Einklang zu bringen, geleugnet. Die Stellungnahme zu QUINEs Auffassung stellt sich nun nach LAKATOS folgendermaßen dar: *Die schwache These von* QUINE *ist trivial richtig;* denn tatsächlich ist jeder Test eine Herausforderung unseres gesamten Wissens. *Die starke These hingegen ist mit rationalen Argumenten zu bekämpfen.* Und zwar besteht die Möglichkeit einer rationalen Verwerfung dieser These sowohl für den *naiven Falsifikationismus*, wie POPPER diesen früher vertrat, als auch für den *aufgeklärten* ('sophisticated') *Falsifikationismus*, mit dem LAKATOS seine, die Ideen POPPERs weiterführende ‚Theorie der Forschungsprogramme' bezeichnet. Nach der Auffassung des naiven Falsifikationismus muß die geschilderte Inkonsistenz in der folgenden Weise behoben werden: Aus der Gesamtheit unserer Behauptungen ist auszuwählen (1) eine *Theorie*, die getestet werden soll (im Bild: eine *Nuß*); (2) eine Menge von *akzeptierten Basissätzen* (im Bild: ein *Hammer*); (3) die restlichen Behauptungen des Gesamtsystems als das *ungeprüfte Hintergrundwissen* (im Bild: *ein Amboß*). Die strenge Methode der Nachprüfung besteht dann darin, Hammer und Amboß so zu ‚erhärten', daß sie zusammen die Nuß knacken können: dies ist POPPERs negatives experimentum crucis. Im aufgeklärten Falsifikationismus wird dagegen der Gedanke an entscheidende Experimente preisgegeben und die Änderung irgendeiner Komponente im System der Wissenschaft zugelassen. Was diese Position vom Holismus in der starken Interpretation noch immer scharf unterscheidet, ist der Umstand, daß derartige Änderungen nur dann zugelassen werden, wenn sie in ein *fortschrittliches Forschungsprogramm* hineinpassen, welches die erfolgreiche Prognose neuer Fakten ermöglicht. Die Theorie der Forschungsprogramme von LAKATOS soll an dieser Stelle nicht

---

[82] QUINE, a.a.O., S. 19.
[83] Diese Unterscheidung fällt *nicht* mit unserer oben im ersten Absatz angekündigten Unterscheidung zwischen Holismus im gemäßigten und Holismus im strengen Sinn zusammen. Tatsächlich wurden diese beiden letzteren Ausdrücke nur gewählt, um eine Verwechslung mit der von LAKATOS eingeführten Terminologie zu vermeiden. Der Holismus im strengen Sinn wird erst später zur Sprache kommen. Nach unserer Terminologie bezieht sich sowohl die schwache als auch die starke Interpretation des Holismus nach LAKATOS nur auf den Holismus *im gemäßigten Sinn*.

weiter verfolgt werden, zum einen deshalb, weil wir bereits einige Aspekte dieser Theorie zu präzisieren versuchten, zum anderen aber aus dem Grund, *weil wir das ‚Problem des Holismus' in ganz anderer Weise in Angriff nehmen werden*. Statt die (scheinbar) irrationale starke These durch Formulierung methodologischer Regeln zu *bekämpfen*, werden wir versuchen, diese These auf solche Weise zu präzisieren, *daß sie den Anschein des Irrationalen verliert*. Die Kritik von LAKATOS setzt nämlich, ebenso wie vermutlich alle ‚rationalistischen' Kritiken, als selbstverständlich den ‚statement view' voraus. Die Theorie der Forschungsprogramme von LAKATOS kann *auch* unter dem Aspekt betrachtet werden, die bildhaft-mythologische Charakterisierung des Holismus durch ein *System von klaren Regeln zu ersetzen*, wobei aber der Rahmen des herkömmlichen 'statement view' nicht gesprengt wird. In 8.b soll versucht werden, das Problem in *radikalerer* Weise anzugehen: auf dem Wege über eine präzise Deutung der holistischen Kernsätze vom Standpunkt des hier zugrunde gelegten 'non-statement view'.

Doch kehren wir nochmals zu QUINE zurück. Es ist nicht ganz zutreffend zu behaupten, daß QUINE ‚jede rationale Auswahl unter den Alternativen' leugnet. Er macht vielmehr eine Reihe von klärenden Bemerkungen, die allerdings, und das kann nicht geleugnet werden, bildhaft und vage bleiben. QUINE stellt zunächst fest, daß im Fall der erwähnten Falsifikation von Voraussagen die Auswahl dessen, was beibehalten werden soll, nach einem „verschwommenen Schema von Prioritäten" getroffen wird[84]. Prinzipiell kann man zwar einen beliebigen Satz herausgreifen und an ihm als einem richtigen Satz festhalten, sofern man bereit ist, anderswo im System hinreichende praktische Änderungen vorzunehmen. Ebenso kann man *prinzipiell* umgekehrt beschließen, keinen Satz gegen mögliche Revision zu immunisieren[85]. Tatsächlich jedoch werden wir versuchen, Sätze ‚an der Peripherie unserer Erfahrung' solange als möglich „eifersüchtig zu bewahren"[86]. Sätze dieser Art sind etwa: „mein Füllhalter ist in meiner Hand", „das Thermometer zeigt gerade 16 °C an". Eine in gewissem Sinn entgegengesetzte Priorität verlangt, daß Gesetze um so weniger für eine Änderung in Betracht gezogen werden, je grundlegender sie sind[87]. Beide Prioritäten entspringen unserem natürlichen Wunsch, das Gesamtsystem so wenig wie möglich zu stören[88]. Aber bereits diese zweite Priorität läßt viele Abstufungen zu: „Unser System von Sätzen hat ein so dickes Polster von Unbestimmtheit in bezug auf die Erfahrung, daß beide Bereiche von Gesetzen vor prinzipiellen Veränderungen geschützt werden können"[88]. „Unserer beständigen Bevorzugung derjenigen Veränderungen, die das System am

---

[84] [Grundzüge], S. 19.
[85] [Two Dogmas], S. 43.
[86] [Grundzüge], S. 19.
[87] [Two Dogmas], S. 44.
[88] [Grundzüge], S. 20.

wenigsten stören", welche in diesen beiden Prioritäten ihren Niederschlag findet, steht aber „eine wichtige Gegenkraft gegenüber, der Hang zur Vereinfachung"[89]. Die folgenden Ausführungen QUINEs deuten darauf hin, daß er in Einfachheitserwägungen den wichtigsten Motor für physikalische Revolutionen erblickt.

Nimmt man diese Äußerungen wörtlich, so scheinen sie auf eine ungeheure Kluft zwischen Metamathematik einerseits, Metatheorie oder Philosophie der Wissenschaft andererseits hinzuweisen. Sind dort strenge Begründungen möglich, so bleibt uns hier im Grunde nichts anderes übrig, als uns mit einer bildhaften Beschreibung des Wissenschaftsprozesses zu begnügen, in welcher auf Gefühle und natürliche Tendenzen bezug genommen wird: unseren *natürlichen Hang*, möglichst wenig zu ändern; unser *subjektives Gefühl* dafür, was an der ‚Peripherie der Erfahrung' liegt, sowie das dazu entgegengesetzte *subjektive Gefühl* für das, was im Zentrum des Systems liegt, sowie für die Abstufung der Gesetze; schließlich der der ersten Tendenz entgegengesetzte *natürliche Hang* zur Vereinfachung. Da die Prioritäten und Neigungen miteinander in Konflikt geraten können, müssen in allen diesen Fällen die endgültigen Entscheidungen abermals auf der Grundlage von *Gefühlen und Neigungen* gefällt werden.

Wie bereits angekündigt, wird es nicht unser Bestreben sein, die holistische Auffassung durch etwas Besseres zu ‚ersetzen' und damit zu ‚überwinden'. Vielmehr soll sie soweit präzisiert werden, daß der Eindruck zerstört wird, es handle sich dabei um eine Position, über die nur in mehr oder weniger verschwommenen Bildern geredet werden kann und die ständig an unsere subjektiven Eindrücke davon appelliert, was ‚peripher', was ‚zentral', was besser im Sinn von ‚einfach' ist usw. Soweit die Thesen *Bestätigungsprobleme* betreffen, werden wir diese zwar erwähnen, ihre Erörterung jedoch ausklammern, da sie nicht in den gegenwärtigen Rahmen hineingehört. In dieser einen Hinsicht wird die spätere Deutung also unvollständig bleiben.

Doch zunächst sollen die ersten beiden Kernsätze des gemäßigten Holismus explizit formuliert werden:

(I) *Eine Theorie wird als Ganze akzeptiert oder als Ganze verworfen, nicht dagegen stückweise durch Annahme oder Verwerfung einzelner Komponenten (Sätze) der Theorie.*

(II) *So etwas wie eine Verwerfung einer Theorie auf Grund eines experimentum crucis gibt es nicht.*

Der Holismus im strengen Sinn ist dadurch gekennzeichnet, daß er eine zusätzliche These hinzufügt, die weit über das hinauszugehen scheint, was den früheren Holisten vorschwebte. Die These soll zunächst formuliert und dann durch eine Textstelle aus dem Werk von KUHN näher erläutert werden.

---
[89] [Grundzüge], S. 21.

(III) Man kann nicht scharf unterscheiden zwischen dem empirischen Gehalt oder den empirischen Behauptungen auf der einen Seite und den empirischen Daten, welche diese empirischen Behauptungen stützen, auf der anderen Seite.

Was ist mit dieser These gemeint? In [Revolutions], S. 140, betont KUHN, daß Theorien zwar ‚zu Tatsachen passen', daß dies aber nur dadurch möglich werde, daß Informationen, welche für das vorausgehende ‚Paradigma' überhaupt noch nicht existierten, ‚in Fakten umgewandelt werden'. „... Theorien entstehen nicht stückweise, um sich an Fakten anzupassen, die schon die ganze Zeit vorhanden waren. Sie entstehen vielmehr zusammen mit den zu ihnen passenden Fakten aus der revolutionären Neuformulierung einer wissenschaftlichen Tradition"[90]. Man wird es einem Leser des Kuhnschen Buches kaum übel nehmen können, wenn er es bei der Lektüre dieser Zeilen weglegt[91]. HEGEL soll einmal einem Kritiker, der ihm vorwarf, seine Philosophie stimme nicht mit der Erfahrung überein, geantwortet haben: „Um so schlimmer für die Erfahrung". Diese Episode und die obigen Kuhnschen Zeilen vor Augen, kann man die Frage stellen, wodurch sich theoretische Physiker von HEGEL unterscheiden. Es liegt nahe, unter Berufung auf KUHN zum Vergleich das folgende Bild zu wählen: Während HEGEL es bei der zitierten arroganten Feststellung beließ, betätigen sich die Physiker als ‚superhegelianische Falschmünzer', welche ‚Theorien' und ‚Tatsachen' solange ‚zurechthämmern', bis sie wechselseitig aufeinander passen. Kann also, so muß man sich fragen, der These *(III)* überhaupt noch *irgendeine rationale Deutung* gegeben werden?

8.b Diskussion und kritische Rekonstruktion des strengen Holismus. Beginnen wir mit der *These (I)*. Würden wir nur die Analyse von VIII, Abschnitt 4, zugrundelegen, so würde die Deutung lauten müssen: Eine Theorie besteht nicht aus einer *Klasse* von Sätzen, sondern *aus einem einzigen unzerlegbaren Satz*: dem Ramsey-Sneed-Satz der Theorie (den wir, der Einfachheit halber und um Eindeutigkeit zu erzielen, wieder in der schärfsten Form **(VI)** annehmen). Sofern man eine Theorie überhaupt ‚linguistisch' interpretiert, hätten wir damit *eine zugleich exakte sowie inhaltlich zutreffende Deutung* der ersten These gewonnen. Es wäre nicht einmal nötig, bei der linguistischen Deutung stehenzubleiben. Denn wir könnten den zentralen empirischen Satz jeweils durch sein propositionales Gegenstück: eine Theorienproposition im starken Sinn $I_t \in \mathbb{A}_e(E_t)$, ersetzen.

Doch so leicht können wir uns die Sache nicht machen. Den Grund dafür kennen wir bereits. Die beiden Begriffe des Verfügens über eine

---

[90] "... theories do not evolve piecemeal to fit facts that were there all the time. Rather, they emerge together with the facts they fit from a revolutionary reformulation of the preceeding scientific tradition", a.a.O., S. 140.

[91] Ich selbst *habe* es weggelegt, weil in mir dabei das gleich geschilderte Bild aufstieg.

Theorie wurden ja gerade deshalb eingeführt, um sagen zu können, daß die Theorie gleichbleibt, während sich die Überzeugungen in bezug auf die Theorie ändern. Wir müssen also weiter differenzieren. Wenn wir dabei davon ausgehen, daß die Menge I nach der geschilderten Methode der paradigmatischen Beispiele festgelegt wird, so können wir den ersten Kernsatz in etwas schematisierter Form folgendermaßen interpretieren:

Eine Theorie $T = \langle K, I \rangle$ besteht aus einer mathematischen Fundamentalstruktur K sowie aus einer nur durch eine paradigmatische Beispielsmenge I_0 charakterisierten und daher weitgehend offenen Menge I von intendierten Anwendungen. Die Entscheidung für eine solche Theorie ist in dem Sinn eine *alles-oder-nichts-Entscheidung*, als wir uns entschließen, diesen mathematischen Formalismus mindestens auf die paradigmatischen Beispiele anzuwenden. Diese Entscheidung zugunsten einer Theorie legt zwar teilweise den künftigen Verlauf der Theorie fest, ist aber mit zwei Formen *des Wachstums der Theorie* verträglich. Erstens kann es sich erweisen, daß die Theorie *auf neue Phänomene anwendbar* wird. Zweitens haben wir uns mit der ‚Entscheidung zugunsten der Theorie T' über die *möglichen Verschärfungen der mathematischen Fundamentalstruktur K zu erweiterten Strukturkernen E_i* überhaupt nicht festgelegt. Die Entscheidung zugunsten der Theorie ist auch mit einem Wachstum in dieser Hinsicht, d.h. insbesondere: mit der Entdeckung neuer spezieller Gesetze sowie spezieller Nebenbedingungen, vereinbar. Das Festhalten an der Theorie durch die erwähnte alles-oder-nichts-Entscheidung ist aber sogar mit *gelegentlichen Rückschlägen* verträglich, die sich entweder darin äußern können, daß ‚widerstrebende physikalische Systeme' aus der Menge der intendierten Anwendungen wieder entfernt werden oder daß hypothetisch angenommene spezielle Gesetze wieder preisgegeben werden müssen.

Überlegen wir uns die beiden Wachstumsfälle einmal am Beispiel des zentralen empirischen Satzes (**VI**)! Die Hinzunahme *neuer* Anwendungen der Theorie würde sich hier darin äußern, daß die Individuenkonstante $\mathfrak{a}$ durch eine andere Individuenkonstante $\mathfrak{a}^*$ zu ersetzen wäre, die eine *größere* Menge partieller potentieller Modelle bezeichnet als $\mathfrak{a}$. Man beachte, daß die Änderung des Satzsinnes (**VI**) auch diejenigen Entitäten berührt, auf die sich der Satz vorher bezogen hat: Da die in dem Satz erwähnten Nebenbedingungen für die theoretischen Funktionen sämtliche Elemente von $\mathfrak{a}^*$ betreffen, müssen bei einer Prüfung auch die bereits vorher in $\mathfrak{a}$ enthaltenen Elemente daraufhin untersucht werden, ob die Nebenbedingungen weiterhin gelten. Der Satz (**VI**) hat zwar dieselbe Struktur wie vorher, doch ist der Individuenbereich des Existenzquantors vergrößert worden. Die zweite Wachstumsform: die Entdeckung neuer Gesetze sowie spezieller Nebenbedingungen, würde in der Weise zur Geltung gelangen, daß innerhalb des Satzes (**VI**) weitere Verschärfungen $S^{n+1}, \ldots, S^p$ des Grundprädikates S sowie weitere Nebenbedingungen $C_{k+1}, \ldots, C_r$ vorkämen. Hier würde also der zentrale empirische Satz sogar seine Struktur ändern. *Beibehaltung einer Theorie ist somit verträglich mit Sinnänderungen des zentralen empirischen Satzes nach zwei verschiedenen Dimensionen.*

Wenn wir den Kernsatz (*I*) als eine schlagwortartige Zusammenfassung der beiden Kurzgeschichten auffassen, die in den letzten beiden Absätzen geschildert worden sind, so können wir feststellen: *Der erste Kernsatz des Holismus in dieser rationalen Rekonstruktion ist zutreffend.*

Der obigen Schilderung haben wir die Feststellung vorangeschickt, daß es sich um eine schematische Interpretation des ersten Kernsatzes handelt. Da hierbei nämlich auf den Begriff des Verfügens über eine Theorie bezug genommen wurde, müßten alle Details, welche diesen Begriff betreffen, eingefügt werden. Dabei hätte man sich auch zu entscheiden, ob man den ‚schwächeren‘ Begriff des Verfügens (Verfügen über eine Theorie im Sinn von SNEED) oder den ‚stärkeren‘ Begriff des Verfügens (Verfügen über eine Theorie im Sinn von KUHN) benützen will.

Auf einen weiteren Punkt sollte aufmerksam gemacht werden: Die Wachstumsprozesse und Rückschläge der ‚normalen Wissenschaft‘ sind entscheidend von Prüfungen und Bestätigungen zwar nicht ‚der Theorie‘, jedoch *spezieller Annahmen über die Theorie* bestimmt. Da wir uns in diesem Band nicht mit der Bestätigungsproblematik im Detail beschäftigen, kann es ganz offenbleiben, wie diese Bestätigungen und Prüfungen aussehen. Es kann sogar offenbleiben, wie deren *genaue wissenschaftstheoretische Rekonstruktion* auszusehen hat. Die erste holistische These wird überhaupt nicht davon berührt, ob man in diesem Fragenkomplex eine ‚induktivistische‘ oder eine ‚deduktivistische‘ Position einnimmt. Was jedoch die Theorie selbst betrifft, so ist dieser Begriff hier so eingeführt worden, daß man nicht um die Feststellung herumkommt: Da die herkömmlichen Bestätigungstheorien und ebenso die herkömmlichen Testtheorien nur auf *Sätze* oder *Propositionen* anwendbar sind, eine Theorie jedoch weder ein satzartiges noch ein propositionales Gebilde ist, *kann man von einer Theorie überhaupt nicht sagen, daß sie gut oder schlecht bestätigt ist.*

Die erste dieser Feststellungen könnte man zur Rekonstruktion des Kernsatzes (*I*) hinzufügen und sagen: *Die erste holistische These ist sowohl indifferent gegenüber den verschiedenen Varianten des Induktivismus als auch gegenüber dem Gegensatz von Induktivismus und Deduktivismus.*

Die zweite Feststellung leitet bereits zur Interpretation des *Kernsatzes* (*II*) über. Die radikalste Deutung, welche man dieser These im Rahmen unseres Begriffsgerüstes geben könnte, lautet: *Eine Theorie ist überhaupt nicht jene Art von Entität, von der man sinnvollerweise sagen kann, sie werde gut oder schlecht bestätigt, und damit auch nicht, sie werde auf Grund von Experimenten verworfen.*

Eine Ablehnung dieses Kernsatzes kann zwei Gründe haben. Der erste Grund hängt damit zusammen, daß gewöhnlich unter „Theorie" etwas anderes verstanden wird, nämlich eine mehr oder weniger komplexe empirische Hypothese, in unserer Sprechweise also: *ein ganz bestimmter zentraler empirischer Satz* oder das propositionale Gegenstück dazu. Legt man dieses Verständnis von „Theorie" zugrunde, *so ist die zweite holistische These natürlich falsch*. Der normalwissenschaftliche Fortschritt besteht ja darin, daß die mit einer Theorie formulierten zentralen empirischen Behauptungen einem ständigen Wandel unterworfen sind, *der einzig und allein durch neue empirische Befunde*, oder wenn man so will: *durch kritische Prüfungen*, hervorgerufen wird.

Aber auch wenn man den Theorienbegriff in unserem Sinn versteht, wird der so gedeutete zweite Kernsatz eher auf Ablehnung stoßen. Dieser Punkt ist bereits bei der Erörterung der Kuhnschen Begriffe der normalen und der revolutionären Wissenschaft zur Sprache gekommen. Ergänzend können wir jetzt hinzufügen, daß selbst dann, wenn man im Vorgang des ‚Paradigmenwechsels' im Sinn von KUHN eine Rationalitätslücke erblicken zu müssen meint, *das Bestehen einer solchen Rationalitätslücke kein Unglück ist*. Dafür muß man sich nur wieder klar vor Augen halten, worin das Verfügen über eine Theorie ‚im wesentlichen' besteht: Man hat einen mathematischen Formalismus, mit dem sich die Hoffnung verbindet, ihn ‚erfolgreich auf die Welt anwenden zu können'. *Worauf* er anzuwenden ist, bleibt zu Beginn weitgehend offen, da die Menge der intendierten Anwendungen nur durch paradigmatische Beispiele festgelegt wird. *Wie* er anzuwenden ist, bleibt ebenfalls weitgehend offen; denn *der vorliegende mathematische* Apparat umfaßt nur den Strukturkern K. Es muß nur *irgendwelche* Erweiterungen dieses Strukturkernes geben, die den begrifflichen Apparat zur Formulierung von empirischen Sätzen der Art (**VI**) liefern. Ein experimentum crucis oder ein entscheidendes Experiment kann den Wissenschaftler höchstens zwingen, einen *bestimmten* Satz der Gestalt (**VI**) wieder fallenzulassen (oder was auf dasselbe hinausläuft: auf den Glauben an eine *bestimmte* Theorienproposition im starken Sinn $I_t \in \mathbb{A}_e(E_t)$ zu verzichten). Dies ist durchaus damit verträglich, daß der Wissenschaftler weiterhin davon überzeugt bleibt, *mit anderen Erweiterungen desselben Strukturkernes K sein Ziel zu erreichen*, d. h. zu anderen richtigen zentralen Sätzen (zu anderen wahren Theorienpropositionen) zu gelangen, die einen stärkeren Gehalt besitzen als diejenigen, welche frühere erfolgreiche Anwendungen der Theorie darstellen (vgl. dazu die Komponente (4) von **D14** bzw. (6) von **D17**, durch die der ‚Fortschrittsglaube des Wissenschaftlers' festgehalten werden sollte). Mißerfolge und Rückschläge sind durchaus mit eingeplant; der Fortschritt der normalen Wissenschaft braucht sich nicht frei von Mißerfolgen zu vollziehen. Eine Rationalitätslücke besteht nur insofern, als man kaum präzise Angaben darüber machen kann, *wieviele* Mißerfolge und *was für Arten* von Rückschlägen notwendig sind, damit ein Wissenschaftler die Überzeugung preisgibt, mit dem ihm zur Verfügung stehenden mathematischen Formalismus doch wieder zu einem Erfolg zu kommen.

Wenn es sich dagegen um einen Fall von *Theorienverdrängung* handelt, so schließt sich die Rationalitätslücke wieder, wie bereits in 7.c geschildert worden ist; denn hier muß außer einer nichttrivialen erfolgreichen Anwendung der neuen Theorie eine *Reduktion* der alten auf die neue Theorie vorliegen.

(Wir erinnern uns daran, daß bei Kuhn *wegen seiner Art der Darstellung* auch hier eine Rationalitätslücke besteht, da er unnötigerweise diese Reduzierbarkeit leugnet.)

Was den dritten holistischen Kernsatz betrifft, so kann man auch ihm eine ‚harmlose' Deutung geben, welche sich auf die Beschreibung von Tatsachen mit Hilfe von *T*-theoretischen Funktionen bezieht. Der Eindruck des Rätselhaften an diesen Begriffen liegt ja darin, *daß keine Fakten über T-theoretische Funktionen vorliegen können, die vollkommen unabhängig sind von mindestens einem versuchsweise akzeptierten empirischen Satz der Gestalt* (**VI**). Auch hierin liegt aber, wie Sneed mit Recht hervorhebt, nichts Irrationales. Die seltsamen Formulierungen von Kuhn *erwecken nur den Eindruck*, als ‚bearbeite der Theoretiker die Fakten, damit sie zu seiner Theorie passen'. Das Problem, um welches es hier geht, ist im Grunde nur eine andere Formulierung dessen, was in VIII.3.a *das Problem der theoretischen Terme* genannt wurde. Wenn man dieses Problem soweit als möglich an die im obigen Zitat enthaltene Kuhnsche Sprechweise assimiliert, könnte es folgendermaßen formuliert werden: „*Wie ist es möglich, Tatsachen, die eine Theorie stützen, mit Hilfe von Begriffen zu beschreiben, die man nur im Fall der Wahrheit der Theorie verstehen kann?*" Die Antwort auf diese Frage enthält zwar nichts Hintergründiges. Sie ist aber auch keineswegs trivial. Ihre genaue Beantwortung besteht in der Wiederholung der Gründe, die dagegen sprechen, empirische Behauptungen von Theorien als Sätze von der Gestalt (**I**) aufzufassen, sowie der Gründe, die uns dazu führten, den empirischen Gehalt einer Theorie durch einen Satz von der Gestalt (**VI**) wiederzugeben.

Man könnte noch daran denken, für die Interpretation des Kernsatzes (*III*) auf den in 7.b erörterten Gedanken zurückzugreifen, ‚daß dasjenige, was Tatsache für eine Theorie ist, durch eine andere Theorie bestimmt wird'. Diesen Gedanken haben wir nicht weiterverfolgt, da der Kernsatz (*III*) aus einer Interpretation der zitierten Stelle bei Kuhn hervorging, für welche *die Bezugnahme auf ein und dieselbe Theorie* wesentlich ist. Daher blieb uns nur die Möglichkeit offen, die ‚Rationalisierung' der These durch Rückgriff auf die Eigenart *T*-theoretischer Funktionen vorzunehmen.

Es stünde aber natürlich nichts im Wege, den in 7.b erörterten Gedanken der ‚Theorienbeladenheit von Tatsachen' *als eigenen holistischen Kernsatz* (*V*) hervorzuheben.

Der dritte holistische Kernsatz steht in engem Zusammenhang mit einem weiteren Punkt, der vor allem von FEYERABEND mehrfach unterstrichen worden ist. Man könnte es *die These von der Abhängigkeit theoretischer Terme vom Gehalt der Theorie* nennen. Wegen ihrer Wichtigkeit wollen wir diese Behauptung als eigenen Bestandteil des Holismus im strengen Sinn hervorheben:

(*IV*) *Mit einer Änderung des Bereiches einer Theorie ändert sich die Bedeutung der theoretischen Terme dieser Theorie.*

Wenn im gegenwärtigen Zusammenhang von „Sinn" oder von „Bedeutung" gesprochen wird, so ist nicht anzunehmen, daß die Vertreter des Holismus diese Ausdrücke in einer speziellen *intensionalistischen* Weise verstanden wissen wollen. (Dann müßten sie nämlich auf die Sprachphilosophie und -theorie verwiesen werden und sich dort insbesondere mit den Thesen QUINEs auseinandersetzen.) Tatsächlich kann man dem Kernsatz (*IV*) eine Deutung geben, in der nur vom extensionalen Begriff der *Wahrheitsbedingung* die Rede ist[92]. Betrachten wir hierfür jene Art von normalwissenschaftlichem Fortschritt, in dem die Menge der intendierten Anwendungen vergrößert wird: $I_t \subset I_{t'}$. Der zentrale empirische Satz (**VI**) enthält dann zu t' eine Individuenkonstante $\mathfrak{a}^*$, welche die umfassendere Menge I_t^* designiert, während der entsprechende Satz zur Zeit t eine die *kleinere* Menge I_t bezeichnende Individuenkonstante enthält. *Durch diese Hinzufügung haben sich die Wahrheitsbedingungen für den Satz* (**VI**) *geändert.* (Analog würden sie sich durch eine Verkleinerung dieser Menge ändern.) Verantwortlich dafür sind wieder die *Nebenbedingungen*. Denn die Einschränkungen, welche sie den *T*-theoretischen Funktionen auferlegen, hängen davon ab, wie sich die Individuenbereiche $D_1, D_2, D_3, \ldots$ der einzelnen partiellen potentiellen Modelle, die durch $\mathfrak{a}$ in (**VI**) bezeichnet werden, überschneiden; und diese Überschneidungen ändern sich mit Hinzufügung und Wegnahme solche Bereiche D_i. Wenn man jetzt noch festsetzt, daß die Bedeutungen theoretischer Terme von den Wahrheitsbedingungen der Sätze abhängen, in denen sie vorkommen, so erhält man eine präzise und überdies richtige Interpretation des Kernsatzes (*IV*): *Mit der Änderung des „Bereiches" einer Theorie ändern sich die Wahrheitsbedingungen der empirischen Sätze über die Werte T-theoretischer Funktionen. Damit ändern sich die Bedeutungen der T-theoretischen Terme, die diese Funktionen bezeichnen.*

Wir sehen somit, daß nicht nur die beiden Kernsätze (*I*) und (*II*) des gemäßigten Holismus, sondern sogar die beiden zusätzlichen Kernsätze (*III*) und (*IV*) des strengen Holismus (unter eventueller Hinzufügung des oben erwähnten Kernsatzes (*V*)) auf solche Weise interpretiert werden können, *daß alle diese Behauptungen richtig werden.*

---

[92] Vgl. SNEED, [Mathematical Physics], S. 93.

Der so gedeutete Holismus ist mit einem ‚*vernünftigen Empirismus*‘ durchaus verträglich. Theorien werden nicht um ihrer selbst willen entworfen, sondern zu dem Zweck, *empirische* Behauptungen der Gestalt (**VI**) bzw. *empirische* Theorienpropositionen im starken Sinn aufzustellen. Und diese Behauptungen können sich an der Erfahrung *bewähren* oder sie können an ihr *scheitern*.

Der Empirist wird vielleicht sagen, daß ihm dies zu wenig sei. Darauf könnte man erwidern: „Hast du denn nicht alles, was du willst? Was willst du denn noch mehr?"

9. Der ‚Kuhnianismus‘: ein Pseudo-Irrationalismus und Pseudo-Relativismus?

Selbst bei Zugrundelegung der herkömmlichen Deutung der Kuhnschen Auffassung, die in Abschnitt 1 geschildert wurde, ist es, wie wir gesehen haben, irreführend, vom ‚Kuhnschen Irrationalismus‘ zu sprechen. Denn was damit in Wirklichkeit gemeint wird, ist etwas ganz anderes, nämlich daß er den Vertretern der exakten Wissenschaften *eine irrationale Haltung unterstelle*, sowohl in traditionsbestimmten Epochen wie in Zeiten des Überganges von einer Theorie zu einer anderen. Wir wollen aus Einfachheitsgründen trotzdem die obige Kurzformel für die Behauptung verwenden, daß eine solche Unterstellung vorliege. KUHNs eigene Position wäre im Rahmen der herkömmlichen Deutung aber korrekter als *Relativismus* zu charakterisieren, wie dies auch manche Kritiker, vor allem D. SHAPERE, getan haben.

Wenn nun abschließend die Frage gestellt wird: Was von diesen und anderen Vorwürfen gegen KUHN (und gegen Denker, die ähnliche Ansichten vertreten, wie FEYERABEND) ist zutreffend? so kann man nur die eine Antwort geben, *daß dies keine sehr sinnvolle Frage ist*, und versuchen, *dies zu begründen*. Wenn gegen ein Konzept, das zunächst nur in Umrissen und bloß in Gestalt von intuitiven Skizzen vorliegt, zahlreiche Einwendungen erhoben werden, die zu einem Großteil fortfallen, nachdem das Bild ‚in die Sprache des Begriffs überführt‘ worden ist: Soll man dann sagen, die Einwendungen hätten eine so starke Abweichung vom intuitiven Konzept erzwungen, daß es sich gar nicht mehr um eine Rekonstruktion *dieser* Auffassung handele? Oder soll man sagen: Die Rekonstruktion habe gezeigt, daß sich dieses Konzept auf solche Weise präzisieren lasse, daß viele Einwendungen hinfällig werden? Die größere Bereitschaft zu der einen oder anderen Antwort hängt offenbar davon ab, ob einem mehr an gehässiger Kritik oder an wohlwollender Interpretation liegt.

Statt ein Pauschalurteil zu fällen, wollen wir versuchen, in einer tabellarischen Übersicht die wichtigsten Thesen KUHNs, die mehr oder weniger scharfe Kritik herausgefordert haben, zusammenzustellen und die nach den vorangehenden Betrachtungen korrekten Reaktionen darauf anzudeuten. Wie bisher gelten auch die folgenden Kommentare nur unter der Voraussetzung der Beschränkung auf *physikalische* Theorien.

Kuhns Thesen	Stellungnahmen und mögliche Deutungen
(1) Die Angehörigen einer wissenschaftlichen Tradition verfügen über ein gemeinsames Paradigma.	(1*) Alle, die über eine Theorie verfügen, benützen denselben Strukturkern und häufig dieselbe paradigmatische Beispielsmenge intendierter Anwendungen.
(2) In der normalen Wissenschaft werden keine Theorien getestet.	(2*) Eine Theorie ist keine solche Art von Entität, von der man sagen kann, sie sei verifiziert oder falsifiziert worden (non-statement view von Theorien).
(3) Zu Beginn ist der Erfolg eines Paradigmas weitgehend eine Erfolgsverheißung.	(3*) Das Verfügen über eine Theorie schließt einen Fortschrittsglauben ein, wonach die Theorie mit Erfolg für die Gewinnung empirischer Aussagen verwendet werden wird.
(4) Die Tätigkeit des normalen Wissenschaftlers besteht im Rätsellösen innerhalb ein und desselben Paradigmas. Rätsel können sich zu Anomalien und diese zu Krisen ausweiten. Aber auch Krisen und Anomalien allein genügen nicht, um ein Paradigma zu Fall zu bringen.	(4*) Die Tätigkeit des normalen Wissenschaftlers besteht darin, einen vorgegebenen Strukturkern einer Theorie erfolgreich zu erweitern und (evtl.) die Menge der intendierten Anwendungen der Theorie zu vergrößern. Noch so viele erfolglose Versuche der Erweiterung eines Strukturkernes beweisen nicht, daß künftige Versuche ebenfalls erfolglos sein müssen.
(5) Die normale Wissenschaft ist nicht restlos durch Regeln determiniert.	(5*) Wie der Strukturkern einer Theorie, über die ein Forscher verfügt, erfolgreich erweitert werden kann, ist nicht durch Regeln vorgezeichnet.
(6) Die normale Wissenschaft ist ein kumulatives Unternehmen.	(6*) Der Begriff des normalwissenschaftlichen Fortschrittes, d.h. des Fortschrittes bei Verfügen über ein und dieselbe Theorie, kann präzisiert werden.

Kuhns Thesen	Stellungnahmen und mögliche Deutungen
(7) Vorwürfe von der Art, daß sich der normale Wissenschaftler irrational verhalte, da er ein kritikloser Dogmatiker sei, sind unbegründet.	(7*) = (7), da korrekt.
(8) Probleme der Bestätigung und Bewährung sind gegenstandslos.	(8*) Unrichtige Übertreibung. Korrekt: (a) Diese Probleme existieren nicht für die Theorie, über die man verfügt. (b) Trotzdem müssen im Verlauf der normalen Wissenschaft laufend empirische Hypothesen getestet werden (nämlich zentrale empirische Sätze bzw. starke Theorienpropositionen). Die normalwissenschaftliche Tätigkeit des Rätsellösens umfaßt *auch* solche Tests.
(9) „Ich nehme ... Sir Karls Gedanken der Asymmetrie von Falsifikation und Bestätigung sehr ernst"[93].	(9*) Überflüssiges Zugeständnis an die gegnerische Auffassung, das außerdem im Widerspruch zu (8) steht.
(10) Es gibt keine theorienneutralen Beobachtungen.	(10*) Vage und mehrdeutig; kann durch zwei Deutungen ersetzt werden, nämlich entweder:
	(10_1^*) (a) Die Beschreibungen partieller potentieller Modelle einer Theorie (,physikalischer Systeme, auf welche die Theorie angewendet werden kann') setzen eine *andere* Theorie voraus;
	(b) Die Beschreibungen potentieller Modelle einer Theorie T setzen sogar *diese Theorie T selbst* voraus. Doch führt dies zum Problem der T-theoretischen Terme.

---

[93] "I do ... take Sir Karls notion of the asymmetry of falsification and confirmation very seriously indeed", [My Critics], S. 248.

Kuhns Thesen	Stellungnahmen und mögliche Deutungen
	oder:
	(10$_2$*) Die übliche Trennung von Beobachtungssprache und theoretischer Sprache ist anfechtbar. Außerdem bildet diese Zweistufenkonzeption kein adäquates Mittel zur Lösung des Problems der theoretischen Terme.
(11) Eine Theorie wird als ganze verworfen oder akzeptiert, nicht jedoch stückweise.	(11*) Korrekt im Sinne der Rekonstruktion der holistischen These (*I*), Abschnitt 8.
(12) Es gibt keine Verwerfung einer Theorie auf Grund eines experimentum crucis.	(12*) Korrekt im Sinne der Rekonstruktion der holistischen These (*II*), Abschnitt 8.
(13) Eine scharfe Unterscheidung zwischen den empirischen Behauptungen (dem empirischen Gehalt) einer Theorie und den empirischen Daten, welche diese Behauptungen stützen, ist unmöglich.	(13*) Korrekt im Sinne der Rekonstruktion der holistischen These (*III*), Abschnitt 8.
(14) Mit einer Änderung der Theorie ändern sich die Bedeutungen der in der Theorie vorkommenden Ausdrücke.	(14*) Entweder: (*a*) Überflüssige Abschweifung in das Gebiet der Sprachphilosophie, Oder: (*b*) Korrekt im Sinne der Rekonstruktion der holistischen These (*IV*), Abschnitt 8, sofern die Behauptung der Bedeutungsänderung auf die *theoretischen Terme* beschränkt wird.
(15) „Die Unfähigkeit, eine Lösung zu finden, diskreditiert nur den Wissenschaftler und nicht die Theorie."	(15*) Ein Forscher der normalwissenschaftlichen Tradition, der über eine Theorie verfügt, dem es aber nicht gelingt, diese erfolgreich anzuwenden und der dafür die Theorie verantwortlich macht, verhält sich tatsächlich ‚wie

Kuhns Thesen	Stellungnahmen und mögliche Deutungen
	ein schlechter Zimmermann, der seinem Werkzeug die Schuld gibt'. Denn eine Theorie ist keine Proposition (Klasse von Propositionen), an die geglaubt wird, sondern ein Werkzeug, das zu benützen ist.
(16) „Ein Paradigma ablehnen, ohne gleichzeitig ein anderes an seine Stelle zu setzen, heißt die Wissenschaft selbst ablehnen."	(16*) Wer über eine Theorie verfügt, diese aber wegen Erfolglosigkeit ablehnt, muß, wenn er keine andere Theorie erfindet oder erhält, seinen Beruf wechseln.
(17) Ein Paradigma wird nicht wegen widerstreitender Erfahrung, sondern immer erst dann abgelehnt, „wenn ein anderer Kandidat bereitsteht, um seinen Platz einzunehmen".	(17*) Eine vermutlich korrekte, allerdings empirisch-hypothetische (historische, psychologische oder soziologische) Behauptung, wenn darin „Paradigma" ersetzt wird durch „physikalische Theorie".
(18) Die Tatsache (17) läßt sich nicht logisch begründen.	(18*) Insofern korrekt, als man dafür, daß keine Theorienpreisgabe vorkommt, die nicht Theorienverdrängung durch eine Ersatztheorie wäre, *keine logische Begründung* geben kann. Aber man kann für dieses Phänomen ein *elementares psychologisches Verständnis* gewinnen, etwa mittels der psychologischen Binsenwahrheit: „Ein durchlöchertes Dach über dem Kopf ist besser als gar keines".
(19) Vertreter verschiedener Paradigmen vermögen keine logischen Kontakte untereinander herzustellen, sondern reden entweder aneinander vorbei oder benützen zirkuläre Argumente.	(19*) Eine historisch-psychologische Hypothese, die sich außer auf historische Fakten auf einen trivialen logischen Sachverhalt stützt: Wenn jemand über eine Theorie verfügt, so kann er nicht *diese* Theorie als Grundlage eines Vergleichs ihrer selbst mit einer anderen Theorie benützen.

Kuhns Thesen	Stellungnahmen und mögliche Deutungen
(20) Verschiedene Paradigmen sind nicht miteinander vergleichbar.	(20*) Es ist zu differenzieren zwischen: (*a*) der richtigen Aussage: „Theorien mit verschiedenen Strukturkernen sind auf der Ebene der Objekttheorie miteinander nicht vergleichbar" und: (*b*) der unrichtigen Behauptung: „Theorien mit verschiedenen Strukturkernen sind auf der Metaebene miteinander nicht vergleichbar". Was auf der ‚historischen' Metaebene für Kuhn möglich ist, das ist auch auf der ‚logischen' Metaebene möglich.
(21) Theorien, die einander im Verlauf wissenschaftlicher Revolutionen ablösen, sind unvergleichbar (inkommensurabel).	(21*) Dies ist falsch.
(22) Die im Verlauf einer wissenschaftlichen Revolution verdrängte Theorie ist nicht auf die verdrängende reduzierbar.	(22*) Nur dann korrekt, wenn ein ‚mikrologischer' Reduktionsbegriff benützt wird (die Begriffe der einen Theorie sind nicht durch die anderen definierbar und die Sätze der einen nicht aus denen der anderen herleitbar). Vom makrologischen Standpunkt aus ist auch diese Behauptung falsch.
(23) Revolutionärer wissenschaftlicher Wandel ist nicht-akkumulativ, da kein Fortschrittskriterium verfügbar ist.	(23*) Die erste Hälfte ist richtig, die zweite falsch. Der Wandel bei Theorienverdrängung ist insofern ‚nicht-akkumulativ', als der Strukturkern der verdrängenden Theorie nicht aus einer Verbesserung des Strukturkernes der verdrängten Theorie hervorgeht. Trotzdem kann mittels des makrologischen Reduktionsbegriffs zwischen Theorienverdrängung *ohne* und Theorienverdrängung *mit* Fortschritt unterschieden werden.

Kuhns Thesen	Stellungnahmen und mögliche Deutungen
(24) Anomalien und Krisen werden nicht durch Überlegungen, sondern durch ein relativ plötzliches Ereignis beendet, das einem Gestaltwandel gleicht.	(24*) Vermutlich korrekte psychologische Beschreibung dessen, ‚was im Geist eines Menschen vor sich geht', der eine neue Theorie erfindet. Ob jedoch korrekt oder nicht, ist wissenschaftstheoretisch irrelevant.

Die letzte Aussage ist das einzige hier gegebene Beispiel für eine der vielen Feststellungen Kuhns, die man zur ‚Forschungspsychologie' zu rechnen hätte und die zwar in die logische Interpretation hineinpassen, da sie mit ihr verträglich sind, für diese aber keine direkte Relevanz besitzen.

Die Stellungnahme zum Kuhnschen Begriff des Paradigmas von Abschnitt 4, die sich nicht in wenigen Worten zusammenfassen läßt, wurde hier nicht nochmals wiederholt.

Neben der ‚*Entmythologisierung des Holismus*' ist vor allem die im Rahmen des non-statement view ermöglichte *rationale Interpretation des Verhaltens ‚normaler' Wissenschaftler* sowie der *Nachweis dafür* von Bedeutung, *daß die Anerkennung des Phänomens der Theorienverdrängung durch Ersatztheorien nicht zum Relativismus führen muß*. Die Dynamik des normalwissenschaftlichen Wandels umfaßt als Spezialfall den des ‚*akkumulativen*' *normalwissenschaftlichen Fortschrittes*. Die revolutionäre Theoriendynamik umfaßt jene Spezialfälle der ‚*nicht-akkumulativen*' *Theorienverdrängung durch eine Ersatztheorie, die in dem Sinn einen Fortschritt darstellen, daß die verdrängte Theorie auf die Ersatztheorie reduzierbar ist*.

Es soll hier nicht die Behauptung aufgestellt werden, daß die in VIII,9 skizzierten Reduktionsbegriffe auch nur im Prinzip ausreichen, um sämtliche Fälle von ‚fortschrittlicher Theoriendynamik' zu erfassen. Da die Untersuchungen zu diesem Punkt noch am Anfang stehen, wird man vermuten müssen, daß hier künftige Untersuchungen zahlreiche Ergänzungen und Modifikationen als notwendig erweisen werden.

Gegen unsere Behauptung, daß Kuhns Behandlung des Phänomens der Theorienverdrängung eine Rationalitätslücke enthalte, ließe sich einwenden, daß damit Kuhns Auffassung in unzulässiger Weise vergröbert werde. Tatsächlich könnte man, falls man sich zu einer wohlwollenden Auslegung entschließt, die Kuhnschen Ausführungen so interpretieren, *daß darin eine Aufforderung an die Wissenschaftstheorie enthalten ist*, nämlich einen Begriff des Erkenntniswachstums einzuführen, mit dessen Hilfe die beiden scheinbar unverträglichen Aspekte der ‚revolutionären' Theoriendynamik versöhnt werden können: *Inkommensurabilität* und *Fortschritt*. Wir dürften dann nicht mehr behaupten, daß das, was Kuhn über Theorienverdrängung sage, *mangelhaft* sei, sondern hätten uns darauf zu beschränken zu behaupten, daß damit auf ein Desiderat hingewiesen werde, nämlich einen Begriff des Erkenntnisfortschrittes einzuführen, der erstens mit der Inkommensurabilitätsthese im Sinn von KUHN vereinbar ist und der zweitens nichtteleologisch ist, zum Unterschied von der ‚teleologischen' Popperschen Idee der zunehmenden Wahrheitsähnlichkeit.

Es dürfte zweckmäßig sein, abschließend dazu einige erläuternde Bemerkungen anzufügen, die möglicherweise geeignet sind, dem in der Betonung einer Rationalitätslücke implizit enthaltenen Vorwurf seine Spitze zu nehmen und sogar in diesem einen Punkt, an dem wir uns ganz von KUHN zu distanzieren schienen, einen versöhnlicheren Ton in die Debatte zu bringen.

Wir gehen von der Feststellung aus, daß die Bemerkung: „KUHNs Darstellung des Phänomens der Theorienverdrängung durch eine Ersatztheorie enthält eine Rationalitätslücke" *nicht* als eine logisch begründbare Behauptung, sondern nur als so etwas wie eine ‚Undenkbarkeitsvermutung' gedacht war. Wenn jemand sagt, *A* sei unvergleichbar (inkommensurabel) mit *B*, dann erscheint es als *undenkbar*, einen ‚sinnvollen' Fortschrittsbegriff einzuführen, aufgrund dessen *B* einen Fortschritt gegenüber *A* darstellt. Diese Undenkbarkeit führt dann zu dem sich einzig anbietenden Ausweg, gemäß HEGEL *die Weltgeschichte zum Weltgericht zu erklären* und zu sagen, daß diejenigen, welche sich tatsächlich durchzusetzen vermochten, auch die Fortschrittlicheren *sind*. Der Verführung, so zu denken, scheint KUHN zumindest an der früher zitierten Stelle auf S. 166 von [Revolutions] zum Opfer gefallen zu sein.

Nun könnte man aber die Undenkbarkeitsvermutung selbst durch die Frage zu entkräften versuchen: „In welchem genauen Sinn soll denn eine *Unvergleichbarkeit* bestehen?" Da es sich bei *A* und *B* um Theorien handelt, denkt man zunächst natürlich an den *inneren Aufbau* von *A* und *B*. Und alle entsprechenden Bemerkungen von KUHN sowie die analogen Ausführungen bei FEYERABEND deuten darauf hin, daß *nur dies* gemeint war. Der Vergleich der inneren Strukturen ist aber *nicht der einzige mögliche Vergleich* zwischen zwei Theorien. *Selbst bei ‚vollkommen unvergleichbarer' innerer Struktur kann man die beiden Theorien in Bezug auf ihre Leistungsfähigkeit vergleichen.* Vergleiche *solcher* Art stellt KUHN selbst an, wenn er Äußerungen gebraucht wie die, daß ein neues Paradigma fähig sei, ‚Rätsel zu lösen', an denen das alte Paradigma scheiterte. Gerade ein solcher nicht auf die ‚innere Struktur', sondern auf die ‚äußere Leistungskraft' bezogene Vergleichsgesichtspunkt war es aber auch, der u.a. die Einführung der Reduktionsbegriffe vom Adams-Sneed-Typ in VIII,9 bestimmte. Sieht man die Dinge unter diesem Blickwinkel, so müßte man verschiedene frühere Aussagen revidieren oder doch abschwächen: Statt zu behaupten, daß KUHNs Darstellung der Theoriendynamik fehlerhaft sei, müßten wir feststellen, daß diese Darstellung eine implizite Aufforderung enthalte, dasjenige, was er in bildhaft-metaphorischer Weise über die größere Leistungsfähigkeit trotz totaler Verschiedenheit der inneren Struktur sagte, genauer zu explizieren. Und unsere Stellungnahme würde lauten, daß die besagten Reduktionsbegriffe den erfolgverheißenden Anfang, wenn auch sicher noch nicht den Abschluß einer solchen erfolgreichen Explikation darstellen.

Als eine zusätzliche Stütze dafür, daß die Dinge wirklich unter diesem Blickwinkel gesehen werden *sollten*, könnte man den Text der letzten fünf Seiten von KUHNs Buch anführen. Vor allem der Vergleich seiner Gedanken mit der Darwinschen Theorie macht es deutlicher, *worum* es ihm hier eigentlich geht, und vor allem, *wogegen* er sich wendet. Er versucht in diesem Schlußteil, seinen Lesern verständlich zu machen, warum seine Theorie heute so vielen als ähnlich anstößig erscheinen muß wie seinerzeit die Theorie DARWINS seinen Zeitgenossen ein Ärgernis war. In beiden Fällen liegt der Grund in der *nichtteleologischen Betrachtungsweise*. Nicht die Idee der Evolution des Menschen aus niedrigeren Species, so bemerkt KUHN, war das wirklich Neue an DARWINs Theorie; denn für die Stützung dieses Gedankens lag schon längst ein hinreichendes Beweismaterial vor. Das Bedeutungsvollste und zugleich das Hauptärgernis seiner Theorie war der ganz neue Gedanke von DARWIN, daß die Evolution *nicht* als ein zielgerichteter Prozeß zu deuten sei, bei dem die aufeinanderfolgenden Stadien der evolutionären Entwicklung *immer vollkommenere Realisierungen des von Anfang an vorhandenen Planes* darstellen[94].

KUHN geht es um die *Übertragung dieses Aspektes der Darwinschen Theorie auf die Entwicklung der Naturwissenschaften:* Auch die Entwicklung der Wissenschaft oder der wissenschaftliche Fortschritt, wie dies gemeinhin genannt wird, soll nicht mehr als ein *Prozeß der Evolution auf ein Ziel hin* gedeutet werden, nämlich als eine Entwicklung zu der vollständigen, objektiven, allein wahren Deutung und Erklärung der Natur, so daß die wissenschaftliche Leistung daran zu messen sei, in welchem Grade sie uns diesem Ziel näherbringe. An die Stelle einer solchen ‚Evolution-zu-dem-hin-was-wir-wissen-möchten' soll die ‚Evolution-von-dem-was-wir-wissen' treten.

Auch diesem Bedürfnis dürfte die vorangegangene Rekonstruktion entsprochen haben. Man könnte darin sogar den Hauptunterschied zu der Popperschen Deutung der Wissenschaftsevolution erblicken. Denn die Poppersche Idee einer *zunehmenden Wahrheitsähnlichkeit* stellt eine Variante des *teleologischen* Fortschrittgedankens dar. Unsere Schließung der ‚Rationalitätslücke' in der Analyse der Theorienverdrängung durch eine Ersatztheorie beruht hingegen auf keiner Voraussetzung, der gemäß in diesem Vorgang ein Prozeß *auf ein Ziel hin* erblickt werden müßte. *Denn der Begriff der Theorienreduktion macht auch nicht in einem noch so indirekten Sinn von einer teleologischen Vorstellung Gebrauch.*

---

[94] Vgl. [Revolutions], S. 171/172.

Sogar der von KUHN hervorgehobenen weiteren Analogie zur biologischen Selektion, der ‚Zunahme an Verfeinerung und Spezialisierung' der Werkzeuge, die wir moderne naturwissenschaftliche Erkenntnis nennen, wird durch diesen Begriff Rechnung getragen: Die reduzierende Theorie gestattet in der Regel mehr Differenzierungen als die reduzierte. Wo für die letztere nur *ein* Sachverhalt vorliegt, sind für die erstere *mehrere* zu unterscheidende Sachverhalte gegeben. Der Gedanke einer ‚totalen Verschiedenheit der inneren Struktur (des Strukturkernes)', auf der KUHNS Inkommensurabilitätsthese beruht, ist *sowohl* mit einem ‚quantitativen' Leistungsvergleich nach ‚mehr oder weniger' *als auch* mit einem ‚qualitativen' Leistungsvergleich nach ‚gröber oder feiner' verträglich. Und was für uns besonders wichtig ist: alle diese Aspekte lassen sich in einer rationalen Rekonstruktion genau klären, so daß man auch eine detaillierte *begriffliche Einsicht* in die Art und Weise bekommen kann, wie sie sich zusammenfügen, und dafür nicht mehr auf Bilder und Metaphern angewiesen bleibt.

Wenn wir uns am Ende daran erinnern, daß zwar nicht über Theorien, wohl aber über Theorien*propositionen* immer nur *empirische Prüfungen* in ganz bestimmter Weise befinden, so müssen wir feststellen, daß sich keines unter den Gliedern der Trilogie: *Verfügen über eine Theorie, Theorienverdrängung durch Ersatztheorien, Prüfung und Bewährung von Hypothesen* gegen eines der übrigen als die ‚wahre Rationalität' oder als das ‚eigentliche Charakteristikum der Wissenschaft' ausspielen läßt, sondern daß sie sich in dem Sinn nahtlos zu einer Einheit (allerdings nicht zu einer Dreieinigkeit) zusammenfügen, daß jedes dieser Glieder auf die beiden übrigen angewiesen bleibt und daß die Weglassung auch nur eines von ihnen unser Bild von den *rationalen* Komponenten des Erkenntniswachstums einengt und damit verfälscht.

10. Methodologie der Forschungsprogramme oder epistemologische Anarchie? Zur Lakatos-Feyerabend-Kontroverse

10.a Der normative Aspekt methodologischer Regeln nach Lakatos.
In 7.d haben wir versucht, einige Gedanken von LAKATOS zum Teil als Vorschläge zu deuten, gewisse Vorgänge, die zum Verlauf der normalen Wissenschaft im Sinn von KUHN gehören, unter den Begriff des Forschungsprogramms zu subsumieren, zum Teil als einen Versuch, die durch die Kuhnsche Inkommensurabilitätsthese aufgerissene Rationalitätslücke zu schließen. Die Ausführungen von LAKATOS haben aber daneben, wie bereits am Ende von 7.b bemerkt, auch einen normativen Aspekt, von dem dort abstrahiert worden war.

Vieles von dem, was LAKATOS ausführt, kann man am besten in der Weise verstehen, daß man es als eine Reaktion auf die Kuhnsche Herausforderung der von POPPER vertretenen Variante des ‚Kritischen Rationalismus' deutet. LAKATOS *versucht, die Ideen von* POPPER *weiterzuführen und zwar auf solche Weise, daß die dabei erzielten Resultate zugleich für die Zwecke einer Gegenkritik an* KUHNS *Wissenschaftskonzept verwendbar werden.*

Wieso dabei der normative Aspekt so stark hervorgekehrt wird, macht man sich zweckmäßigerweise dadurch deutlich, daß man auf die ursprüngliche Variante des ‚Falsifikationismus' von POPPER zurückgeht und dabei beachtet, *daß* POPPERS *Ausführungen eine dreifache Deutung zulassen.*

Die Ausführungen POPPERS in [L. F.] sowie in seinen übrigen erkenntnistheoretischen Aufsätzen können erstens als *historische Feststellungen* oder als rationale Rekonstruktionen solcher Feststellungen interpretiert werden[95]. Zweitens kann man sie als intuitive Vorbereitungen für wissenschaftstheoretische Analysen oder für die Rekonstruktion und Explikation bestimmter Begriffe der Metatheorie der Erfahrungswissenschaften auffassen. Nach dieser zweiten Lesart, der Lesart des ‚Formalisierers', kann man in den Popperschen Ausführungen *die Formulierung ‚wissenschaftstheoretischer Forschungsprogramme'* erblicken. Hinzuzufügen wäre allerdings, daß diese Programme *meist nicht durchgeführt* werden, da sowohl POPPER selbst als auch seine Schüler eine unverständliche Abneigung gegen Begriffsklärungen haben, d. h. *eine Abneigung dagegen, klar zu sagen, was sie eigentlich meinen.*

Zwei kurze Beispiele mögen das zuletzt Gesagte illustrieren. POPPERS Begriff der *Bewährung* ist als deduktivistischer ‚Gegenbegriff' zum Begriff der induktiven Bestätigung gedacht. Dabei wird gewöhnlich so getan, als wüßten wir, was „Bewährung" heißt. *Davon kann jedoch keine Rede sein.* Als Beweis dafür kann man die Überlegungen von W. SALMON anführen, der zu zeigen versuchte, daß unter diesem Namen „Bewährung" das Induktionsproblem im Deduktivismus wiederkehre[96]. Ich habe diese Auffassung von SALMON, die sich auf verschiedene Ausführungen POPPERS stützt und prima facie recht plausibel klingt, an anderer Stelle kritisiert[97]. Man kann SALMON aus seinem Irrtum jedoch kaum einen Vorwurf machen, da sich ein genauerer Hinweis POPPERS auf das, was er unter „Bewährung" versteht, nur an einer einzigen und außerdem ziemlich versteckten Stelle zu finden scheint: im zweiten Absatz der Fußnote *1 auf S. 212 von [L. F.]. Auch diese Stelle enthält keine genaue Definition, aber immerhin einen Hinweis darauf, wie eine Explikation dieses *deduktiven Bestätigungsbegriffs*, wie man statt „Bewährung" auch sagen könnte, auszusehen hätte[98].

Ein anderes, diesmal in polemischer Absicht gebrauchtes Schlagwort der Popper-Schule ist der Ausdruck *„Justifikationismus"*. Man kann sich kaum eine

---

[95] Dies ist z. B. die Deutung, welche KUHN seiner Popper-Kritik zugrunde legt. Der ‚erzählende Tonfall', in welchem POPPER seine Feststellungen trifft, hat ihn dazu veranlaßt, von dieser Deutung auszugehen; vgl. dazu sein Zitat aus dem Beginn der *Logik der Forschung* in [Psychology], S. 4, sowie seine darangeknüpften Kommentare.

[96] Vgl. W. SALMON [Inference], S. 26 und [Justifikation], S. 28.

[97] STEGMÜLLER, [Induktion], S. 46 und S. 48 f.

[98] In [Induktion], S. 32 findet sich ein auf meinen Kollegen KÄSBAUER zurückgehender Explikationsvorschlag, der eine Diskussionsgrundlage für weitere Verbesserungen bilden kann.

irreführendere Bezeichnung für das, was damit abqualifiziert werden soll, denken. Dieser Ausdruck ist mindestens ebenso irreführend wie es nach den vorangegangenen Analysen die Wendung „Kritischer Rationalismus" ist. Den Induktivisten — sei es solchen der Reichenbach-Nachfolge, wie SALMON, sei es ‚Carnapianern' — wird damit unterstellt, daß es ihnen um die Rechtfertigung wissenschaftlicher Hypothesen gehe, während die ‚Deduktivisten' die Hoffnungslosigkeit solcher Rechtfertigungsversuche längst eingesehen hätten. In Wahrheit geht es den ‚Deduktivisten' um ein ähnliches Ziel wie den ‚Induktivisten'. Es besteht darin, (a) eine *Explikation des Bestätigungsbegriffs* zu geben und (b) die *Adäquatheit und wissenschaftstheoretische Relevanz* dieses Bestätigungsbegriffs aufzuzeigen. (Als selbstverständlich vorausgesetzt wird dabei, daß der Glaube an mechanische Regeln, die zu sicheren Wahrheiten führen, nur eine ideengeschichtliche Bedeutung hat, dagegen als diskutable Position heute nicht mehr in Frage kommt und daher hier nicht eigens erwähnt zu werden braucht.) Noch so viele programmatische Erklärungen, verbunden mit der Umbenennung des erst *zu explizierenden* deduktiven Bestätigungsbegriffs in „Bewährung" können nicht darüber hinwegtäuschen, daß die Induktivisten der verschiedensten Schattierungen ihrem Explikationsziel nähergekommen sind als die Deduktivisten. Sie könnten daher mit Recht als einen Unterschied zwischen Justifikationismus und Deduktivismus (Bewährungstheorie) den angeben, *daß die Justifikationisten sich immerhin darum bemühen zu sagen, was sie meinen, während die ‚anti-justifikationistischen' Popperianer dies nicht tun* (sei es, daß sie dies nicht wollen, sei es, daß sie dazu außerstande sind).

Eine dritte Deutung ist die *normativ-methodologische*. Danach versucht POPPER diejenigen Regeln zu formulieren, die ein rationaler Wissenschaftler befolgen *sollte*.

Auch hier könnte man eine Reihe weiterer Differenzierungen vornehmen. LAKATOS unterscheidet z.B. in [History] auf S. 92 zwischen Systemen von ‚mechanischen Regeln' zur Lösung von Problemen („Methodologie" im Sinne des 17. und 18. Jh.) und der modernen Methodologie, welche Regeln zur Beurteilung *bereits vorhandener Theorien* entwickelt. Gegenüber der *Heuristik*, welche dem Forscher Regeln zum Finden von Problemlösungen zur Verfügung stellt, soll die *Poppersche Methodologie* Regeln zur Beurteilung bereits vorhandener Lösungen liefern. (Vgl. LAKATOS a.a.O., Fußnote 2, S. 123.)

Diese Unterscheidung läßt sich jedoch nicht ganz durchhalten, weder in bezug auf POPPER noch in bezug auf LAKATOS, wie die folgenden Bemerkungen zeigen dürften.

In den Grundzügen skizziert, lautet diese Methodologie etwa folgendermaßen: Wissenschaftliche Forschung beginnt mit *Problemen*; und Probleme sind das Ergebnis eines Konfliktes zwischen Erwartung und Beobachtung. Da es in den empirischen Wissenschaften keinen sicheren Weg zur Wahrheit gibt, *soll* die Problemlösung so erfolgen, daß sie den Regeln des Kritizismus genügt: Man *soll* eine zur Lösung vorgeschlagene Hypothese nicht zu stützen und gegen Kritik abzusichern zu suchen, sondern *soll* sie einer möglichst rücksichtslosen Kritik oder einer möglichst strengen Prüfung unterwerfen. Jeder Schritt, der als Mittel zum Aufbau eines Schutzwalles um die Hypothesen dienen kann, führt vom Kritizismus weg und ist zu verwerfen. Jeder Schritt, der dazu beiträgt, die Hypothesen zu kritisieren, ist *begrüßenswert*. Nun unterscheiden sich aber die Hypothesen dem Gehalt nach, d. h.

in bezug auf die Klassen der potentiellen Falsifikatoren. Da größerer Gehalt größere Verwundbarkeit der Theorie bedeutet, *soll* zur Problemlösung unter den sich anbietenden Möglichkeiten die gehaltstärkste Hypothese gewählt werden. Bei dieser kann die Kritik am besten einsetzen. Wird die Kritik dadurch erfolgreich, daß die potentielle Falsifikation zur *effektiven* Falsifikation mittels anerkannter Basissätze führt, so *soll* die Theorie (relativ auf die anerkannte Basis) ein für allemal als erledigt betrachtet werden. Insbesondere *soll* man *nicht* versuchen, diese Hypothese durch ad-hoc-Annahmen zu retten: Ablehnung von konventionalistischen Immunisierungsstrategien. Auf höherer Ebene entstehen zwei neue Probleme, nämlich erstens zu erklären, warum die Theorie zunächst erfolgreich war, und zweitens zu erklären, warum sie dennoch an der Erfahrung scheiterte. Die Lösung dieser Probleme besteht im Aufbau einer neuen Theorie, die den folgenden drei formalen Bedingungen genügen *soll*: Sie gestattet *alle* erfolgreichen Voraussagen, welche die alte Hypothese erlaubte; sie gestattet darüber hinaus *zusätzliche*, sich an der Erfahrung bewährende Voraussagen, die mit Hilfe der alten Theorie nicht zu erzielen waren; und schließlich kann man aus ihr *nicht* die empirisch widerlegten Folgerungen der alten Theorie gewinnen.

Es ist wohl überflüssig zu betonen, daß diese Methodologie ganz im Bann des statement view steht, was sich u.a. auch an der Gleichsetzung von Hypothesen und Theorien zeigt. Bereits der Ansatzpunkt, wonach ein Problem aus einem ‚Widerspruch zwischen Erwartung und Beobachtung' hervorgeht, zeigt ferner, daß an eine alltägliche Situation angeknüpft wird, *in der für die Formulierung der Probleme noch kein kompliziertes begriffliches Inventarium zur Verfügung steht*. Der entscheidende Unterschied zwischen der Theoriendynamik nach POPPER und nach KUHN (in der Rekonstruktion von SNEED) besteht darin, daß nach KUHN die alte Theorie direkt durch die Ersatztheorie verdrängt wird, während nach POPPER der Nachfolger der alten Theorie deren Stelle erst einnehmen kann, nachdem die alte Theorie aufgrund von falsifizierenden Erfahrungen preisgegeben worden ist. Für primitivere Denkstadien, für welche man zwischen Hypothesen und Theorien nicht zu unterscheiden braucht, mag das Poppersche Bild angemessener sein. Mindest in denjenigen Fällen jedoch, in denen *eine Theorie der mathematischen Physik* vorliegt, *über die im Sinn von D17 verfügt wird*, ist jedoch *nur* das Kuhnsche Bild angemessen; denn zur Verwerfung alter und Aufstellung neuer Hypothesen kommt es auf alle Fälle, sowohl in denjenigen, wo die Theorie dieselbe bleibt, als in jenen, wo sie sich ändert. Nur die Rekonstruktion der Theorienverdrängung im Sinn von KUHN vermag zwischen zwei Klassen von Fällen klar zu differenzieren, nämlich zwischen jenen Fällen, in denen sich die hypothetischen Überzeugungen ändern *und die Theorie gleich bleibt* und jenen, in denen sich nicht nur die Überzeugungen ändern, sondern *auch die Theorie* eine andere wird.

Doch hier ging es nicht um eine Kritik an POPPER, sondern um eine Vorbereitung für die möglichen Interpretationen der Ausführungen von LAKATOS. *Auch die Bemerkungen von* LAKATOS *können in dreifacher Weise gedeutet werden*. Wenn wir die historische Lesart zunächst zurückstellen, so erhalten wir bezüglich der zweiten Interpretationsmöglichkeit eine vollkommene

Parallele zum Fall POPPERs: Soweit die Ausführungen von LAKATOS systematische Analysen betreffen, kann man in ihnen wissenschaftstheoretische Forschungsprogramme erblicken, deshalb wieder „Programme" genannt, weil darin nur intuitive Hinweise enthalten sind. Unter diesem Gesichtspunkt betrachtet, enthalten die Darstellungen in 7.d den *Versuch, einige der metawissenschaftlichen ‚Forschungsprogramme' von* LAKATOS *erfolgreich zu verwirklichen.* Es sei aber daran erinnert, daß dieser Versuch paradoxerweise dazu beiträgt, der normativen Methodologie von LAKATOS das Wasser abzugraben. Denn dadurch, daß die durch die Inkommensurabilitätsthese erzeugte Rationalitätslücke im Sinn von LAKATOS geschlossen worden ist, wurde nicht nur dem Verlauf der ‚normalen Wissenschaft', sondern auch den wissenschaftlichen Revolutionen im Sinn von KUHN der *Schein* des Irrationalen genommen.

Dieser Lösungsversuch ist jedenfalls viel angemessener als der mit Hilfe des Begriffs der Wahrheitsähnlichkeit (verisimilitude) von POPPER. Denn die Wahrheit bildet höchstens das Ziel, nicht jedoch das Mittel zur Beurteilung einer Hypothese; vgl. dazu auch meinen Aufsatz [Induktion] S. 47—48.

Welcher Schließung der Rationalitätslücke bei KUHN man auch immer den Vorzug gibt: *Kumulative Wissensvermehrung und nichtkumulative Theorienverdrängung bilden keine einander ausschließenden Alternativen mehr.* Wenn nämlich eine verdrängende Theorie ‚alle Leistungen der verdrängten Theorie übernimmt' und darüber hinaus weitere erbringt, so kann man trotz der ‚Unvergleichbarkeit' der beiden Theorien (lies: der Verschiedenartigkeit ihrer Strukturkerne) *von einer Akkumulation des Wissens über die revolutionären Phasen hinweg* sprechen.

LAKATOS schien in [Research Programmes] anderer Meinung gewesen zu sein. Auch er glaubte wie POPPER, den Irrationalismus bekämpfen und durch eine normative Methodologie überwinden zu müssen. Unter dem Druck der Herausforderung von KUHN hat er allerdings die ursprüngliche Poppersche Methodologie liberalisiert und durch seine *Methodologie der Forschungsprogramme* zu verbessern versucht. Wenn wir den in 7.d benützten Begriff des Forschungsprogramms nicht deskriptiv, sondern normativ verstehen, so läuft der Grundgedanke auf folgendes hinaus: Beurteilt werden nicht *isolierte* Theorien, sondern *Folgen von Theorien*[99]. Wenn es sich dabei um

---

[99] Wir sprechen an dieser Stelle von Theorien, obwohl wir eigentlich von Theorienpropositionen (oder alternativ: von erweiterten Strukturkernen) sprechen müßten. Da es uns hier, zum Unterschied von 7.d, aber nicht um eine Rekonstruktion des Begriffs des wissenschaftlichen Fortschritts geht, sondern um eine Schilderung der normativen Methodologie, sehen wir gegenwärtig von diesem Unterschied ab.

Für Kenner des Aufsatzes von LAKATOS sei nur darauf hingewiesen, daß nicht erst im Rahmen unserer Rekonstruktion seinem Ausdruck „Theorie" zwei verschiedene Bedeutungen zugeordnet werden müssen. LAKATOS selbst verwendet

Fortsetzung auf Seite 292

eine im Endeffekt erfolgreiche Entwicklung handelt — eine Entwicklung, die eine ‚progressive Problemänderung' erzeugt —, so wird das Forschungsprogramm gutgeheißen, mögen auch die einzelnen Glieder dieser Folge gemäß dem ‚naiven Falsifikationismus' POPPERs abzulehnen sein, da sie nur durch ad-hoc-Hypothesen vor Falsifikation gerettet werden konnten. Wenn die Folge hingegen eine ‚degenerierende Problemänderung' erzeugt, indem sie die Forschung behindert und die Weiterentwicklung hemmt, so ist das durch diese Folge repräsentierte Forschungsprogramm zu verwerfen.

FEYERABEND weist in [Against], S. 77f. auf eine innere Schwierigkeit dieses Gedankens hin, nämlich daß er sich *nur in Kombination mit einer fest vorgegebenen zeitlichen Schranke* durchführen läßt. Denn wenn man keine solche Schranke angibt, so kann man auch nicht sagen, wie lange man warten muß, um festzustellen, ob die Entwicklung erfolgreich ist oder nicht: Was zunächst wie eine ‚Degeneration' aussieht, kann sich später als ‚progressiv' erweisen. Es bleibt somit unbestimmt, ob der eine oder der andere Fall vorliegt, und damit auch, ob das Programm gutgeheißen oder verworfen werden soll. Wenn man hingegen eine feste zeitliche Schranke einführt, so ist dies erstens willkürlich (warum sollte man nicht doch immer ein bißchen länger warten?[100]) und zweitens läuft es, wie unmittelbar ersichtlich, nur auf eine sehr geringfügige Modifikation des ‚naiven Falsifikationismus' hinaus. (Es wird nur ein etwas komplexeres Phänomen als bei POPPER *nach genau denselben Kriterien* beurteilt.)

KUHN hat in [My Critics][101] etwas anderes, vermutlich ebenfalls zu Recht, bemängelt. Wenn das, was LAKATOS die negative Heuristik und positive Heuristik nennt, wirklich im *normativen* Sinn zu verstehen ist (so daß die erstere dem Wissenschaftler sagt, welche Wege er einschlagen soll, die zweite hingegen, welche er zu vermeiden hat), dann sind seine Ausführungen viel zu unbestimmt. Die Kriterien oder Regeln, denen gemäß die

---

[100] FEYERABEND führt a.a.O. das historische Faktum an, daß Theorien bisweilen nach jahrhundertelanger Stagnation wieder zur Blüte gelangten.

[101] S. 239; vgl. auch die von KUHN dort vorgeschlagene zweite Lesart der Äußerungen von LAKATOS.

Fortsetzung von Seite 291

den Ausdruck nicht einheitlich. Nachdem er z. B. auf S. 118 von [Research Programmes] Theorien *als Glieder einer Folge* von der Art einführte, die auf S. 132 „Forschungsprogramm" genannt wird, spricht er auf S. 124 trotzdem wieder von der Einsteinschen *Theorie* bzw. von der Newtonschen *Theorie*. Da es aber offenbar absurd wäre, diese ‚Theorien' als Glieder einer Folge im Sinn von S. 118 aufzufassen (worin sollte ein solches, die beiden Theorien umfassendes Forschungsprogramm bestehen?), kommt man nicht umhin, in Wendungen wie „Einsteinsche Theorie" die Verwendung des Wortes „Theorie" als einen lapsus linguae anzusehen und „Theorie" durch „Forschungsprogramm" zu ersetzen (z.B. „Newtonsches *Forschungsprogramm*" usw.).

Wissenschaftler sich zu entscheiden hätten, müßten genau angegeben werden. Ansonsten, so meint KUHN, hat LAKATOS „uns überhaupt nichts gesagt".

Wenn wir auf unsere Rekonstruktion des Kuhnschen Begriffs der normalen Wissenschaft zurückgreifen und den Begriff des Forschungsprogramms im Einklang mit dem Vorgehen in 7.d in diese Rekonstruktion einbeziehen, so dürfte klar werden, daß und warum es ein hoffnungsloses Unterfangen bleiben muß, diese Kuhnsche Herausforderung an LAKATOS adäquat zu beantworten. LAKATOS möchte noch immer die ihm allein als rational erscheinende Verwerfung einer Theorie oder einer Folge von Theorien aufgrund ‚widerlegender Erfahrungen' gegen das ihm als irrational erscheinende Phänomen der Theorienverdrängung durch eine Ersatztheorie ausspielen. Aber das, was bei ihm als eine Folge von Theorien erscheint, ist eine Folge von Theorien*propositionen*, die alle mit Hilfe desselben mathematischen Gerüstes (Strukturkernes) formuliert sind. Selbst dann, wenn der normalwissenschaftliche Verlauf zum Stocken kommt und eine Periode erfolgreicher Kernerweiterungen durch Rückschläge abgelöst wird — wenn, in der Sprache KUHNs ausgedrückt, die Anomalien sich zu häufen beginnen —, wird noch immer kein Anlaß bestehen, die Theorie preiszugeben. *Den kritischen Punkt zu finden, an dem eine solche Preisgabe aus rationalen Gründen erfolgen soll, heißt einem Hirngespinst nachjagen.* Um dies *einzusehen*, benötigt man nichts weiter als die schon zitierte psychologische Binsenwahrheit, *daß man ein Werkzeug, welches einmal gute, wenn auch nicht hervorragende Dienste geleistet hat, nicht wegwerfen soll, solange man über kein besseres verfügt.*

Von hier aus läßt sich vermutlich ein dunkler Punkt in der Kuhn-Lakatos-Kontroverse aufklären. KUHN bemerkt in [LAKATOS], daß seine Auffassungen eine viel größere Ähnlichkeit mit denen von LAKATOS hätten als letzterer wahrhaben wolle. Die Unterschiede würden von LAKATOS vermutlich deshalb künstlich hochgespielt, weil LAKATOS glaube, die Rationalität der Wissenschaft verteidigen zu müssen, und befürchte, sollte er die *Geschichte* ähnlich ernst nehmen wie KUHN, zu einer Auffassung zu gelangen, die derjenigen gleichkomme, welche er KUHN unterstelle: daß die Wissenschaft ein irrationales Unternehmen sei[102].

Eine adäquate Stellungnahme zu dieser Äußerung müßte zwischen einer positiven und einer negativen Seite unterscheiden, nämlich positiv im Sinn von „pro KUHN, contra LAKATOS" und negativ im Sinn von „contra KUHN, pro LAKATOS". Zur *positiven Seite:* Tatsächlich besteht eine große Ähnlichkeit, wie bereits die Rekonstruktionsversuche in 7.d zeigten. Eine detaillierte Präzisierung der Ideen von LAKATOS im Rahmen des non-statement view würde die Ähnlichkeit so stark hervortreten lassen, daß man geneigt sein könnte zu sagen, LAKATOS sei ‚fast zum Kuhnianer geworden', be-

---

[102] Vgl. vor allem die Bemerkungen von KUHN in [LAKATOS] auf S. 139 und S. 143.

schreibe aber dieselben Phänomene soweit als möglich in einer ‚Popperschen Terminologie'. Verschiedene neuere Äußerungen von LAKATOS scheinen diese Ähnlichkeit sogar explizit zu unterstreichen, so etwa die durchaus zutreffende Behauptung: „Rationale Rekonstruktion der Wissenschaft ... kann nicht umfassend sein, da menschliche Wesen keine *vollständig* rationalen Lebewesen sind."[103]

Zur *negativen Seite:* Wie wir gesehen haben, kann man verschiedene Äußerungen von LAKATOS so interpretieren, daß sie die durch KUHNS Inkommensurabilitätsthese entstandene Rationalitätslücke zu schließen suchen. Allerdings wird dieser Punkt dadurch beeinträchtigt, daß LAKATOS — ähnlich wie verschiedene andere Kritiker von KUHN, so z.B. WATKINS — gelegentlich eine Rationalitätslücke an einer Stelle erblickt, wo gar keine vorliegt. So z.B. wendet er in [History] auf S. 96 gegen den ‚Konventionalismus' ein, daß dieser keine *rationale Erklärung* dafür zu geben vermöge, *warum* auf einer bestimmten Stufe der Entwicklung ein theoretisches System einem anderen vorgezogen werde, wenn die relativen Verdienste der Systeme noch unklar seien[104]. Dazu kann man, um dies nochmals zu wiederholen, nichts anderes sagen, als daß die gewünschte rationale Erklärung *von dieser Art* niemand zu geben vermag, so daß es nur darauf ankommt, dies einzusehen. Die Situation ist hier tatsächlich vollkommen analog demjenigen Fall, wo ein erfinderischer Handwerker ein neues Werkzeug produziert. Auch da kann man keine rationale, sondern höchstens eine historisch-psychologische oder genetische Erklärung dafür geben, warum er genau dieses Werkzeug geschaffen, dagegen keine der vielen hundert Millionen anderer Möglichkeiten gewählt hat.

In [History] gibt LAKATOS eine schematische Übersicht über die verschiedenen miteinander rivalisierenden Methodologien der Naturwissenschaften. Keiner der von ihm genannten Titel paßt jedoch auf das in diesen beiden letzten Kapiteln entwickelte Konzept. Am ehesten könnte man daran denken, es als eine Variante des von LAKATOS auf S. 95 erwähnten *Instrumentalismus* anzusehen. Aber die dort erhobenen Vorwürfe treffen auf diesen ‚neuen' Instrumentalismus nicht zu: Weder ist seine Quelle eine Verwechslung von Wahrheit mit Bestätigung noch wird in ihm die Möglichkeit von Wahrheit bei gleichzeitiger Unbeweisbarkeit übersehen. Vielmehr wird hier die grundlegende Voraussetzung preisgegeben, daß eine Theorie wahr oder falsch sein *kann*. Und diese Voraussetzung wird *nicht* deshalb fallengelassen, weil die Rede von der Wahrheit als ‚dummes Philosophengeschwätz' abgetan wird, sondern *weil nur Propositionen wahr oder falsch sein können, eine Theorie jedoch weder eine Proposition ist noch aus Propositionen besteht.*

Der Instrumentalismus im Sinn von LAKATOS ist ein Spezialfall des Konventionalismus. Der konventionalistischen Historiographie wirft er generell vor[105],

---

[103] "Rational reconstruction of science ... cannot be comprehensive since human beings are not *completely* rational animals", [History], S. 102.

[104] LAKATOS spricht nicht von theoretischen Systemen, sondern gebrauchte die auf den Konventionalismus zugeschnittene bildhafte Wendung: "system of pigeonholes which organizes facts into some coherent whole", [History], S. 94.

[105] a.a.O., S. 96.

daß sie nicht *rational* zu erklären vermöge, warum bestimmte ‚Schubfachsysteme' statt anderen ausprobiert werden. Nehmen wir ‚Schubfachsysteme' als bildhafte Bezeichnung für Strukturkerne, so besteht die Überlegenheit des ‚neuen' Instrumentalismus nicht darin, daß er solche rationalen Erklärungen zu liefern imstande ist, sondern daß er zu der Erkenntnis führt, warum sie unmöglich sind.

Im übrigen geht es LAKATOS in [History] vor allem darum, die Relevanz wissenschaftstheoretischer Konstruktionen für die Wissenschaftsgeschichte aufzuzeigen. Dabei handelt es sich zweifellos um eine außerordentlich wichtige Frage, die wir hier jedoch ganz ausklammern müssen, da sie zu dem von uns nicht behandelten Themenkreis gehört: „Wie soll man Wissenschaftsgeschichte betreiben?"

Dieser Aufsatz ist aber auch für unser gegenwärtiges Problem von Relevanz, da LAKATOS darin den in [Research Programmes] erhobenen Anspruch stark zurückschraubt. Während er dort ausdrücklich betonte, daß eine normative Methodologie Regeln aufstelle, die den Wissenschaftlern sagen, welche Wege sie verfolgen und welche sie vermeiden *sollen*, versucht er in [Replies] verschiedene gegen seine Ausführungen vorgebrachte Einwände dadurch zu entkräften, daß er feststellt: *Mit seiner Methodologie wolle er den Wissenschaftlern keine Ratschläge für ihr gegenwärtiges und künftiges Verhalten erteilen. Vielmehr gehe es ihm nur um eine ex post facto Bewertung vergangener wissenschaftlicher Theorien oder Forschungsprogramme.* (Im ausdrücklichen Verzicht auf das erste würde LAKATOS *heute* vermutlich den entscheidenden Unterschied zwischen seinem Konzept und dem von LORENZEN erblicken.)

Im Lichte dieser Erwiderung werden verschiedene Vorwürfe verständlich, die LAKATOS in [History] gegen KUHN und FEYERABEND erhebt: Auf S. 104 z.B. sagt er, daß diese beiden Kritiker *methodologische Beurteilungen* von Theorien und Programmen mit *heuristischen Ratschlägen* darüber, was Wissenschaftler tun sollen, vermengen. Aufgrund dieser Äußerung soll sich also die *Methodologie* auf die Beurteilung *vorliegender* wissenschaftlicher Leistungen beschränken, während nur die davon verschiedene *Heuristik* dem Wissenschaftler *Ratschläge* erteilt. Dazu ist dreierlei zu sagen:

Erstens ist es nicht richtig, daß diese Auffassung mit der von [Research Programmes] *in Einklang steht*. Während er in Äußerungen wie dieser letzteren sowie in [Replies], S. 174, *zwischen Methodologie und Heuristik scharf trennt*, sagt er in [Research Programmes], S. 132 nicht nur ausdrücklich, daß ein Forschungsprogramm *methodologische Regeln* enthalte, die uns sagen, welche Forschungswege man einschlagen und welche man unterlassen *solle*, sondern er fügt als Bezeichnung für diese beiden Typen von Ratschlägen sogar ausdrücklich in Klammern die Worte ein: „*positive heuristic*" und „*negative heuristic*". Heuristik ist danach ausdrücklich als Bestandteil der Methodologie anerkannt. Wir stehen somit vor der Alternative, entweder zu sagen, daß LAKATOS sich selbst widerspreche, oder anzunehmen, daß er seit der Niederschrift von [Research Programmes] seine Meinung geändert habe. Angesichts dieser Notwendigkeit einer Wahl zwischen einer gehässigen oder einer wohlwollenden Kritik entschließen wir uns für die letztere und kehren zu unserer Behauptung zurück, daß LAKATOS (vermutlich unter dem Druck der Kritiken von KUHN und FEYERABEND) seine Auffassung in einem wesentlichen Punkt revidiert hat.

Zweitens ist die Unterscheidung zwischen Methodologie und Heuristik nicht einmal in bezug auf die ursprüngliche Variante der Popperschen Theorie haltbar. Es stimmt zwar, daß nur bereits vorliegende Hypothesen einer ‚möglichst strengen Prüfung' unterzogen werden sollen. Für den Fall jedoch, daß die Hypothesen der Prüfung nicht standhielten und preisgegeben wurden, fordert POPPER die Wissenschaftler auf, sie *sollen* nach solchen Hypothesen suchen, die einen möglichst großen empirischen Gehalt besitzen und daher besonders gut falsifizierbar sind. *Daß man diese Art von Methodologie zur Heuristik rechnen muß, sagt wieder* LAKATOS *expressis verbis selbst,* wenn er den *Imperativ:* „Entwirf Vermutungen, die einen größeren empirischen Gehalt besitzen als ihre Vorgänger" als die oberste *heuristische* (!) Regel von POPPER bezeichnet[106].

Drittens aber, und dies ist das Entscheidende: mit diesem Rückzug auf ex post facto Bewertungen ist nichts gewonnen. Oder noch schlimmer: *Die Äußerungen von* LAKATOS *drohen dann, in vollkommener Unverständlichkeit zu versanden.* So stellt z.B. SMART in [Science], S. 269 in seiner Diskussion dieser letzten Arbeiten von LAKATOS u.a. die intelligente Frage, *was denn noch der Sinn einer Beurteilung sei, wenn nicht einmal eine Heuristik daraus folge.* Es ist in der Tat nicht recht verständlich, *wie man Beurteilungen von Empfehlungen trennen kann.* Wenn z.B. jemand auf eine entsprechende Anfrage hin beteuert: „*A* ist ein guter Lehrer", so ist dies je nach Situation eine *Empfehlung* an Interessenten, Vorträge von *A* zu besuchen, oder eine *Empfehlung* an eine Hochschule, daß *A* berufen werden *solle,* oder eine *Empfehlung* an Studenten, sie *sollten* an *A*'s Seminaren teilnehmen usw.

LAKATOS scheint sich bis zu einem gewissen Grad dieser Schwierigkeit bewußt zu sein: Er nimmt es jetzt (wegen dieser Trennung von Beurteilung und Heuristik) ausdrücklich in Kauf, daß aus der Einsicht in den degenerierenden Charakter eines Forschungsprogramms *kein* Ratschlag von der Art abgeleitet werden könne, *daß dieses Forschungsprogramm nicht weiter verfolgt werden solle.* Es sei, bemerkt er, vollkommen rational, *ein riskantes Spiel zu spielen*[107]. Hier wird wieder einmal ein neues Wort eingeführt. Was ist denn ein riskantes Spiel (im Sinne von „ein riskantes Forschungsprogramm")? Doch wohl ein solches, von dem man annimmt, daß es nicht zum Erfolg führen wird. *Wie aber kann es denn rational sein, etwas weiterzuführen, von dem man annimmt, daß es erfolglos sei?* (Einen Spieler, der nicht

---

[106] "POPPER's supreme heuristic rule", [Research Programmes], S. 132.
[107] [History], S. 104.

wegen der Aussicht auf Gewinn, sondern nur wegen des Nervenkitzels spielt, bezeichnet man ja gerade *nicht* als rationalen Spieler.) Außerdem: *Warum* nimmt man an, daß der Erfolg ausbleiben wird? Aufgrund einer göttlichen Einsicht oder aufgrund eines Induktionsschlusses, der die bisherige ‚Degenerationskurve' des Forschungsprogramms in die Zukunft zu extrapolieren gestattet? Beides würde den wissenschaftstheoretischen Überzeugungen von LAKATOS widersprechen. Wenn aber all dies nicht der Fall ist, warum soll man dann, wie FEYERABEND in [Consolations][108] und ähnlich später in [Against][109], betont, nicht annehmen, daß diese zunächst fallende Kurve von einem bestimmten künftigen Zeitpunkt an steigen wird? SMART erwägt noch eine weitere Interpretation[110]: Vielleicht verstand LAKATOS das „riskant" im Sinn von „*möglicherweise* riskant". Aber dann kann man doch wohl zu *jedem* Wissenschaftler (ebenso wie zu *jedem* Politiker) nur sagen: „Was immer du tun wirst, *es ist möglicherweise riskant.*" Man kommt nicht um die Feststellung herum: *Dies alles kann man überhaupt nicht mehr verstehen.*

Doch kehren wir wieder zurück zu dem prinzipiellen Problem einer normativen Methodologie. Unsere Stellungnahme ist durch die vorangehenden Ausführungen dieses Kapitels bereits vorgezeichnet. Sie ist höchst einfach: *Die Aufstellung normativer methodologischer Regeln, deren Befolgung eine abhanden gekommene Rationalität im Wissenschaftsbetrieb wiederherstellen soll, ist vollkommen überflüssig. Der Glaube, daß man solche Regeln benötigt, beruht auf einer falschen Voraussetzung.* Diese falsche Voraussetzung ist der Kuhnsche ‚Irrationalismus', wie die herkömmliche Deutung besagt, sowie der durch KUHN und FEYERABEND verschärfte ‚vage und nebulose' Holismus. (Wir erinnern uns daran, warum das erste eine ganz irreführende Bezeichnung ist: Selbst wenn die herkömmliche Deutung stimmte, so wäre nicht die Position von KUHN, sondern vielmehr die Haltung, welche er den Naturwissenschaftlern *unterstellt*, irrational zu nennen.)

Die Voraussetzung, von der LAKATOS ausgeht, ist (in etwas vergröberter Formulierung) dieselbe wie bei POPPER und bei vielen anderen Gegnern KUHNS: Der *normale Wissenschaftler* ist ein kritikloser Dogmatiker, der seine Hypothesen keiner Prüfung unterzieht. Der Mann, der *außerordentliche Forschung* betreibt, ist ein religiöser Fanatiker, der sein Bekehrungserlebnis mit allen Mitteln der Überredung und Propaganda auf andere zu verpflanzen trachtet und der, wenn er dabei Glück hat, eine wissenschaftliche Revolution hervorruft. An die Stelle dieser Art von 'mob psychology', welche das Verhalten der unvernünftigen, Wissenschaft betreibenden Massen beschreibt, sollen Regeln treten, die dem Wissenschaftler sagen, was er tun und was er unterlassen soll. Durch Befolgung dieser Regeln wird der *ratio-*

---
[108] S. 215.
[109] Vgl. auch die folgende Diskussion der Auffassung von FEYERABEND in 10.b.
[110] [Science], S. 272.

nale Charakter des Unternehmens Wissenschaft wiederhergestellt. Außerdem soll dadurch mit der mythologischen holistischen Theorie aufgeräumt werden: An die Stelle der Feststellung, daß stets nur ‚das *ganze* System‘ geprüft werden könne, sollen Regeln treten, die dem Wissenschaftler sagen, unter *welchen Umständen* er *welche Teile* seines Ganzen preiszugeben habe.

Diese dreifache Voraussetzung ist für uns hinfällig geworden. Die in den Abschnitten 3 bis 8 versuchten rationalen Rekonstruktionen der Begriffe der normalen Wissenschaft (‚Verfügen über eine Theorie im Sinn von KUHN‘), der wissenschaftlichen Revolutionen (‚Theorienverdrängung durch Ersatztheorien‘) und des Holismus sollten diesen Positionen den *Schein der Unvernünftigkeit* nehmen und den Anlaß beseitigen, gegen sie anzukämpfen. Der *normale Wissenschaftler* hält nicht kritiklos an Hypothesen fest, sondern *benützt ein begriffliches Instrument*, dessen Beibehaltung mit wechselnden hypothetischen Annahmen verträglich ist (non-statement view). Außerdem ist ihm der Anwendungsbereich seiner Theorie fast immer nur intensional, und dabei in den meisten Fällen nur über paradigmatische Beispiele, gegeben, wodurch seine Theorie eine zusätzliche Immunität gegen aufsässige Erfahrung erhält (Regel der Autodetermination des Anwendungsbereichs einer Theorie durch die Theorie). Auch die *außergewöhnliche Forschung*, die bei Zugrundelegung unserer Deutung in der Errichtung neuer Strukturkerne besteht, ist kein irrationales Unterfangen (und zwar ganz unabhängig davon, wieviel Überredung und Propaganda bei der *Verbreitung* der Ergebnisse dieser Forschung im Spiel sein mag). Denn wenn auch am Anfang mit der Neuerung nur mehr oder weniger ‚Erfolgsverheißung‘ verbunden sein mag, so entscheiden über die Brauchbarkeit oder Unbrauchbarkeit der Theorie letzten Endes doch nur die *objektiven Erfolgskriterien*, die sich aus der Beantwortung der Frage ergeben, ob der neue Strukturkern erfolgreich für Kernerweiterungen benützt werden konnte. Ebenso wird ein *objektiver Vergleich* zwischen alter und neuer Theorie mit Hilfe makrologischer Kriterien möglich. Die Präzisierung der einschlägigen Ideen von LAKATOS in 7.d zeigten, daß der ‚geläuterte Falsifikationismus‘ ein besseres metatheoretisches Forschungsprogramm enthält als POPPERS Begriff der Wahrheitsähnlichkeit, der sich zur Schließung der Rationalitätslücke bei KUHN nicht eignet.

Was schließlich den Holismus betrifft, so wurde in Abschnitt 8 zu zeigen versucht, daß sich auch dieses philosophische Konzept ‚entmythologisieren‘ und rationalisieren läßt, sogar in der dort angegebenen verschärften Form.

Nach unserer Auffassung basiert also die ganze normative Methodologie von LAKATOS auf einer unerfüllten Präsupposition. Um diese Auffassung zu akzeptieren, muß man allerdings bereit sein zuzugeben, daß mit der Frage: „Was ist *rationales* wissenschaftliches Verhalten?" kein triviales, sondern ein schwieriges ‚metatheoretisches Forschungsprogramm‘ formuliert wird, in dessen Verlauf es sich als notwendig erweisen kann, gewisse sich zunächst anbietende Rationalitätskriterien später *als zu schablonenhaft* zu erkennen und sie zugunsten anderer Merkmale, die durch eine differenziertere Betrachtungsweise gewonnen worden sind, *zu verwerfen*.

Ob man zu so etwas bereit ist oder nicht, hängt wieder eng zusammen mit dem, was an früherer Stelle einerseits als naiver Rationalismus auf der Metaebene, andererseits als überspannter Rationalismus auf der Objektebene bezeichnet worden ist. Es entspricht nicht der Haltung eines kritischen, sondern der eines *naiven* Rationalismus, zu glauben, daß man eine Klärung dessen, was rationales Verhalten in der Wissenschaft sei, durch einige prinzipielle Reflexionen gewinnen können. Um dies einzusehen, hat man nur POPPERs These von der Grenzenlosigkeit unserer Unwissenheit *auch für die Metaebene des Reflektierens über die menschliche Erkenntnis* als gültig anzuerkennen: Klarheit über wissenschaftliche Rationalität zu gewinnen, braucht nicht weniger schwierig zu sein als ein adäquates Atommodell zu entwerfen oder ein nachweislich widerspruchsfreies System der Mathematik aufzustellen. Zweckmäßigerweise denken wir an dieser Stelle daran zurück, daß die ‚Rationalisierung' verschiedener Aspekte des Kuhnschen Wissenschaftsaspektes den mühsamen Weg über die Analysen des achten Kapitels nehmen mußten.

Der ‚überspannte Rationalismus' auf der Objektebene ist eine Konsequenz des ‚naiven Rationalismus' auf der Metaebene. Aus der Überzeugung, man könne doch in ganz einfacher Weise einen klaren und adäquaten Begriff von rationalem wissenschaftlichen Verhalten gewinnen, entspringen dann z.B. solche Forderungen wie die nach ‚permanenter Revolution'. Es ist nicht vernünftig, einen Studenten einer Wissenschaft mit dem Imperativ zu empfangen: „Werde ein zweiter Einstein!"; denn darauf läuft ein solcher Imperativ hinaus. Wer dennoch eine solche Auffassung vertritt, der huldigt nicht einem kritischen, sondern einem *unmenschlichen* Rationalismus.

Mit der Polemik gegen eine normative Methodologie sollte nicht geleugnet werden, daß jede wissenschaftstheoretische rationale Rekonstruktion nicht nur einen deskriptiven, sondern auch einen normativen Aspekt besitzt und daß bisweilen der letztere stark in den Vordergrund treten kann[111]. Trotzdem wäre es außerordentlich irreführend zu sagen, der Wissenschaftstheoretiker bemühe sich um die Gewinnung von Normen für rationales wissenschaftliches Verhalten. Es wäre dies ebenso irreführend wie wenn jemand sagen wollte: KLEENEs Buch über Metamathematik enthalte sowohl die *Normen*, die ein intuitionistischer Mathematiker befolgen *solle*, als auch diejenigen *Normen*, die ein klassischer Logiker befolgen *solle*. Dabei kann die deduktive Logik sicherlich eine ‚normativ-methodologische' Funktion ausüben: Wenn ein Mathematiker, der nicht systematisch moder-

---

[111] Für generelle Betrachtungen vgl. Bd. IV, erster Halbband, Einleitung, 1, (III), und für spezielle Beispiele entsprechende Bemerkungen in den Abschnitten 3—8 dieses Kapitels.

ne Logik studierte, einen komplizierten Beweis konstruiert hat und das Gefühl bekommt, ‚daß da etwas nicht stimmt', so kann er in einem Buch über mathematische Logik nachsehen, seinen Beweis zu formalisieren versuchen und dabei herausfinden, *was er falsch gemacht hat*. Die Regeln der Logik können sogar eine *heuristische* Funktion haben: Nachdem er den Fehler entdeckt hat, wird er sich vielleicht sagen, daß er vorher hätte Logik studieren *sollen*, um einen solchen Fehler zu vermeiden; und daß in diesem Fall seine Suche nach einem Beweis vermutlich einen anderen und erfolgreicheren Verlauf genommen hätte.

Generell wird man wohl kaum mehr sagen können als dies, daß die Klarheitsbemühungen im Rahmen der zweiten Rationalisierung für die analogen Bemühungen auf der ersten Rationalisierungsstufe von Gewinn sein *können*.

10.b Einige nicht zu ernst zu nehmende Betrachtungen zu Feyerabends ‚Gegen'-Reformation.
Wir können hier nicht das Konzept von FEYERABEND im Detail wiedergeben. Es möge der Hinweis darauf genügen, daß es in den meisten für uns relevanten Punkten mit dem von KUHN ziemlich ähnlich ist.

Den Unterschied zwischen unserer und der Feyerabendschen Stellungnahme zur normativen Methodologie von POPPER und LAKATOS könnte man schlagwortartig so wiedergeben: Während wir die Gültigkeit der *Voraussetzung* einer normativen Methodologie bestritten haben, greift FEYERABEND diese hauptsächlich wegen ihrer *Konsequenz* an.

Eine ausführliche Schilderung und Kritik der Auffassung von FEYERABEND findet sich in D. SHAPEREs Aufsatz [Scientific Change] auf S. 51—85. (Dieser Aufsatz berücksichtigt allerdings noch nicht FEYERABENDs [Against].) SHAPERE schildert zunächst das, was man die Feyerabendsche Variante der Inkommensurabilitätsthese nennen könnte: die Verwerfung der ‚Konsistenzbedingung', wonach nur miteinander verträgliche Theorien einander ablösen[112] sowie seine These von der Theorieabhängigkeit der Bedeutung. (Nach FEYERABENDs Meinung ist darin ein Angriff auf zentrale Thesen des herkömmlichen Empirismus enthalten, da nach ihm die *Konsistenzbedingung* sowie die Bedingung der *Sinninvarianz* die Eckpfeiler dieser philosophischen Richtung darstellen.) SHAPERE versucht dann, die inneren Schwierigkeiten des Feyerabendschen Konzeptes aufzuzeigen.

Zunächst weist er auf die Vagheit verschiedener Schlüsselbegriffe hin: der Begriff der Theorie bei FEYERABEND sei z.B. ebenso undeutlich wie der des Paradigmas bei KUHN (S. 56); ferner fehle die Angabe von Kriterien dafür, was unter Bedeutung zu verstehen sei und was als Bedeutungsänderung zähle (S. 55). Da nach FEYERABEND jede Theorie ‚ihre eigenen Erfahrungen hat' und alle Beobachtungen im Lichte der Theorie interpretiert werden, entsteht die Schwierigkeit, *wozu man überhaupt noch Beobachtungen macht* und *aufgrund welcher Kriterien man zwischen verschiedenen Theorien eine Auswahl trifft*. Nach der Diskussion dreier Lösungsversuche von FEYERABEND (S. 58—61), die nach SHAPEREs Begründung alle zum Scheitern verurteilt sind, gelangt er schließlich (S. 65) zu der Feststellung,

---

[112] In [Against], Abschnitt 13, S. 81ff., übernimmt FEYERABEND dagegen ausdrücklich die Inkommensurabilitätsthese.

daß die Feyerabendsche Interpretation der Naturwissenschaften die Konsequenz habe, daß *weder* ein Vergleich von Theorien mit Erfahrungen *noch* ein Vergleich von Theorien untereinander möglich sei. Die Auffassung von FEYERABEND führe daher, ebenso wie die KUHNs, zum *Relativismus* (S. 66).

Obwohl die Kritik SHAPEREs an den drei erwähnten Lösungsversuchen im wesentlichen richtig zu sein scheint, würde ich ihm in anderen Punkten und vor allem auch in bezug auf die radikale Konsequenz *nicht* beipflichten. Die Gründe sind ähnliche wie die, welche früher an SHAPEREs Kuhn-Kritik angeführt worden sind (vgl. Abschnitt 2.b und 2.c). *Fast alle* Argumentationen von SHAPERE basieren auf dem statement view und werden zu einem großen Teil mit dessen Preisgabe hinfällig. Die in den Abschnitten 3—8 gegebenen Rekonstruktionen dürften sich, soweit dies nicht bereits geschehen ist (wie etwa in Abschnitt 8), mutatis mutandis auch auf FEYERABEND übertragen lassen, *allerdings auch die Kritik an* KUHNs *Inkommensurabilitätsthese*, die wir ja bei ihm wiederfinden. An den verschiedenen Stellen, an denen FEYERABEND *Argumente zugunsten dieser These* vorbringt, stützt er sich ebenfalls auf den statement view.

Auch in bezug auf viele Details wären ähnliche Differenzierungen vorzunehmen wie früher, so etwa in bezug auf die These von der Theorienabhängigkeit aller Beobachtungen. Man muß hier, wie wir uns erinnern, scharf unterscheiden zwischen denjenigen Fällen, wo man damit auf eine andere Theorie Bezug nimmt, und denjenigen, wo man sich auf die zur Diskussion stehende Theorie selbst bezieht: Bei der Beschreibung *partieller* potentieller Modelle benützt man eine *andere* Theorie (nämlich eine Theorie, die von der verschieden ist, um deren Modelle es sich handelt). Bei der Beschreibung *potentieller* Modelle ist man dagegen auf *dieselbe* Theorie angewiesen (und wird dadurch mit dem schwierigen Problem der theoretischen Terme konfrontiert).

Diese knappen Hinweise sollen nicht den Zusatz im zweiten Satz dieses Unterabschnittes vergessen lassen, wo ausdrücklich auf die *für uns relevanten Punkte* Bezug genommen ist. FEYERABENDs Ausführungen enthalten daneben vieles andere, so etwa interessante Herausforderungen an herkömmliche Auffassungen, z.B. an die üblichen Vorstellungen über das ‚Verhältnis von hypothetischen Theorien und Beobachtungen', auf die eine adäquate Beantwortung noch auszustehen scheint[113]. Zum anderen weicht er in manchen Punkten von der Auffassung KUHNs ab, z.B. in der ‚methodologischen Rechtfertigung einer Pluralität von Theorien', sozusagen dem Gegenstück auf theoretischer Ebene zu der gegen POPPER und LAKATOS gerichteten Forderung nach einem Methodenpluralismus[114]. Das erste enthält eine implizite Ablehnung von KUHNs Begriff der normalen Wissenschaft. Doch dies betrifft nichts, was im gegenwärtigen Kontext für uns von Relevanz wäre.

In seiner letzten Schrift [Against] vertritt FEYERABEND die neue These, daß *Anarchie* eine ausgezeichnete Grundlage der Erkenntnistheorie und

---

[113] Vgl. insbesondere [Against], S. 48ff. So wird z.B. auf S. 52 die Frage aufgeworfen, warum man nicht im Falle eines Widerspruchs zwischen einer neuen Theorie und ‚wohletablierten Fakten' diese Theorie dafür benützen solle, ‚ideologische Komponenten' in den sogenannten Fakten aufzuspüren, statt den Widerspruch durch Preisgabe der Theorie zu beseitigen.

[114] Vgl. z.B. [Empiricism I], S. 150; [Empiricism II], S. 257f.; [Against], S. 27.

Wissenschaftsphilosophie sei[115]. Unter einer *anarchistischen Erkenntnistheorie* versteht er dabei eine solche, die weder ‚sichere und unfehlbare Regeln' noch Standards für den Unterschied zwischen ‚objektiv' und ‚subjektiv' oder den Unterschied zwischen ‚rational' und ‚irrational' aufstellt[116]. Wie aus dem folgenden Text hervorgeht, wendet er sich damit vor allem gegen eine *normative Methodologie*, welche unveränderliche und bindende Regeln für wissenschaftliches Verhalten aufstellt, die zugleich als Kriterien für die Unterscheidung von *Wissenschaft* und *Pseudowissenschaft* dienen. Dies ist auch der Grund dafür, warum FEYERABEND sich ausdrücklich mit dem Kritischen Rationalismus auseinandersetzt und zwar sowohl in der ursprünglichen Popperschen Form als auch in der von LAKATOS weitergeführten Gestalt[117].

Teile dieser Ausführungen enthalten glänzende Partien und interessante Kritiken des normativen Aspektes der Methodologien von POPPER und LAKATOS. Auf S. 76ff. versucht FEYERABEND zu zeigen, daß ein ‚wissenschaftliches Leben', welches den Regeln des Kritischen Rationalismus genügt, nicht nur *nicht wünschbar*, sondern *nicht einmal möglich* sei. Dabei spielt u. a. die Inkommensurabilitätsthese als eine der Prämissen dieser Überlegungen eine zentrale Rolle. Deshalb kommen wir weiter unten auf diese These nochmals zurück.

Ähnlich wie KUHN ist auch FEYERABEND der Überzeugung, daß ein Methodenglaube von der Art, wie ihn der ‚Kritische Rationalismus' exemplifiziert, in unbehebbare Schwierigkeiten gerät, *wenn er mit den Ergebnissen historischer Forschungen konfrontiert wird*[118]. Zum Normalfall für die Erlangung wissenschaftlicher Klarheit und empirischen Erfolges gehört ein meist lange andauerndes, unvernünftiges und unmethodisches geschichtliches Vorspiel[119]. Daher sei die Auffassung, der Wissenschaftsablauf könne und solle nach einigen festen Regeln verlaufen, ‚sowohl unrealistisch als auch lasterhaft'[120].

Im zweiten Absatz von 10.b ist bereits die partielle Gemeinsamkeit der hier vertretenen Auffassung mit der Feyerabendschen angedeutet und auf den bloßen Unterschied in der Begründungsmethode hingewiesen worden: FEYERABENDs Überlegungen zielen vor allem darauf ab, auf die *für die Wissenschaften nachteiligen Folgen* einer solchen normativen Methodologie hinzuweisen. Für uns fällt die Notwendigkeit für eine derartige Methodologie *mangels erfüllter Voraussetzung* fort: Eine Methodologie, die nur dazu dienen

---

[115] a.a.O., S. 17.
[116] a.a.O., S. 21.
[117] a.a.O., S. 72—81.
[118] a.a.O., S. 22.
[119] Vgl. z.B. a.a.O., S. 25. Hier wie an allen anderen Stellen, wo von *Erfolg*, *Fortschritt* und *wissenschaftlicher Rationalität* die Rede ist, wird anscheinend doch vorausgesetzt, daß es *irgendwelche* Unterscheidungskriterien gibt, um z.B. zwischen Klarheit und Unklarheit, empirischem Erfolg und Mißerfolg zu differenzieren.
[120] a.a.O., S. 91.

soll, den ‚Kuhnschen Irrationalismus' zu bekämpfen und zu überwinden, ist überflüssig, da dieser angebliche Irrationalismus ein Pseudo-Irrationalismus ist. Man kann den Sachverhalt auch auf solche Weise schildern, daß die Gemeinsamkeit mit KUHN und FEYERABEND noch deutlicher zutage tritt: Würde man diese Methodologie verwirklichen, so käme es zu einem schwerwiegenden *Rationalitätsverlust*. Sowohl *die spezifisch vernünftigen Einstellungen der ‚normalen Wissenschaftler'*, also derer, die über eine Theorie verfügen, als auch *die spezifisch vernünftige Haltung der ‚wissenschaftlichen Revolutionäre'*, also jener Leute, die neue Strukturkerne entwerfen und sich ‚propagandistisch' darum bemühen, die Verdrängung einer in die Krise geratenen Theorie durch ihre neue Theorie herbeizuführen, würden dadurch beseitigt. Dieser Rationalitätsverlust wäre deshalb so schwerwiegend, *weil er vermutlich keine geringere Konsequenz hätte als die, das Phänomen Wissenschaft auf unserem Planeten zum Verschwinden zu bringen.*

Die Metatheorie der Wissenschaften, als eine rein normative Disziplin aufgefaßt, würde sich einerseits in der Aufstellung unrealistischer, d. h. vom Menschen nicht zu erfüllender Rationalitätspostulate erschöpfen, andererseits die Weisen der vom Menschen erreichbaren Rationalität ignorieren und dadurch, statt zum Verständnis der Wissenschaften beizutragen, zu der leeren Form einer 'metatheory of science fiction' entarten.

Die knappen Formulierungen des vorletzten Absatzes enthalten allerdings eine Assimilation der Auffassungen von KUHN und FEYERABEND, die in einem Punkt inadäquat ist: FEYERABEND verhält sich, wie bereits oben angedeutet worden ist, gegenüber den Leistungen der normalen Wissenschaft viel skeptischer als KUHN, was auch die von ihm kreierte Forderung nach permanenter wissenschaftlicher Revolution zeigt. Es ist wohl unnötig zu betonen, daß wir auf Grund der Betrachtungen in den vorangehenden Abschnitten die dort präzisierte Version des Kuhnschen Konzeptes der normalen Wissenschaft gegen FEYERABENDs Kritik verteidigen müßten. Wir kommen weiter unten nochmals darauf zurück.

Unser einziger Kommentar dazu ist, daß es vielleicht zweckmäßiger wäre, statt sich als Futurologe gegenüber POPPER und seiner Schule zu betätigen — d.h. statt Spekulationen über mögliche künftige Welten anzustellen, die im Sinn der Popperschen Methodologie deontisch perfekt sind —, Gründe für die Anfechtung einer grundlegenden metatheoretischen Voraussetzung des ‚Kritischen Rationalismus' anzugeben, m.a.W. *zu zeigen, warum man in dieser Schule über keinen adäquaten Begriff der wissenschaftlichen Rationalität verfügt.*

Daß sich hinter der Forderung FEYERABENDs nach epistemologischer Anarchie, die für manche Ohren besonders schockierend klingen dürfte, gar nichts so Fürchterliches verbirgt, kann z.B. anhand der folgenden *Tatsache* erläutert werden:

(a) LAKATOS *ist der Auffassung, daß* CARNAP *ein epistemologischer Anarchist war.*

Sicherlich würde LAKATOS dies energisch als eine unrichtige Unterstellung zurückweisen. Nun: *Gesagt* hat er zwar so etwas nie; aber er hat es im folgenden Sinn *gemeint: Der Satz (a) ist nur eine Paraphrase dessen, was er tatsächlich gesagt hat, unter Benützung der Feyerabendschen Terminologie.* In [Changes][121] macht er ‚CARNAP und seiner Schule' den Vorwurf, daß sie das Problem der wissenschaftlichen Methode *vollkommen ignorieren*[122]. Das Problem der *Entdeckung* und des *wissenschaftlichen Fortschrittes* bleibe bei CARNAP unberührt und eine „Methode, *qua* Logik der Forschung, verschwinde". *Hier wird also gerade das zum Vorwurf erhoben, was* FEYERABEND *erzielen will.* Tatsächlich hat CARNAP so etwas wie eine normative Methodologie nie gekannt; *und dies war auch gut so.* Es ist nicht sicher, wie er auf den *heutigen* Erkenntnisstand, der vor allem durch die Herausforderungen von KUHN und FEYERABEND charakterisiert ist, reagiert hätte. Ziemlich sicher dürfte es jedoch sein, daß er beim *damaligen* Erkenntnisstand gesagt hätte, er glaube nicht an eine Logik der Forschung, sondern er sei der Auffassung, daß die Behandlung der Wissenschaftsdynamik den Psychologen, Historikern und Soziologen überlassen werden müsse.

Nun scheint aber FEYERABEND mit seinen ‚gegen die Methode' gerichteten Ausführungen nicht nur eine ‚Gegenreformation' gegen diejenigen Reformatoren einleiten zu wollen, welche sich bemühen, die korrupte wissenschaftliche Welt durch Aufstellung methodologischer Postulate wieder in Ordnung zu bringen. *Er scheint sich auch gegen jede Art von rationaler Rekonstruktion von der Art zu wenden, wie sie z.B.* CARNAP *anstrebte und um die sich auch die Ausführungen in den systematischen Teilen dieses Buches bemühen.* Anders formuliert: Seine *gegen die Methode* gerichteten Polemiken gleiten, vermutlich durchaus beabsichtigt, über in Polemiken *gegen rationale Rekonstruktion* in unserem Sinn, d.h. gegen eine Erhöhung des Verständnisses im Rahmen der zweiten Rationalisierung[123].

Es wäre sicherlich falsch zu behaupten, daß FEYERABEND überhaupt kein Verständnis anstrebt. Aber es scheint jedenfalls so, als beschränke er sich selbst darauf, ein *historisch-psychologisches Verständnis* anzustreben, und als wolle er alle anderen an der Wissenschaft Interessierten auffordern, ihre Wünsche nach einem Verständnis ebenfalls auf dieses Ziel zu beschränken. Wir wollen versuchen, von drei ganz verschiedenen Seiten her dazu Stellung zu nehmen: Erstens durch eine *historische Analogie*, die zwar nicht zu einer

---

[121] Vgl. vor allem S. 326ff. sowie Fußnote 2 auf S. 326.

[122] Tatsächlich versteht CARNAP z.B. in seiner Induktiven Logik unter methodologischen Regeln so etwas wie *Anwendungsregeln* für ‚induktive Schlüsse'. Ich habe diese Auffassung verschiedentlich kritisiert; vgl. z.B. Bd. IV, Zweiter Halbband, S. 301f. sowie die dort angegebene Literatur.

[123] Dieses Hinübergleiten beginnt in [Against] bereits auf S. 19, wo den groben und untauglichen Mitteln des *Logikers* eine Reihe anderer Fähigkeiten gegenübergestellt wird, welche an deren Stelle treten sollen (allerdings auch hier wieder, um zu erklären, was in der Vergangenheit Fortschritt tatsächlich hervorrief).

Lösung des Konfliktes, wohl aber zu einer Verdeutlichung der *Art des Gegensatzes* führen wird; zweitens durch Reflexion auf das *mutmaßliche Motiv* für FEYERABENDS ‚logische Skepsis'; und drittens durch eine kurze Betrachtung der *Argumentationsweise* FEYERABENDS selbst.

(*A*) Als *historische Analogie* greifen wir wieder auf das Beispiel der aristotelischen Logik zurück. Angenommen, jemand hätte ARISTOTELES durch Argumente, die denen FEYERABENDS ähnlich sind, davon zu überzeugen versucht, daß es doch unsinnig sei, sich mit logischer Sturheit in metatheoretische Grübeleien darüber zu verlieren, was die Teilnehmer an den platonischen Dialogen meinten, wenn sie „also" und „daher" sagten. Viel vernünftiger und auch erfreulicher sei es, diese Episoden mit schriftstellerischer Einfühlung, Liebe für die Einzelheiten und überraschenden Wendungen in den Gesprächen darzustellen. Hätte ARISTOTELES einem solchen Rat Folge geleistet und wären ihm außerdem die Fähigkeiten der großen griechischen Tragödien- oder Komödiendichter zur Verfügung gestanden, so hätte er je nach Fall eine Folge von faszinierenden Dramen oder von Lustspielen mit umwerfender Komik verfaßt. Nur eines wäre, fürchte ich, nicht geschehen: Man hätte vielleicht bis heute noch nicht entdeckt, daß es so etwas wie eine Logik gibt.

Möglicherweise würde FEYERABEND auch dazu ungerührt bemerken, *dies sei kein großes Unglück*. Eine solche Antwort würde ich zwar respektieren, aber mit ihr hätte sich das Bild vollkommen gewandelt. Was nämlich zunächst wie ein Gegensatz in einer Sachfrage aussah, würde sich jetzt plötzlich als etwas ganz anderes erweisen, nämlich als ein *Unterschied in der Zielsetzung*.

FEYERABEND scheint es nämlich weniger um *größere Klarheit über das Phänomen Wissenschaft* zu gehen als um eine *Erhöhung des Vergnügens an und mit der Wissenschaft*. (Letzteres ist eingebettet in eine ‚epikureische Lebenseinstellung', wonach es dem Menschen nicht um Wahrheit, sondern um Glückseligkeit gehen sollte; doch davon wollen wir hier abstrahieren.) Zwischen beidem braucht aber kein Widerspruch zu bestehen, zumindest dann nicht, wenn man sich an jene alten Philosophen hält, die Stufen der Freude unterscheiden: Es gibt Formen intellektuellen Vergnügens, die ohne vorherige Anstrengungen nicht erreichbar wären. Und was macht es aus, wenn Art und Quantität auf die Menschen verschieden verteilt sind? Vermutlich ist die Zahl derer, die an dem Vergnügen finden, was FEYERABEND über die Wissenschaft sagt, viel größer als die Zahl der Leser, die sich mit Freude durch die systematischen Partien dieses Buches hindurchquälen. Und trotzdem ist es nicht ausgeschlossen, daß es einige von dieser letzten Sorte gibt. Und sollte wirklich ein Konflikt auftreten, so könnte dieser nicht auf theoretischer Ebene behoben werden. Vielmehr hätte der Einzelne dann zu entscheiden, was ihm lieber ist. Diese Entscheidung würde ich auch *nicht* als eine moralische Entscheidung ansehen. Denn die Gleichsetzung der Alternative „Klarheit oder Vergnügen?" mit etwas, das dem Kantischen „Pflicht oder Neigung?" gleichkäme oder auch nur im entferntesten ähnlich wäre, würde mir *vollkommen fernliegen*.

Aber vielleicht denkt FEYERABEND an ein ernstes *psychologisches Problem*, nämlich an den *Störeffekt der zweiten Rationalisierung auf die erste*. Nehmen wir ein besonders krasses imaginäres Beispiel: Angenommen (eine Annahme, die zu vollziehen mir schwer fällt), WITTGENSTEINs Bemerkungen über die Grundlagen der Mathematik seien alle richtig. Man würde also prima facie meinen, diese Ideen sollten unter den Mathematikern verbreitet werden. Angenommen jedoch, diese Ideen üben auf die ‚im platonistischen Geist erzogenen' Mathematiker eine derart frustrierende Wirkung aus, daß sie zu keiner schöpferischen Leistung mehr fähig sind. Was soll man in einer solchen Situation tun? Nun, man könnte z. B. den Imperativ aufstellen und befolgen: „Haltet alle jungen Mathematiker im schöpferischen Alter von Bibliotheken fern, in denen man WITTGENSTEINS ‚Bemerkungen über die Grundlagen der Mathematik' vorfindet!" Im übrigen könnte man auf die ökonomische Institution der Arbeitsteilung verweisen.

Die Einstellung FEYERABENDs zur Wissenschaft könnte man in Parallele setzen zur Einstellung eines Musikliebhabers zur Musik. Auch die analoge Problematik könnte hier auftreten. *X* wird vielleicht erkennen, daß *eine bestimmte Art von besserem Verständnis musikalischen Geschehens* nur über ein systematisches Studium von Harmonie-, Kontrapunkt- und Kompositionslehre zu erreichen ist. Möglicherweise wird *X* aber befürchten, daß diese Art von theoretischer Beschäftigung mit Musik seine Freude an der Musik stark beeinträchtigen oder sogar zerstören wird. *X* beschließt deshalb, kein Musiker zu werden.

Die Übertragung dieser Analogie auf den eigenen Fall würde etwa so lauten: „Da ich mich nun einmal entschlossen habe, zur ‚zweiten Rationalisierung' beizutragen, d. h. dafür, ein besseres Verständnis dessen zu erwecken, ‚was in den Wissenschaften eigentlich vor sich geht', bin ich genötigt, andere Zwecke zugunsten dieses einen Zieles zurückzustellen, darunter *auch* den vielleicht nicht zu unterschätzenden Genuß einer *nicht* wissenschaftstheoretischen Beschäftigung mit den Wissenschaften, ihren Ergebnissen und ihrem Wandel."

Um wieder auf unsere Analogie zurückzukommen: Wenn man nicht grundsätzlich *beschließt*, sich von allen logischen Problemen abwenden zu wollen, wenn man also nicht von vornherein in einer Abschirmungseinstellung gegen all das steht, ‚womit dieser sich eckliche ARISTOTELES angefangen hat', dann muß man es genauso als *legitime Aufgabe* zulassen, sich um eine Explikation dessen zu bemühen, was Physiker (oder KUHN oder FEYERABEND) *meinen*, wenn sie von *Theorien* sprechen, wie man es als eine legitime Aufgabenstellung zuläßt, nach dem Sinn des ‚Also'-Sagens, d. h. nach dem Sinn logischer Argumentation, zu fragen. Das mindeste, was man einer Ablehnung dieses Anspruchs entgegenhalten könnte, wäre, daß FEYERABENDS Toleranzprinzip durch eine solche Ablehnung mit sich selbst in Konflikt geriete.

(B) Das *mutmaßliche Motiv* für FEYERABENDs Ablehnung logischer Rekonstruktionen läßt sich in wenigen Worten schildern: Es ist *die Unzufriedenheit mit den bisherigen Leistungen einer logisch orientierten Wissenschaftsphilosophie*. Auch hier aber sollte man streng differenzieren zwischen: (1) einer Kritik an der bisherigen Imitation des ‚großen Bruders Metamathematik' durch die Wissenschaftslogiker, und: (2) einer Ablehnung der Verwendung logischer Analysen bei der Beschäftigung mit den Naturwissenschaften. Nach der hier vertretenen Auffassung ist (1) bis zu einem gewissen Grade berechtigt, (2) hingegen nicht. Sollte unsere Vermutung stimmen, so läge ein etwas voreiliger Induktionsschluß von der bisherigen unzulänglichen Leistung auf die künftige Untauglichkeit logischer Methoden vor.

Auch hier wäre nochmals auf das Toleranzprinzip einerseits, auf die in der Einleitung erwähnte mehrfache Rückkoppelung andererseits zu verweisen. In einer Hinsicht gleicht das Bemühen um Klarheit dem Bemühen um *Selbsterkenntnis*. Diese wird nicht dadurch gewonnen, daß man in sich selbst hineinstiert und darin — natürlich — nichts vorfindet. Vielmehr ist sie mehrfach ‚*vermittelt*' durch *Fremderkenntnis*: Durch das Bild, von dem man erfährt, daß es andere Menschen von einem haben. So kann *auch hier* jemand an *einer* Stelle stehen und von seiner Warte aus Klarheit zu gewinnen suchen, z.B. als Historiker. Zur Toleranz in Sachen der Wissenschaft gehör es, niemandem Vorwürfe zu machen, weil er gemäß anderer Begabung und anderer ‚Interessen' an *anderer* Stelle steht und ebenfalls um größere Klarheit bemüht ist.

(C) Schließlich könnte man FEYERABENDs *Argumentationsweise* untersuchen. Viel häufiger als bei KUHN finden sich bei FEYERABEND neben historischen Beweisführungen prinzipielle Argumente zugunsten einer Auffassung. Logische Argumente werden in [Against] vor allem zugunsten der Inkommensurabilitätsthese vorgebracht[124]. *Als nicht in Frage gestellte Prämisse fungiert dabei stets eine Version des statement view*[125]. Da diese Prämisse für uns keine Gültigkeit hat, brauchen wir die Conclusio selbst bei zugestandener Schlüssigkeit der Argumentation nicht zu akzeptieren.

Alle diese Vorhaltungen brauchen FEYERABEND nicht zu überzeugen (und werden es voraussichtlich auch nicht tun). Denn allen derartigen Überlegungen kann man stets mit dem skeptischen Einwand begegnen, daß eine Wissenschafts*logik* ‚sich am Ende doch als eine große Illusion erweisen könnte'. Das einzige, was ich darauf zu erwidern vermöchte, wäre: „Von dieser Gefahr ist *jede* wissenschaftliche Aktivität bedroht."

---

[124] Vgl. den Abschnitt 13 von [Against].
[125] Dem Leser wird es keine Schwierigkeiten bereiten, das Aussagenkonzept der Theorien in den Schriften FEYERABENDs an vielen Stellen wiederzufinden. Ein Beispiel für eine Argumentation, die *vollkommen* auf dem statement view beruht, findet sich in der Begründung der Inkommensurabilitätsthese auf S. 82 von [Against].

Was das Thema „*Rationalität der Wissenschaft*" betrifft, so hat es (vor allem in [Against]) gelegentlich den Anschein, als ob FEYERABEND eine Auffassung von der Art, wie LAKATOS sie KUHN unterstellt, *tatsächlich vertritt*, nämlich daß die Wissenschaften irrationale Unternehmen seien. Doch der Schein trügt. Man darf nicht vergessen, daß der ‚Kritische Rationalismus', gegen den er polemisiert, nicht *der* Rationalismus ist, sondern ein ‚unmenschlich überspannter Rationalismus', wie unsere Verteidigung der Auffassung von KUHN ergeben hat. Daß FEYERABEND etwas Ähnliches meinen dürfte, geht daraus hervor, daß er dort, wo er sich zu dieser Frage explizit äußert, sagt, die Wissenschaft sei *das ‚rationalste Unternehmen, das bisher von Menschen erfunden worden ist'*[126]. Ähnlich wie für KUHN, vielleicht sogar in noch stärkerem Maße, tritt für ihn allerdings die Schwierigkeit auf, diese *Rationalitätsthese* mit anderen Behauptungen in Einklang zu bringen, *die den irrationalen Charakter der Naturwissenschaften zu unterstreichen scheinen*, nämlich erstens mit der Tatsache, daß ‚kaum eine Theorie mit den Fakten verträglich ist'[127], zweitens damit, daß irrationale Wandlungen ein Wesensmerkmal des Unternehmens Wissenschaft darstellen[128], und drittens mit der von ihm noch stärker als von KUHN hervorgekehrten Inkommensurabilität[129]. Daß in seiner letzten Schrift [Against] HEGEL und die *Hegelsche Dialektik* eine zentrale Stellung einzunehmen beginnen, dürfte am besten so zu verstehen sein, daß er von der Hegelschen Dialektik, d. h. genauer: von der dialektischen zum Unterschied von der nicht-dialektischen Argumentation, die Überwindung dieses — im Lichte dieser Dialektik vermutlich als scheinbar zu charakterisierenden — Widerspruchs erhofft.

Darauf, wie diese Dialektik zu deuten sei und ob sie wirklich zu einer Behebung der Schwierigkeiten führt, brauchen wir uns nicht einzulassen. Es genügt der Hinweis, *daß man nicht in der Hegelschen Dialektik Zuflucht suchen muß, um diese Schwierigkeiten zu beheben. Denn man kann den Widerspruch,* wie wir gesehen haben, *in viel unproblematischerer Weise beseitigen, nämlich durch Preisgabe des statement view, verbunden mit geeigneten Explikationen der Begriffe des Verfügens über eine Theorie und der Theorienverdrängung durch Ersatztheorien.*

Ob FEYERABEND HEGEL wirklich auf seiner Seite hätte, soll als nicht zu unserem systematischen Problem gehörig hier nicht erörtert werden. Es sei nur eine kurze Bemerkung darüber gemacht, worauf sich ein Zweifel daran stützen könnte: Die spielerische Leichtigkeit, welche FEYERABEND in die Wissenschaft und in die Philosophie hineinbringen möchte, entspricht zweifellos nicht HEGELs Grundintention. Denn für ihn war das Philosophieren ein unsäglich mühevolles Geschäft. Vermutlich hätte er gesagt, daß es FEYERABEND noch vor sich habe,

---

[126] [Against], S. 80: "... the most rational enterprise that has been invented by man".
[127] a.a.O., S. 43.
[128] a.a.O., S. 80.
[129] a.a.O., S. 81 ff.

seine Ideen in die Sprache des Begriffs zu übersetzen und ‚die Anstrengung des Begriffs auf sich zu nehmen'.

Dieser Hinweis ist neutral in bezug auf eine Stellungnahme zu der Frage, ob HEGEL in seinem Bemühen um begriffliche Durchdringung von allem und jedem im Prinzip Erfolg hatte oder ob sein Unternehmen einen totalen Mißerfolg darstellte.

Soweit FEYERABEND eine radikale Kritik an normativen Methodologien übt, ist seine Haltung durchaus zu begrüßen, *weil seine Überlegungen dazu beitragen, dem Abgleiten der Wissenschaftsphilosophie in eine metascience of science fiction einen Riegel vorzuschieben.* Leider hält er jedoch seine Position nicht konsequent durch.

Trotz seiner heftigen Polemik gegen die verschiedenen normativen Methodologien kann FEYERABEND nämlich seine diesbezügliche Poppersche Herkunft nicht ganz verleugnen[130]. Seine *an die Einzelwissenschaftler gerichtete Forderung, sich immer wieder neue Theorien auszudenken,* vor allem solche, die gut bestätigten Theorien widersprechen, steht nicht im Einklang mit seinem Grundsatz: "Against Method!" Die *Forderung nach permanenter Revolution,* von der aus später WATKINS KUHNS Konzept der normalen Wissenschaft kritisierte, stammt ursprünglich von FEYERABEND, der zumindest in [Empiricism I] in den Phasen der normalen Wissenschaft Perioden der Stagnation, des Mangels an Ideen und des Beginns von Dogmatismus und Metaphysik erblickte, also etwas, *das bekämpft und überwunden werden sollte.* Sicherlich ist es wünschenswert, wenn in Zeiten der Krise möglichst viele Alternativtheorien *bereits zur Verfügung stehen.* Trotzdem muß gesagt werden, daß sich FEYERABEND mit seiner Forderung wieder dem ‚unmenschlichen Aspekt' des ‚Kritischen Rationalismus' annähert: Der normale Naturwissenschaftler, der ein *zuverlässiger* und für seinen Problemkreis sogar ein sehr *schöpferischer* Arbeiter sein kann, *wird als Mensch fast immer vollkommen überfordert sein, wollte er* FEYERABENDS *Imperativ nachkommen.* Ganz neue Strukturkerne zu errichten, muß eine schöne, vielleicht herrliche Sache sein. *Aber man sollte denen, die so etwas versuchen, keine Illusionen darüber machen, worauf sie sich dabei eingelassen haben.* Immer neue Theorien zu entwerfen, verlangt vom *normalen* Menschen und damit auch vom *normalen* Wissenschaftler Übermenschliches und damit Unmenschliches. FEYERABEND ist uns zumindest dies schuldig geblieben, einige sozialpolitische Vorschläge darüber zu machen, was mit den vielen gescheiterten Existenzen getan werden soll, die zu spät entdeckt haben, daß es nicht jedermanns Sache ist, ein zweiter NEWTON oder ein zweiter EINSTEIN zu werden.

---

[130] Das Wort „diesbezüglich" wurde eingefügt, weil noch eine andere starke Verwandtschaft mit der Popper-Schule weiterbesteht, nämlich die Abneigung gegen formale Präzisierungen (d.h. in meiner Sprechweise: die Abneigung dagegen, klar zu sagen, was man eigentlich meint). Doch dieser Punkt steht hier nicht zur Diskussion.

Uns plagen keine solchen Probleme. Wie die Präzisierung des Begriffs der normalen Wissenschaft durch Einführung des Begriffs des Verfügens über eine Theorie im Sinn von KUHN in 6.d zeigt, *übersieht* FEYERABEND, ähnlich den Popperianern, *mit seiner Stellungnahme eine Dimension wissenschaftlicher Rationalität.*

Die einzige methodologische Forderung, die ein Philosoph befolgen *sollte*, lautet: „Du sollst den Fachleuten keine Vorschriften machen!" Das Streben nach rationaler Rekonstruktion steht damit in keinem Widerspruch. *Denn das Bemühen um größeres Verständnis durch rationale Rekonstruktion hat nicht das geringste mit irgendeinem Versuch zu tun, Fachleuten durch Besserwisserei ins Handwerk zu pfuschen.*

Mehrfach betont FEYERABEND, daß es die korrekte Methode nicht geben könne. Hier könnte man dieselbe Frage stellen, die man in bezug auf alle jene Ausführungen an die Adresse KUHNs richten kann, in denen er vom „so war es" zum „so muß es sein" übergeht: *Wie kann man so etwas wissen?* Ist diese Erkenntnis gewonnen (*a*) aufgrund einer *induktiven Verallgemeinerung* aus der Beobachtung, daß *bisher* alle Forschung nach methodologischen Maximen unfruchtbar war oder (*b*) mittels unmittelbarer Einsicht von der Art der *intellektuellen Anschauung* SCHELLINGs oder handelt es sich (*c*), ähnlich wie vermutlich im Fall von KUHN, nur um eine *Kompetenzüberschreitung* der historischen Betrachtungsweise? Aber vielleicht wollte FEYERABEND gar keine begründbare Behauptung aufstellen, *sondern einen Sprechakt von der Art einer Warnung vollziehen*, nämlich vor den Konsequenzen solcher Methodologien warnen, die meist darin bestehen, den Menschen einreden zu wollen, eine Art von Wissenschaft zu betreiben, die menschenunmöglich ist. Dann müßten wir uns wieder darauf beschränken zu sagen, daß FEYERABEND selbst sich nicht ganz an seine Warnung hält. So wie ein konsequenter Vertreter der Toleranzidee nicht die Intoleranz tolerieren darf, kann ein konsequenter Antimethodologe nicht einmal eine Empfehlung von der Art aufstellen, die FEYERABEND selbst ausspricht.

So wie ich, als ein ‚Formalisierer', die Dinge sehe, ist die Geschichte des ‚Popperianismus' *die Geschichte einer Tragödie*, zu der als Schlußstück FEYERABENDs Polemik gehört. Als historische Analysen verstanden, sind die Grundthesen von POPPER durch KUHN weitgehend außer Kraft gesetzt worden (was auch von LAKATOS indirekt zugestanden wird). Der Gedanke, POPPERs Ideen als *intuitive Ansätze für logische Präzisierungen* zu verstehen, *die erst gefunden werden müssen*, wurde wegen der (irrationalen?) Abneigung gegen ‚Formalisierung' nicht weiter verfolgt. Es blieb nur die *normative Methodologie* mit ihrem unausweichlichen *Abgleiten in die metascience of science fiction* übrig, über die sich nun FEYERABEND lustig macht. Gerade deshalb, so würde FEYERABEND vielleicht einwenden, habe nichts von all dem, was er sage, mit einem tragischen Vorgang zu tun. Aber so war die Bemerkung über das Schlußstück auch nicht gemeint, sondern so: Zur ‚internen Geschichte' dieser antiken Schauspielgattung gehörte es, daß auf eine Tragödie ein befreiendes Satyrspiel folgt.

Mit all den vorangegangenen Bemerkungen will ich nicht in Abrede stellen, daß FEYERABEND auf viele Probleme hingewiesen hat, vor allem auf solche, deren korrekte Beantwortung ich nicht kenne. Zum Unterschied von FEYERABEND aber ist dies für mich kein Symptom dafür, daß die Philosophie der Wissenschaft nichts taugt, sondern nur eine Erinnerung daran, daß es sich hierbei um eine Disziplin handelt, die, zum Unterschied von Mathematik und Logik, erst am Anfang steht.

Wenn man sich statt auf die Motive auf die Folgerung konzentriert: die Ablehnung einer von Philosophen diktierten Methodologie, so scheint im wesentlichen eine Übereinstimmung zwischen den hier vertretenen Ansichten und der Auffassung FEYERABENDs vorzuliegen. Dies sollte nicht darüber hinwegtäuschen, daß in bezug auf die verwendeten Mittel ein Abgrund besteht. Denn die Hilfsmittel, auf die sich alle vorangegangenen systematischen Betrachtungen stützten und deren Leistungsfähigkeit damit indirekt demonstriert werden sollte, waren, um mit FEYERABEND zu sprechen, die "crude and laughably inadequate instruments of the logician"[131].

Schlußwort

Die Art der Lösung der zum Themenkreis „Prüfung, Bestätigung, Annahme und Verwerfung hypothetischer Vermutungen" gehörenden Probleme bleibt von den in diesem Buch behandelten Fragen unberührt. Nur mit deren *alleinigem* Anspruch auf Geltung für die Beantwortung der Frage: „rational oder nicht?" würde sein Inhalt in Konflikt geraten. Wie immer ein adäquater Bestätigungsbegriff auch aussehen mag (deduktivistisch, induktivistisch oder sonstwie), wie immer adäquate Annahme- und Verwerfungsregeln formuliert sein mögen und welchen Anforderungen an Strenge eine adäquate empirische Prüfung auch immer genügen muß: wenn *dieser* Aspekt ‚kritischer Rationalität' verabsolutiert wird (in einem kritischen Deduktivismus, kritischen Induktivismus oder kritischen Sowieso) und als Abgrenzungskriterium von Wissenschaft und Pseudowissenschaft dient, *so wird alle faktische Wissenschaft zur Pseudowissenschaft*. Denn keine der von KUHN beschriebenen Formen des Wissenschaftsbetriebes genügt derartigen Kriterien.

Die normale Wissenschaft wäre zur Pseudowissenschaft degradiert, weil in ihr an ein und derselben Theorie festgehalten wird, *gleichgültig, was die Erfahrung dazu sagt*.

Die wissenschaftlichen Revolutionen wären pseudowissenschaftliche Vorgänge, da eine Theorie nicht deshalb eliminiert wird, weil sie empirisch falsifiziert worden ist, *sondern weil sie durch eine andere Theorie verdrängt wird*.

---

[131] [Against], S. 19.

Der Wissenschaftstheoretiker hat *auch* die Aufgabe, auf dem Wege der rationalen Rekonstruktion zu einem logischen Verständnis dieser beiden Formen von Geschehnissen beizutragen: jener, in der die Theorie gleich bleibt, und jener, in der sie sich ändert. Hätte eine Philosophie der Wissenschaften nichts anderes zu liefern als eine ‚statische Analyse' eines adäquaten Begriffs der Bewährung, so blieben Bestätigungsstatik und Theoriendynamik miteinander unversöhnlich.

Die Einsicht in den rationalen Charakter beider Formen von Dynamik erfolgt *nicht* so, daß *neue Rationalitätskriterien* formuliert werden, deren Erfüllung bewiesen wird, sondern auf andere Weise.

Der erste Schritt der rationalen Rekonstruktion führt zu der Erkenntnis, *daß eine Theorie keine Hypothese ist und auch nicht aus Hypothesen besteht (non-statement view).*

Die Dynamik der ‚normalen Wissenschaft' erweist sich als nur *scheinbar irrational*, sobald *der Begriff des Verfügens über eine Theorie* expliziert worden ist. Denn diejenigen, welche in diesem Sinn ‚eine Theorie haben', *verbinden damit variierende Überzeugungen und wechselnde hypothetische Annahmen;* bei stabil bleibendem Strukturkern variieren dessen Erweiterungen.

Auch die ‚negative Seite' der revolutionären Theoriendynamik, das Warten auf eine Ersatztheorie, bevor die alte Theorie preisgegeben wird, ist nur *scheinbar irrational*. Denn aus einem Scheitern endlich vieler Versuche, einen Strukturkern erfolgreich zu erweitern, kann nicht geschlossen werden, daß eine erfolgreiche Kernerweiterung unmöglich ist. Der Glaube an eine ‚kritische empirische Stufe', bei deren Erreichung eine bislang erfolglose Theorie preisgegeben werden *muß*, ist daher der *irrationale* Glaube an die Existenz eines solchen unmöglichen Beweises. Ein angeblich kritischer Rationalismus, der uns zu überreden versucht, für jede gescheiterte Kernerweiterung den Strukturkern (und nicht die Person, die diesen benützt) verantwortlich zu machen, trägt in dem elementaren Sinn *unmenschliche* Züge, als der Erfolg seines Überredungsversuchs vermutlich nicht die Optimierung, sondern die Ausrottung der exakten Naturwissenschaften auf unserem Planeten zur Folge hätte.

Die ‚innere Unvergleichbarkeit' von verdrängender und verdrängter Theorie, die auf einer Verschiedenartigkeit ihrer Strukturkerne beruht, macht den dynamischen Prozeß der Theorienverdrängung durch eine Ersatztheorie zu einem prima facie ‚nicht-akkumulativen Geschehen', welches uns zu zwingen scheint, statt von wissenschaftlichem Fortschritt von *bloßem Wandel* zu sprechen. Diesmal *scheint* es *die Rede vom Erkenntnisfortschritt* zu sein, die irrationale Züge trägt. Doch auch diese Rationalitätslücke kann geschlossen werden. Die Verschiedenheit der Strukturkerne bei gleichzeitigem Fortschritt ist weder etwas, was es zu bestreiten gälte, noch etwas, das durch eine erfolgverheißende normative Methodologie bewältigt werden könnte, noch ist es ein Phänomen, über das als ‚nur dialektisch zu verstehender irrationaler Wandel im rationalen Unternehmen Wissenschaft' zu triumphieren wäre. Vielmehr handelt es sich dabei um ein 'metascientific puzzle', das Anspruch darauf hat, *gelöst* zu werden. *Die Lösung erfolgt durch Leistungsvergleich mittels des makrologischen Begriffs der Theorienreduktion.* Man könnte sagen: Falls Theorienreduktion vorliegt, handelt es sich um einen Erkenntnisfortschritt, der in einem Sinn nicht-akkumulativ, in einem anderen Sinn hingegen akkumulativ ist. Der erste Sinn bezieht sich auf die Unvergleichbarkeit der Strukturkerne, der zweite Sinn auf die Erhöhung der Leistung.

Soweit es sich um Hypothesen handelt, bleibt die Unterscheidung zwischen einem *Kontext der Entdeckung* und einem *Kontext der Rechtfertigung (Begründung)* weiterhin in Geltung. Für *Theorien* allerdings wird diese Unterscheidung wegen deren nicht-propositionalen Charakters gegenstandslos.

Da die Irrationalität der Theoriendynamik nur eine scheinbare ist, wird eine zu ihrer Überwindung beschworene *normative Methodologie* unnötig. Diese kann ihre Aktivität mangels vorliegender Unordnung einstellen.

Die Forderung nach *epistemologischer Anarchie* verliert dadurch weitgehend ihre polemische Schärfe. Denn der ‚eigentliche' Feind ist bereits an Überflüssigkeit zugrunde gegangen.

Trotz verschiedener polemischer Spitzen zielen auch die Ausführungen in Kap. IX nicht auf Kritik, sondern auf Klärung und auf Versöhnung zwischen miteinander scheinbar unverträglichen Positionen ab. Durch diesen letzteren Aspekt erhält das Buch vermutlich einen altmodischen Zug. Denn heute lautet die Devise ja, gemäß WITTGENSTEIN und AUSTIN: „Auf die Unterschiede kommt es an!" Demgegenüber hat es LEIBNIZ als eine der Aufgaben einer fruchtbaren Philosophie angesehen, in der Tiefe liegende Gemeinsamkeiten bei peripheren Gegensätzen aufzudecken. Doch LEIBNIZ ist schon lange tot.

Bibliographie

ADAMS, E. W. [Rigid Body Mechanics], *Axiomatic Foundations of Rigid Body Mechanics*, Unveröffentlichte Dissertation, Stanford University 1955.

ADAMS, E. W. [Foundations of Rigid Body Mechanics], "The Foundations of Rigid Body Mechanics and the Derivation of its Laws from those of Particle Mechanics", in: HENKIN, L., P. SUPPES und A. TARSKI (Hrsg.), *The Axiomatic Method*, Amsterdam 1959, S. 250—265.

BAR-HILLEL, Y. [Language], *Aspects of Language*, Amsterdam-Jerusalem 1970.

BAR-HILLEL, Y. [Philosophical Discussion], "A Prerequisite for a Rational Philosophical Discussion", in: BAR-HILLEL, Y. [Language], S. 258—262.

BAR-HILLEL, Y. [Neo-Pseudo Issue], "Neorealism vs. Neopositivism: A Neo-Pseudo Issue", in: BAR-HILLEL, Y. [Language], S. 263—272.

CARNAP, R., *Philosophical Foundations of Physics*, New York 1966. Deutsche Übersetzung von W. HOERING: *Einführung in die Philosophie der Naturwissenschaft*, München 1969.

CRAIG, W. und VAUGHT, R. L. [Finite Axiomatizability], "Finite Axiomatizability Using Additional Predicates", Journal of Symbolic Logic, Bd. 23 (1958), S. 289—308.

DUHEM, P., *The Aim and Structure of Physical Theory*, New York 1962.

ESSLER, W. K., *Wissenschaftstheorie I, Definition und Reduktion*, Freiburg-München 1970.

FEIGL, H., "The 'Orthodox' View of Theories: Remarks in Defense as well as Critique", in: RADNER, M. und S. WINOKUR (Hrsg.), *Minnesota Studies in the Philosophy of Science*, Bd. IV: *Analyses of Theories and Methods of Physics and Psychology*, Minneapolis 1970, S. 3—16.

FEIGL, H., "Research Programmes and Induction", *Boston Studies in the Philosophy of Science*, Bd. VIII (1973), S. 147—150.

FEIGL, H., "Empiricism at Bay? Revisions and a New Defense", Boston Colloquium Oktober 1971.

FEYERABEND, P. K. [Theoretische Entitäten], „Das Problem der Existenz theoretischer Entitäten", in: TOPITSCH, E. (Hrsg.), *Probleme der Wissenschaftstheorie. Festschrift für Victor Kraft*, Wien 1960, S. 35—72.

FEYERABEND, P. K., "Problems of Microphysics", in: COLODNY, R. G. (Hrsg.), *Frontiers of Science and Philosophy*, Pittsburgh 1962, S. 189—283.

FEYERABEND, P. K., "Explanation, Reduction and Empiricism", in: FEIGL, H. und G. MAXWELL (Hrsg.), *Minnesota Studies in the Philosophy of Science*, Bd. III: *Scientific Explanation, Space and Time*, Minneapolis 1962, S. 28—97.

FEYERABEND, P. K. [Empiricism I], "Problems of Empiricism", in: COLODNY, R. G. (Hrsg.), *Beyond the Edge of Certainty. Essays in Contemporary Science and Philosophy*, Englewood Cliffs 1965, S. 145—260.

FEYERABEND, P. K. [Empiricism II], "Problems of Empiricism, Part II", in: COLODNY, R. G. (Hrsg.), *The Nature and Function of Scientific Theory: Essays in Contemporary Science and Philosophy*, Pittsburgh 1969, S. 275—353.

FEYERABEND, P. K. [Empirist], „Wie wird man ein braver Empirist? Ein Aufruf zur Toleranz in der Erkenntnistheorie", in: KRÜGER, L. (Hrsg.), *Erkenntnisprobleme der Naturwissenschaften*, Köln-Berlin 1970, S. 302—335.
FEYERABEND, P. K. [Consolations], "Consolations for the Specialist", in: LAKATOS, I. und A. MUSGRAVE (Hrsg.), *Criticism and the Growth of Knowledge*, Cambridge 1970, S. 197—230.
FEYERABEND, P. K. [Against], "Against Method", in: RADNER, M. und S. WINOKUR (Hrsg.), *Minnesota Studies in the Philosophy of Science*, Bd. IV: *Analyses of Theories and Methods of Physics and Psychology*, Minneapolis 1970, S. 17—130.
FRAENKEL, A. A. und Y. BAR-HILLEL [Set Theory], *Foundations of Set Theory*, Amsterdam 1958.
FRITZ, K. VON [Antike Wissenschaft], *Grundprobleme der Geschichte der antiken Wissenschaft*, Berlin-New York 1971.
GILES, R., *Mathematical Foundations of Thermodynamics*, New York 1964.
HALL, R. J., "Can We Use the History of Science to Decide Between Competing Methodologies?", in: *Boston Studies in the Philosophy of Science*, Bd. VIII (1972), S. 151—159.
HANSON, N. R., *Patterns of Discovery*, Cambridge 1958.
HATCHER, W. S. [Foundations], *Foundations of Mathematics*, Philadelphia-Toronto-London 1968.
HEMPEL, C. G., "The Theoretician's Dilemma", in: FEIGL, H., M. SCRIVEN und G. MAXWELL (Hrsg.), *Minnesota Studies in the Philosophy of Science*, Bd. II: *Concepts, Theories, and the Mind-Body Problem*, Minneapolis 1958.
HEMPEL, C. G., "On the 'Standard Conception' of Scientific Theories", in: RADNER, M. und S. WINOKUR (Hrsg.), *Minnesota Studies in the Philosophy of Science*, Bd. IV: *Analyses of Theories and Methods of Physics and Psychology*, Minneapolis 1970, S. 142—163.
HEMPEL, C. G. [Theoretical Terms], "The Meaning of Theoretical Terms: A Critique of the Standard Empiricist Construal", in: SUPPES, P., L. HENKIN, A. JOJA und G. C. MOISIL (Hrsg.), *Logic, Methodology and Philosophy of Science IV. Proceedings of the 1971 International Congress*, Bukarest 1971, Amsterdam (im Erscheinen).
HÜBNER, K., Rezension von T. S. KUHN, *The Structure of Scientific Revolutions*, Philosophische Rundschau, 15. Jahrg. (1968), S. 185—195.
JAMISON, B. N. [Lagrange's Equations], "An Axiomatic Treatment of Lagrange's Equations", Unveröffentlichte Dissertation, Stanford University 1956.
KOERTGE, N., "For and Against Method", Diskussion von P. FEYERABENDS [Against], The British Journal for the Philosophy of Science, Bd. 23 (1972), S. 274—285.
KOERTGE, N., "Inter-Theoretic Criticism and the Growth of Science", in: *Boston Studies in the Philosophy of Science*, Bd. VIII (1972), S. 160—173.
KORDIG, C. R., *The Justification of Scientific Change*, Dordrecht 1971.
KUHN, T. S., *The Copernican Revolution*, New York 1957.
KUHN, T. S. [Revolutions], *The Structure of Scientific Revolutions*, zweite erweiterte Aufl. Chicago 1970. Deutsche Übersetzung der ersten Aufl. von K. SIMON: *Die Struktur wissenschaftlicher Revolutionen*, Frankfurt 1967.
KUHN, T. S. [Psychology], "Logic of Discovery or Psychology of Research?" in: LAKATOS, I. und A. MUSGRAVE (Hrsg.), *Criticism and the Growth of Knowledge*, Cambridge 1970, S. 1—23.
KUHN, T. S. [My Critics], "Reflections on My Critics", in: LAKATOS, I. und A. MUSGRAVE (Hrsg.), *Criticism and the Growth of Knowledge*, Cambridge 1970, S. 231—278.

KUHN, T. S. [LAKATOS], "Notes on LAKATOS", in: *Boston Studies in the Philosophy of Science*, Bd. VIII (1972), S. 137—146.
LAKATOS, I. [Changes], "Changes in the Problem of Inductive Logic", in: LAKATOS, I. (Hrsg.), *The Problem of Inductive Logic*, Amsterdam 1968, S. 315—417.
LAKATOS, I. [Research Programmes], "Falsification and the Methodology of Scientific Research Programmes", in: LAKATOS, I. und A. MUSGRAVE (Hrsg.), *Criticism and the Growth of Knowledge*, Cambridge 1970, S. 91—195.
LAKATOS, I. [History], "History of Science and Its Rational Reconstruction", in: *Boston Studies in the Philosophy of Science*, Bd. VIII (1972), S. 91—182.
LAKATOS, I. [Replies], "Replies to Critics", in: *Boston Studies in the Philosophy of Science*, Bd. VIII (1972), S. 174—182.
LORENZEN, P., *Methodisches Denken*, Frankfurt 1968.
MACH, E., *Die Mechanik in ihrer Entwicklung*, 1883, 9. Aufl., Leipzig 1933.
MASTERMAN, M., "The Nature of a Paradigm", in: LAKATOS, I. und A. MUSGRAVE (Hrsg.), *Criticism and the Growth of Knowledge*, Cambridge 1970, S. 59—89.
MCKINSEY, J. C. C., SUGAR, A. C. und SUPPES, P. C., "Axiomatic Foundations of Classical Particle Mechanics", Journal of Rational Mechanics and Analysis, Bd. II (1953), S. 253—272.
MCKINSEY, J. C. C. und SUPPES, P., "On the Notion of Invariance in Classical Mechanics", The British Journal for the Philosophy of Science, Bd. 5 (1955), S. 290—302.
NARLIKAR, V. V., "The Concept and Determination of Mass in Newtonian Mechanics", Philosophical Magazine, Bd. 27 (1939), S. 33—36.
PENDSE, C. G., "A Note on the Definition and Determination of Mass in Newtonian Mechanics", Philosophical Magazine, Bd. 24 (1937), S. 1012—1022.
PENDSE, C. G., "A Further Note on the Definition and Determination of Mass in Newtonian Mechanics", Philosophical Magazine, Bd. 27 (1939), S. 51—61.
PENDSE, C. G., "On Mass and Force in Newtonian Mechanics", Philosophical Magazine, Bd. 29 (1940), S. 477—484.
PLANCK, M. [Autobiographie], *Wissenschaftliche Autobiographie*, Leipzig 1928.
POPPER, K. R. [L. F.], *Logik der Forschung*, vierte Aufl. Tübingen 1971.
POPPER, K. R., *Conjectures and Refutations*, dritte Aufl. London 1969.
POPPER, K. R., *Objective Knowledge. An Evolutionary Approach*, Oxford 1972.
POPPER, K. R. [Dangers], "Normal Science and Its Dangers", in: LAKATOS, I. und A. MUSGRAVE (Hrsg.), *Criticism and the Growth of Knowledge*, Cambridge 1970, S. 51—58.
PUTNAM, H. [Not], "What Theories are Not", in: E. NAGEL, P. SUPPES und A. TARSKI (Hrsg.), *Logic, Methodology and Philosophy of Science*, Stanford 1962, S. 240—251.
QUINE, W. V. O. [Two Dogmas], "Two Dogmas of Empiricism", in: QUINE, W. V. O., *From a Logical Point of View*, Cambridge, Mass., 1953, S. 20—46.
QUINE, W. V. O. [Grundzüge], *Grundzüge der Logik*, Frankfurt 1969.
RAMSEY, F. P., "Theories", in: *The Foundations of Mathematics*, zweite Aufl. LITTLEFIELD, N. J., 1960, S. 212—236.
SALMON, W. [Inference], *The Foundations of Scientific Inference*, Pittsburgh 1967.
SALMON, W. [Justification], "The Justification of Inductive Rules of Inference", in: LAKATOS, I. (Hrsg.), *The Problem of Inductive Logic*, Amsterdam 1968, S. 24—97.
SCHEFFLER, I., *The Anatomy of Inquiry*, New York 1963.
SCHEFFLER, I. [Subjectivity], *Science and Subjectivity*, New York 1967.
SCHEFFLER, I. [Vision], "Vision and Revolution: A Postscript on KUHN", Philosophy of Science, Bd. 39 (1972), S. 366—374.

SEARLE, J. R., *Speech Acts. An Essay in the Philosophy of Language*. Cambridge 1969.
SHAPERE, D. [KUHN], Diskussion von T. S. KUHN, *The Structure of Scientific Revolutions*, Philosophical Review, Bd. 73 (1964), S. 383—394.
SHAPERE, D. [Scientific Change], "Meaning and Scientific Change", in: R. G. COLODNY (Hrsg.), *Mind and Cosmos*, Pittsburgh 1966, S. 41—85.
SIMON, H. A., "The Axioms of Newtonian Mechanics", Philosophical Magazine, Bd. 38 (1947), S. 88—905.
SIMON, H. A., "The Axiomatization of Classical Mechanics", Philosophy of Science, Bd. 21 (1954), S. 340—343.
SIMON, H. A., "Definable Terms and Primitives in Axiom Systems", in: L. HENKIN, P. SUPPES und A. TARSKI (Hrsg.), *The Axiomatic Method*, Amsterdam 1959, S. 433—453.
SIMON, H. A., "The Axiomatization of Physical Theories", Philosophy of Science, Bd. 37 (1970), S. 16—27.
SMART, J. J. [Science], "Science, History and Methodology", Diskussion von I. LAKATOS, [Research Programmes] und [History], The British Journal for the Philosophy of Science, Bd. 23 (1972), S. 266—274.
SNEED, J. D. [Mathematical Physics], *The Logical Structure of Mathematical Physics*, Dordrecht 1971.
STEGMÜLLER, W. [Semantik], *Das Wahrheitsproblem und die Idee der Semantik*, 2. Aufl. Wien 1968.
STEGMÜLLER, W. [KANTs Metaphysik], „Gedanken über eine mögliche rationale Rekonstruktion von KANTs Metaphysik der Erfahrung", in: W. STEGMÜLLER, *Aufsätze zu KANT und WITTGENSTEIN*, Darmstadt 1970, S. 1—61.
STEGMÜLLER, W. [Induktion], „Das Problem der Induktion: HUMES Herausforderung und moderne Antworten", in: H. LENK (Hrsg.), *Neue Aspekte der Wissenschaftstheorie*, Braunschweig 1971, S. 13—74.
STEGMÜLLER, W., *Probleme und Resultate der Wissenschaftstheorie und analytischen Philosophie*, Bd. IV: *Personelle und Statistische Wahrscheinlichkeit*. Erster Halbband: *Personelle Wahrscheinlichkeit und rationale Entscheidung*. Zweiter Halbband: *Statistisches Schließen — Statistische Begründung — Statistische Analyse*, Berlin-Heidelberg-New York 1973.
SUPPES, P., *Introduction to Logic*, New York 1957.
SUPPES, P., "A Comparison of the Meaning and Uses of Models in Mathematics and the Empirical Sciences", in: P. SUPPES, *Studies in the Methodology and Foundations of Science*, Dordrecht 1969, S. 10—23.
SUPPES, P., "Models of Data", in: P. SUPPES, *Studies in the Methodology and Foundations of Science*, Dordrecht 1969, S. 24—35.
SUPPES, P. und ZINNES, J. L. [Measurement] "Basic Measurement Theory", in: *Handbook of Mathematical Psychology*, Bd. I, New York 1963, S. 1—76.
TOULMIN, S., *Foresight and Understanding*, New York 1961.
WATKINS, J. [Normal], "Against 'Normal Science'", in: LAKATOS, I. und A. MUSGRAVE (Hrsg.), *Criticism and the Growth of Knowledge*, Cambridge 1970, S. 25—37.
WITTGENSTEIN, L., *Philosophische Untersuchungen*, Oxford 1953.

Autorenregister

Adams, E. W.   140, 145, 147, 249, 255, 285
Aristoteles   9, 35, 232, 265, 267, 305 f.
Austin, J. L.   313

Bar-Hillel, Y.   38, 41, 46, 176
Bernoulli, D.   227
Braithwaite, R. B.   19, 91, 94
Bridgeman, P. W.   57

Campbell, N. R.   187
Carnap, R.   27 f., 31—33, 38, 41, 46, 52, 55—57, 154, 263, 303 f.
Cassirer, E.   250
Craig, W.   75

Darwin, C.   286
Doodson, A. T.   227
Duhem, P.   16, 266 ff.

Einstein, A.   215, 292
Euklid   35 ff.

Feyerabend, P. K.   4—47 passim, 155, 173, 175, 233—311 passim
Fraenkel, A. A.   38, 41
Franklin, B.   157
Frege, G.   9, 36
Fritz, K. v.   35

Galilei, G.   116 ff., 232, 238
Gentzen, G.   249
Gödel, K.   2, 9, 19, 92

Hanson, N. R.   4, 14, 165, 175
Hatcher, W. S.   38
Hegel, G. W. F.   16, 167, 272, 285, 308
Heisenberg, W.   141
Hempel, C. G.   27, 29, 55 f., 263
Hilbert, D.   2, 9, 35—41
Hooke, R.   59, 103, 114 f., 117, 191
Hough, S. S.   227
Hume, D.   154

Jamison, B. N.   143
Jaspers, K.   158

Kant, I.   61 f., 250 ff.
Käsbauer, M.   288
Kepler, J.   9, 232, 238
Keynes, J. M.   241
Kleene, S. C.   299
Kolmogoroff, A. N.   263
Kuhn, T. S.   4—28 passim, 42, 47, 54, 135, 137, 153—207 passim, 213—311 passim

Lagrange, J. L.   141, 143
Lakatos, I.   6, 16, 22 ff., 42, 154, 177—186 passim, 215, 218, 248, 254—270 passim, 287—310 passim
Laplace, P. S.   227
Lavoisier, A.   162 f.
Leibniz, G. W.   313
Lorenzen, P.   119, 295

Mach, E.   75
Maxwell, J. C.   163
McKinsey, J. C. C.   107, 118 f.
Moulines, C. U.   54, 221, 259

Newton, I.   13, 23, 53, 59, 62, 76, 97, 102 f., 107, 109, 113—119, 141, 143, 157, 167, 200, 206, 211, 214—218, 222—242 passim, 292
Nicod, J. G. P.   263

Padoa, A.   119
Planck, M.   168 f.
Popper, K. R.   6, 22, 24, 106, 154, 159 f., 174—183 passim, 199 f., 210, 260—269 passim, 285—303 passim, 309 f.
Priestley, J.   162
Ptolemäus   163
Putnam, H.   17 f., 28—33, 45 f., 56

Quine, W. V. O.   16, 266—271, 277

Ramsey, F. P.   18 f., 41, 45, 47, 58—100 passim, 110, 183, 187, 209, 218
Reichenbach, H.   247, 289

Röntgen, W. C.   163
Russell, B.   1

Salmon, W.   288f.
Scheffler, I.   6, 171—178 passim, 186
Schelling, F. W. J.   310
Schlick, M.   36
Schrödinger, E.   141
Searle, J. R.   11
Shapere, D.   6, 171—174, 278, 300f.
Smart, J. J.   296f.
Sneed, J. P.   5, 7, 17—22 passim, 27—47 passim, 52—100 passim, 109—116 passim, 122—131 passim, 140—153 passim, 170, 179—193 passim, 198, 202, 208—241 passim, 248—267 passim, 274, 277, 285, 290
Stegmüller, W.   10, 38, 288
Suppes, P.   44

Tarski, A.   2, 137
Toulmin, S.   4, 14, 175

Vaught, R. L.   75

Watkins, J.   154, 177f., 182, 294, 309
Wittgenstein, L.   14, 23, 155, 159, 161, 172, 195—198, 203f., 206, 217, 306, 313

Zinnes, J. L.   44

Sachverzeichnis

actio = reactio 114
Äquivalenz zweier Theorien 141 ff.
formal äquivalent im starken (schwachen) Sinne 143
anarchistische Erkenntnistheorie 302 f.
Anarchie, epistemologische 301, 303
Anwendungen einer Theorie, erfolgreiche 34
Anwendungsoperation A_e 192 f.
Anwendungsrelation α 130 f.
Apriori, absolutes 250
apriorisches Prinzip, synthetisches 61 f.
Atomuhr 60
Aussagenkonzeption von Theorien s. statement view von Theorien
außerordentliche Wissenschaft 156 ff., 177, 297 f.
Autodetermination des Anwendungsbereiches einer Theorie 224 ff.
Axiomatik, abstrakte 35 f.
—, anschauliche 35
—, informelle (formale) Hilbertsche 37 f.
Axiomatisierung 34 ff.
axiomatisches System, Euklidisches 35
— System, Hilbertsches 36 f.
Axiomatisierung, informelle mengentheoretische 39
Axiomensystem, Explizitbegriff (Explizitprädikat) für ein 41

Bedeutung 173
— theoretischer Terme 277
Bedeutungswandel 173
Begriffsexplikation 10
beobachtbar 46
Beobachtungen, theorienneutrale 174
Beobachtungssprache 27 ff.
—, theorienneutrale 165
Beobachtungsterm 32
Bestätigung 262 f., 274
—, deduktive 288
Bewährung 288 f.
Braithwaite-Ramsey-Vermutung 94
Brownsche Bewegung 228 f.

Darstellung einer Theorie, existierende (existing exposition of a theory, vorhandene Exposition einer Theorie) 47, 53
Deduktivismus 263, 274, 289
Definition, implizite 36
— der Massen- und Kraftfunktion 119
Derivierte einer Funktion $Df(x)$ 109
Dispositionen, (metrische) 55, 57

elektrisches Leitungssystem 188
Eliminierbarkeit, Craig- 75
—, Ramsey- 70 ff., 90 ff.
Elimination, Ramsey- 71 f.
empirische Behauptung einer Theorie 42 ff.
empirischer Gehalt einer Theorie 69, 88, 96 ff.
empiristische Grundsprache 30, 33, 55 ff.
Entdeckung 161 f.
Ergänzung von y, x ist eine 66 **(D 4)**, 110 **(D 4)** 125, 127 **(D 4)**
Ergänzungsmenge von $\mathfrak{y}$, $\mathfrak{x}$ ist eine 80 **(D 5)**
Erklärung, modelltheoretische 113
Erweiterung eines Strukturkernes 176
experimentum crucis 269 ff., 275
Exposition einer Theorie, vorhandene, s. existierende Darstellung einer Theorie
extensional 198
—, explizit 44
extensionale Beschreibung 207 ff.
— —, rein 208 f.
extensive Größe 44, 83, 237
extensives Skalensystem 237
— System 237
externe Kriterien einer Theorie 175 f.

Falsifikation 105, 164, 177 f., 290
—, starke 260 **(D 20)**
—, schwache 259 **(D 19)**, 259 f.
Falsifikationismus 193, 288

Falsifikationismus, dogmatischer 264
—, geläuterter (aufgeklärter, sophisticated) 254 ff., 269
—, naiver 264, 269, 292
Familienähnlichkeit 195 ff.
Forschungsprogramm 254 ff., 269, 291
Fortschritt, empirischer 257, 261, 262 **(D 21)**
—, normalwissenschaftlicher 195, 254 f.
—, theoretischer 257, 261, 262 **(D 21)**
—, wissenschaftlicher 248, 255, 284 ff.
Fundamentalgesetz einer Theorie 107, 124

Galileiinvarianz 118
Galileitransformation 118
Geometrie 60
Gesetz, (spezielles) 96 ff., 129 f., 130 **(D 8)**
—, (nicht)-theoretisches 129 f., 130 **(D 8)**
Gestaltwandel (gestalt switch) 168
Gezeiten 227
Gravitationsgesetz 115
Gravitationskraft 117
Gruppe, x ist eine 39

hermeneutischer Zirkel 10
Heuristik, negative (positive) 292, 295 f.
historische Methode 4
Holismus 12 ff., 266 ff., 298
— im gemäßigten Sinn 267 f.
—, schwache (starke) Interpretation des 269
— im strengen Sinn 267, 271, 272 ff.
Hookesches Gesetz 114, 116 f.
Hydromechanik 188

identisch 140
—, formal 140
— im schwachen (starken) Sinn 140
—, formal im schwachen (starken) Sinn 140
Immunität einer Theorie 199 ff., 218, 224 f., 230
Induktivismus 263, 274, 289
Inkommensurabilität von Theorien 167, 178, 248 f., 300 ff.
innere Eigenschaft (intrinsic property) 82

Instrumentalismus 294 f.
intendierte Anwendungen einer Theorie 77 ff.
— — — —, Menge I der 134, 186 ff., 198 ff., 207 ff.
intendierten Anwendungsmengen, Klasse der möglichen 133 **(D 10 a, D 10 b)**
— Anwendungen einer Theorie, Menge der möglichen s. Modelle einer Theorie, Menge der partiellen potentiellen
intensional 44, 198
intensionale Beschreibung 207 ff.
— —, partiell (vollständig) 208 ff.
interne Kriterien einer Theorie 175 f.

Kalkül 38
Kernerweiterung 254
konservative Größe 82
Korrekturformeln 61
Korrespondenzregeln 56
Kraftfunktion 46, 110, 118 f.
Kraftmessung 53
Krise der Wissenschaft 159, 163 f., 166 ff., 309
kritischer Rationalismus 302, 308 f.
Kugelgebüsch 36
kumulative Wissensvermehrung 291
Kumulativität der außerordentlichen Forschung, nicht- 164
kumulative Theorienverdrängung, nicht- 291

Lagrangesche Formulierung der Mechanik 141
Lingualismus, philosophischer 2
linguistische Theorie Carnaps 52

makrologische Betrachtungsweise 12 ff.
Massenfunktion 46, 85, 110, 118 f.
mathematische Struktur einer Theorie 42 ff., 96, 120 ff., 134
Matrix für eine Theorie der mathematischen Physik 123 **(D 1)**
Messung, Theorie der 60, 240
Metamathematik 1
metaphysische Grundsätze der Erfahrung 250
metatheory (metascience) of science fiction 303, 309 f.
Methodologie 289 ff.

Methodologie, normative 295 ff., 302 ff.
methodologische Regeln 287 ff.
metrische Begriffe 57
Metrisierung 60, 241
—, fundamentale (abgeleitete) 112
mikrologische Betrachtungsweise 2, 14
Miniaturtheorie m 43 (**D1**), 62 f., 87 ff.
Modell 38
—, mögliches (potentielles) 43 f., 65, 233
—, Menge der möglichen (potentiellen) 122
Modelle einer Theorie, partielle potentielle (mögliche intendierte Anwendungen einer Theorie) 65 f., 96, 110, 122 ff.

Naturgesetz 86 f.
Nebenbedingungen (einschränkende Bedingungen, constraints) 81 ff., 111 ff., 243
— eingeschränkt, t wird durch 84 (**D7**)
Nebenbedingung der Extensivität 95, 111 f.
— $\langle \approx, = \rangle$ 84, 95, 111 f.
—, spezielle 116 f.
Neptun 76
Newtonsche Dynamik 167
2. Newtonsches Gesetz 13, 107, 118 f.
3. Newtonsches Gesetz 114
Newtonsche klassische Partikelmechanik 114
normale Wissenschaft 156 ff., 177 ff., 243, 258
Normalinterpretation 36
Normalmodell 35

Ökonomie der empirischen Anwendung einer Theorie 74
Ökonomische Leistung theoretischer Funktionen 91
Ortsfunktion 46, 60
Ortsvektor 108 f.

Padoa, Methode von 119
Paradigma, Kuhnscher Begriff von 156 ff., 195, 203 ff., 225, 227
—, Wittgensteins Begriff von 195 ff.
paradigmatische Beispielsmenge I_0 198 ff., 218 ff., 225 ff.

paradigmatische Beispiele, Methode der 196 f.
Partikelkinematik 106 ff., 108 (**D1**)
Partikelmechanik, klassische 60, 106 ff.
—, x ist eine 109 (**D2**)
—, x ist eine unitäre Newtonsche klassische, $UNKPM(x)$ 116
Phlogistontheorie 162
physikalisches System 187
physikalische Theorie im Sinn von Kuhn s. Theorie im Sinn von Kuhn
— —, Sneedscher Begriff der 184 ff., 189 (**D13**), 192, 223
Platonismus 54
platonische Wesenheit, absolute 224
Potenzklasse einer Menge $Pot(M)$ 125
Prädikat, mengentheoretisches 39 ff. 49, 58 f.
Prätheorie 231 ff., 242 f.
Pragmatik, systematische 185 f. 205
pragmatische Begriffe 186
— Relativierung 53
Primärtheorie 232, 236, 240, 242
Prognosenbildung 92 f.
Psychologie der Forschung 204 f.

Rätseln, Lösung von (puzzle solving) 156 ff., 177 f.
Ramsey-Darstellung 70 ff., 75 ff.
Ramsey-Elimination (-ierbarkeit), s. Elimination (-ierbarkeit), Ramsey-Lösung des Problems der theoretischen Terme 69
Ramsey-Reduktion 75
Ramsey-Satz 71
—, einfacher, (**II**) 66 ff., 79
—, erweiterter (verallgemeinerter), (**IIIa**) 79, 81, 89 ff., 125 ff.
Ramsey-Sneed-Satz einer Theorie (**VI**) 99, 102, s. auch zentraler empirischer Satz einer Theorie
Ramsey-Substitut 75
Rationalisierung, zweite 7
Reduktion, formale 146
—, schwache 147
—, strenge 149 f.
—, unvollständige 148 f.
— von Theorien 144 ff., 249 ff., 262
Rekonstruktion, rationale 3, 304, 310
Relativistische Dynamik 167
Relativismus, historischer 179
Restriktionsfunktion r 123 f.

revolutionäre Wissenschaft 156ff.
Revolution, wissenschaftliche 157ff., 231ff., 244ff.
Röntgenstrahlen, Entdeckung der 163
Rückkopplung von Theorien 61
Rückkopplungsverfahren (feed back) der Begriffsexplikation 10

Sauerstoff, Entdeckung des 162
Sinninvarianz 300
Spiel (als Beispiel Wittgensteins) 195f. 206
Soziologie der Forschung 204f.
statement view (Aussagenkonzeption) von Theorien 2, 22, 41f.
— — — —, non- 12ff., 170
Struktur einer Theorie, mathematische 172, 174f., 181
Strukturkern, erweiterter 130 (D9), 150
Strukturrahmen einer Theorie 122ff., 124 (D2)
Stützung durch Beobachtungsdaten 193f.

T-abhängig meßbar 47ff., 50 (D1), 53
T-nichttheoretisch 235
T-theoretisch 12f., 45ff., 51 (D2), 51ff., 234ff.
theoretisch im schwachen Sinn 239f.
T-theoretisch im starken Sinn 12f., 238
theoretischen Terme, Problem der 47, 63ff.
theoretische Funktion 242f.
theoretischer Begriff (Term) 27ff., 30ff.
Theorie, Änderungen einer 190f.
— im Sinn von Kuhn 218ff., 222 (D16), 231
—, Preisgabe einer 160, 178, 225ff., 245ff.
— im Sinn von Sneed 184ff., 189 (D13), 192, 223
— im schwachen (starken) Sinn 135 (D11)
Theorienabhängigkeit der Bedeutung 300
Theorienbeladenheit von Beobachtungsdaten 28, 165f., 276
Theorienbeladenheit der Beobachtungssprache 4, 28, 233
Theorienhierarchie 60f., 235, 242
Theorienproposition 121, 134ff., 136 (D12), 192ff.
— im starken Sinn $I_t \in \mathbb{A}(E_t)$ 272, 275

Uhr 60

Verdrängung einer Theorie durch eine andere 156, 167, 175, 244ff.
Verfügen über ein fortschrittliches Forschungsprogramm 257 (D18)
— über eine physikalische Theorie 189ff., 218ff., 256, 275
— über eine physikalische Theorie im Sinn von Kuhn 218ff., 223 (D17) 230f., 245
— über eine physikalische Theorie im Sinn von Sneed 194 (D14), 221, 223
Verkettung zweier Domänen 188
Verschärfungen (restrictions) des Grundprädikats S 97f.
voraus, A setzt B 51
Voraussetzung der Erfahrung, metaphysische 61ff.
vorgängig verfügbares Vokabular 29f.

Wissenschaftsgeschichte 11f.
Wissenschaftstheorie 1ff.
Wahrheitsbedingungen empirischer Sätze 277

Zeitintervall 108
Zeitmetrik 60
Zentraler empirischer Satz einer Theorie 121, 251, 272ff.
— — — (Ramsey-Sneed-Satz) (III$_b$) 96, 98, 127
— — — (Ramsey-Sneed-Satz) (III$_a$) 98
— — — (Ramsey-Sneed-Satz) (IV) 98
— — — (Ramsey-Sneed-Satz) (V) 99f.
— — — (Ramsey-Sneed-Satz) (VI) 102, 103f., 132
Zuordnungsregeln 52ff.
Zweistufenkonzeption der Wissenschaftssprache 4, 52, 56, 239

Verzeichnis der numerierten Definitionen

Kap. VIII, 2: zur Miniaturtheorie:

D1	43	D2	43

Kap. VIII, 3—5: zur Theoretizität und Ramsey-Methode:

D1	50	D5	80
D2	51	D6	81
D3	65	D7	84
D4	66		

Kap. VIII, 6: zur klassischen Partikelmechanik:

D1	108	D3	110
D2	109	D4	110

Kap. VIII, 7: zur modelltheoretischen Charakterisierung von Theorien:

D1	123	D7	128
D2	124	D8	130
D3	126	D9	130
D4	127	D10	133
D5	128	D11	135
D6	128	D12	136

Kap. IX: zur Theoriendynamik:

D13	189	D18	257
D14	194	D19	259
D15	221	D20	260
D16	222	D21	262
D17	223		

Im Text werden in der Regel nur Definitionen aus der letzten Serie zitiert. Eine Ausnahme bilden Zitate von D1 und D2 in VIII, 4—5. Diese beziehen sich stets auf die Definitionen zur Miniaturtheorie.

Verzeichnis der Symbole

A	125	I_0	198
A^*	132	I_t	209
$\mathbb{A}(K)$	129	I_t^p	221
$\mathbb{A}_e(E)$	133	$I \times (\mathfrak{D})$	80
$Anw\,(I, p, t, E_t, T)$	259	$K(u, v)$	115
$\mathfrak{a}$	81	$KPM(x)$	110
$\mathfrak{a}^i$	101	M	124
α	131	M_p	124
$\mathfrak{b}$	81	M_{pp}	124
C	127	$\mathbb{M}(E)$	148
C_G	130	$Mg(A)$	146
$C(\mathfrak{x}, R, \varrho)$	85	$Max\,Anw\,(I, p, t, E_t, T)$	260
$C(\mathfrak{x}, \mathfrak{y}, R, \varrho)$	85	n	43
$C_m(\mathfrak{x}, R_1, \varrho_1)$	112	$\mathfrak{n}$	80
$C_f(\mathfrak{x}, R_2, \varrho_2)$	112	$NKPM(x)$	114
D	43	P	108
$\mathfrak{D}$	80	$\Pi_i(y)$	110
Δ	80	$PK(x)$	108
$x E y$	66	$PM(x)$	109
$\mathfrak{x} \mathfrak{E} \mathfrak{y}$	80	$Pot^n(X)$	126
$e(y)$	126	$\langle R, \varrho \rangle$	84
$E(Y)$	126	R^i	101
$\overline{E}(\overline{Y})$	126	ϱ^i	101
$\mathscr{E}(Y)$	126	$r(x)$	124
$\overline{\mathscr{E}}(\overline{Y})$	126	$R(X)$	126
E_t	194	$\overline{R}(\overline{X})$	126
$EK(X)$	130	ϱ	146
$EK_T(X)$	259	ϱ^*	149
$f(u, t, i)$	109	$\bar{\varrho}$	146
$\varphi(\langle u, i \rangle)$	114	$rd(\varrho, A, B)$	146
$Fals_{sch}(T, p, t_0, T')$	259	$RED(\varrho, T, T')$	151
$Fals_{st}(T, p, t_0, T')$	260	S	43
G	130	$\hat{S}$	44
$GNKPM(x)$	115	S_p	65
$h(u, v, z)$	115	S_{pp}	66
$HNKPM(x)$	115	S^1	98
I	136	S^i	99

$\mathfrak{s}(u,t)$	108	$UNKPM(x)$	116
$SRED(\varrho, E, E')$	146	V	43
$S(X)$	124	V_p	43
$SK(X)$	128	$\hat{V}$	44
$\sigma_\varrho = \varrho^*$	259	V_{pp}	65
t	43	$\mathfrak{x}$	80
$\mathfrak{t}$	80	$\mathfrak{y}$	80
τ	80	$a \otimes b$	39
T	108	$x \bigcirc y$	83
$URED(\varrho, E, E')$	148	$\langle \approx, = \rangle$	84

Allgemein mengentheoretische Symbole sind im Bd. IV, Teil 0 erklärt, unter anderen:

D_{I}	120	$\mathbb{R}$	198
D_{II}	120	$Rel(\varrho)$	119
$\mathbb{N}$	198	$Un(\varrho)$	120
$Pot(M)$	122	ϱ^{-1}	121